现代水声技术与应用丛书

杨德森　主编

衰落信道中的水声通信技术

张　歆　张小蓟　葛轶洲　编著

科学出版社

北　京

内 容 简 介

本书系统而深入地阐述抗衰落水声通信技术的基本概念和工作原理，并结合实例介绍抗衰落通信技术的研究方法和分析步骤。与此同时，本书力求充分反映当前国内外水声通信技术的最新发展成果与趋势。全书共 6 章，内容包括绪论、衰落水声信道的分析与仿真、衰落水声信道中的分集技术、水声通信中的自适应均衡技术、水声通信中的 MIMO 通信技术和水声通信中的信道编码。本书内容丰富，概念清晰，理论分析严谨，注重理论联系实际。各章还准备了一定数量的例题，便于读者深入学习和研究。

本书可供通信专业的高年级本科生、研究生，以及从事水声通信研究工作的工程技术人员参考。

图书在版编目（CIP）数据

衰落信道中的水声通信技术 / 张歆，张小蓟，葛轶洲编著. —北京：科学出版社，2024.8

（现代水声技术与应用丛书 / 杨德森主编）

ISBN 978-7-03-075513-1

Ⅰ. ①衰…　Ⅱ. ①张…　②张…　③葛…　Ⅲ. ①水声通信－通信技术－研究　Ⅳ. ①TN929.3

中国国家版本馆 CIP 数据核字（2023）第 081344 号

责任编辑：王喜军　霍明亮 / 责任校对：崔向琳
责任印制：徐晓晨 / 封面设计：无极书装

科学出版社 出版
北京东黄城根北街 16 号
邮政编码：100717
http://www.sciencep.com
北京厚诚则铭印刷科技有限公司印刷
科学出版社发行　各地新华书店经销
*
2024 年 8 月第　一　版　开本：720 × 1000　1/16
2024 年 8 月第一次印刷　印张：17 1/4
字数：348 000

定价：158.00 元

（如有印装质量问题，我社负责调换）

“现代水声技术与应用丛书”
编 委 会

丛 书 序

海洋面积约占地球表面积的三分之二，但人类已探索的海洋面积仅占海洋总面积的百分之五左右。由于缺乏水下获取信息的手段，海洋深处对我们来说几乎是黑暗、深邃和未知的。

新时代实施海洋强国战略、提高海洋资源开发能力、保护海洋生态环境、发展海洋科学技术、维护国家海洋权益，都离不开水声科学技术。同时，我国海岸线漫长，沿海大型城市和军事要地众多，这都对水声科学技术及其应用的快速发展提出了更高要求。

海洋强国，必兴水声。声波是迄今水下远程无线传递信息唯一有效的载体。水声技术利用声波实现水下探测、通信、定位等功能，相当于水下装备的眼睛、耳朵、嘴巴，是海洋资源勘探开发、海军舰船探测定位、水下兵器跟踪导引的必备技术，是关心海洋、认知海洋、经略海洋无可替代的手段，在各国海洋经济、军事发展中占有战略地位。

从 1953 年中国人民解放军军事工程学院（即“哈军工”）创建全国首个声呐专业开始，经过数十年的发展，我国已建成了由一大批高校、科研院所和企业构成的水声教学、科研和生产体系。然而，我国的水声基础研究、技术研发、水声装备等与海洋科技发达的国家相比还存在较大差距，需要国家持续投入更多的资源，需要更多的有志青年投入水声事业当中，实现水声技术从跟跑到并跑再到领跑，不断为海洋强国发展注入新动力。

水声之兴，关键在人。水声科学技术是融合了多学科的声机电信息一体化的高科技领域。目前，我国水声专业人才只有万余人，现有人员规模和培养规模远不能满足行业需求，水声专业人才严重短缺。

人才培养，著书为纲。书是人类进步的阶梯。推进水声领域高层次人才培养从而支撑学科的高质量发展是本丛书编撰的目的之一。本丛书由哈尔滨工程大学水声工程学院发起，与国内相关水声技术优势单位合作，汇聚教学科研方面的精英力量，共同撰写。丛书内容全面、叙述精准、深入浅出、图文并茂，基本涵盖了现代水声科学技术与应用的知识框架、技术体系、最新科研成果及未来发展方向，包括矢量声学、水声信号处理、目标识别、侦察、探测、通信、水下对抗、传感器及声系统、计量与测试技术、海洋水声环境、海洋噪声和混响、海洋生物声学、极地声学等。本丛书的出版可谓应运而生、恰逢其时，相信会对推动我国水声事业的发展发挥重要作用，为海洋强国战略的实施做出新的贡献。

在此，向60多年来为我国水声事业奋斗、耕耘的教育科研工作者表示深深的敬意！向参与本丛书编撰、出版的组织者和作者表示由衷的感谢！

中国工程院院士　杨德森

2018年11月

自　序

随着海洋科学研究、经济开发和国防建设的快速发展，利用水声通信进行水下信息传输的需求日益增加，对水声通信的容量、可靠性等性能要求也越来越高。水声信道具有复杂、多变的传播特性，声传播的多径效应和随机起伏使得水声信道呈现严重的信号衰落，导致水声通信的数据率受限、误码率上升，是影响水声通信性能的主要因素，是水声通信面临的最主要挑战。水声通信要满足水下信息传输的迫切需求和性能要求，必须采用有效的抗信道衰落的技术与方法，来降低水声信道衰落特性对通信系统性能的影响。因此，抗衰落技术是水声通信研究的关键和难点技术。

本书的目的是对水声通信抗衰落技术进行系统论述，重点为衰落信道的仿真与分析，时域、频域和空域分集技术，以及时频域均衡技术和信道编码技术。

本书共 6 章。第 1 章为绪论，介绍水声通信概述及水声通信中抗衰落技术的研究与发展。第 2 章为衰落水声信道的分析与仿真，介绍水声信道的传播特性、衰落水声信道的时变模型、时变多径水声信道的模型与仿真、水声信道容量的分析等。第 3 章为衰落水声信道中的分集技术，介绍分集技术的概述、应用于水声通信中的分集技术、多径分离与 Rake 接收技术、水声信道中的扩频技术，以及 DSSS-FSK 扩频技术等。第 4 章为水声通信中的自适应均衡技术，介绍高速率的水声通信与均衡技术、有码间干扰信道的等效离散时间模型、自适应时域均衡、联合同步与自适应均衡、单载波频域均衡、水声通信中的单载波频域均衡。第 5 章为水声通信中的 MIMO 通信技术，介绍 MIMO 通信概述、空时编码概述、多径衰落水声信道中的空时编码、采用自适应均衡的 MIMO 通信。第 6 章为水声通信中的信道编码，介绍信道编码概述、编码信道的差错统计特性、水声信道的 GBSC 模型、水声信道的简单 F 模型、信道编码的性能估计、LDPC 编译码算法、频域均衡中联合迭代均衡译码算法、MIMO 系统中联合迭代均衡译码算法。

本书系统、深入地阐述抗衰落水声通信技术的基本概念、原理和分析方法，结合国家自然科学基金面上项目“采用分组正交与频率分层的水声空时频编码研究”（10674110）、“采用单载波迭代频域均衡的高速 MIMO 水声通信研究”（61371088），以及与水声通信有关的国防预研及型号项目的研究方法、实测数据和研究成果，以大量的实例介绍抗衰落技术的研究方法和步骤，方便读者学习、理解与掌握。与此同时，本书力求充分地反映当前国内外水声通信技术的最新发展成果与趋势。

本书由张歆、张小蓟和葛轶洲编著。作者在撰写过程中得到了西北工业大学航海学院的支持和同事的帮助，得到了西北工业大学“2022年度西北工业大学精品学术著作培育项目”（22JPZZ25）的资助出版，在此一并表示感谢。

由于作者能力有限，本书不足之处在所难免，恳请读者批评指正。

作　者

2024年4月

目　录

第1章 绪　　论

21 世纪是人类全面认识、开发、利用和保护海洋的世纪。海洋将成为人类生存与发展的新空间，是沿海各国经济和社会可持续发展的重要保障，是影响国家战略安全的重要因素。

当前，我国的海洋经济、资源开发和国防建设正面临从“浅近海”向“深远海”的转变。通过海洋科技创新，实现海洋认知能力的提升，是实现这一转变的关键。以信息化、数字化为基础，以建设“数字海洋”“透明海洋”“智慧海洋”为目标，整合深海探测、传感、水下通信技术，是实现这一转变的技术基础。

水下信息传输技术在深海勘探、海洋实时立体探测，以及信息化、网络化、无人化海战中起着至关重要的作用。目前，可用于水下信息传输的技术包括水下光通信、水声通信、水下电磁波通信、水下量子通信等。其中，水声通信由于信号衰减小，传输距离远，已成为中远距离水下通信的主要方式，广泛地应用于水下通信、探测、导航、定位和传感等领域。

水声通信以声波为信息的载体，利用水声信道进行信息的传输，是目前发展最为成熟、应用最广的水下通信技术。在数十年间，水声通信受到水声物理学和无线通信领域研究人员的广泛重视，吸引大量研究，取得了长足进步，已经从点对点通信发展到水下组网通信，成为水下网络通信的关键技术之一。

但水声通信的性能极易受水声信道传播特性的影响。水声信道是由海洋及其上下边界构成的介质空间，其复杂的内部结构和独特的上下边界会对声波的传播产生许多不同的影响。水声信道中的传播损失、多径效应、随机起伏和多普勒扩展等使得水声信道呈现时间、频率和空间选择性衰落，引起信号的幅度衰减、频率偏移、相位抖动，甚至出现码间干扰（inter-symbol interference，ISI）；造成通信信号的线性和非线性失真，导致水声通信的数据率受限，可靠性严重下降，并严重影响通信性能的稳健性。因此，数十年来，各种先进的时、频、空域分集和信号处理技术，如自适应时频域均衡技术、多载波调制、多输入多输出和空时编码（space-time coding，STC）、扩频（spread spectrum，SS）技术与 Rake 接收等，被广泛地应用于水声通信系统中，用来抵消信道衰落，补偿信号失真，以实现高速、高可靠的水声通信。

随着水下通信、控制、供能等关键技术的解决，具有持续感知、高速传输、有效控制能力的水下综合信息系统将成为可能。其中，进行中远距离传输的水声通信将起到不可替代的作用。而要在各种应用环境中都实现高效、高可靠的水声通信，则需要采用有效抗衰落的通信与信号处理技术，来抵消时变衰落的水声信道对通信信号的影响。

本书将着重讨论应用于衰落信道的水声通信技术，介绍抗衰落水声通信技术的概念、组成和实现等。

本章从水声通信概述入手，简要介绍水声通信系统的组成和特点，并概述信道衰落的概念及抗衰落通信技术等。

1.1　水声通信概述

1.1.1　水声通信系统的基本组成

水声通信是借助水声信道进行信息传送的特殊的无线通信，在系统组成、性能指标上与无线电通信有许多相似之处。目前，水声通信系统大多为数字通信系统，其主要组成部分包括发射换能器、接收换能器、编码器、译码器、调制器、解调器，以及水声信道等，如图 1-1 所示。

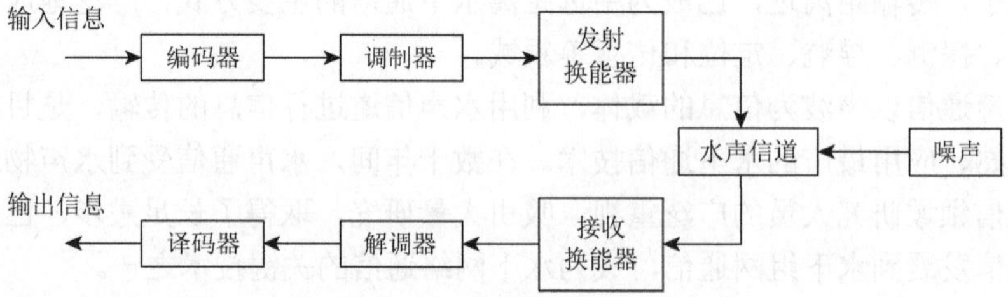

图 1-1　水声通信系统的基本组成

若要发送的信息是声音、图像等模拟信息，首先经信源编码，将模拟信息转换为数字信息。数字信息经载波调制后，变换成易于在水声信道传输的调制信号。调制信号再经放大后送入发射换能器中，将电信号转换为声信号，进入水声信道进行传输。在接收端，经由信道传输的声信号首先由接收换能器转换成电信号，经放大、滤波等预处理后，进入解调器进行解调，得到数字信息，再经译码后恢复成原声音或图像信息。

下面简要介绍水声通信系统中各部分的主要功能、作用与影响。

1. 水声信道

信道是指以传输介质为基础的信号通道，是由有形或无形的线路为信号传输提供的一条通道。水声信道是指以声波为信息的载体，借助于海水介质的无线传输通道，包括海面、海水和海底。一般说来，海面是一个随机起伏的软表面。海水介质中有分散或密集的非均匀散射体，如层流、湍流等。海水和海底沉积层有粗糙的分界面，而一般海底具有分层结构和水平变化。因此，水声信道中存在许多对声传播具有重要影响的物理效应。

从水声通信的角度看，水声信道主要的物理效应包括时变、空变的声波传播速度(简称声速)，声能量的传播损失，声传播的多径效应，声传播的多普勒效应，以及声信号的起伏效应等。其中，声速随深度的变化使得声波的传播路径（声线）弯曲，造成声波传播呈现波导效应。

声信号从声源向接收点的传播过程中，信号能量会逐渐减弱。在水声学中，常采用传播损失来概括海洋中各种信号能量损耗的效应。水声信道中的传播损失随距离和频率的增加而显著增加，使得高频信号在远距离传输时受到很大的衰减，从而显著地降低了信道的可用带宽，也就是说，水声信道中的传播损失使得水声信道的传输带宽严重受限，进而限制了水声通信的数据率和信道容量。

由于声波传播的波导效应及海面、海底边界的反射和折射，水声信道存在多径现象，即在一定波束宽度内发出的声波可以沿几种不同的路径到达接收点，且声波在不同路径中传播时，由于路径长度和声速的差异，到达该点的声波能量和时间也不相同，从而引起信号的幅度和相位起伏，导致信号畸变，并使得信号的持续时间和频带被扩展，信道呈现选择性衰落特性，严重时会造成数字信号的码间干扰。多径传播是影响水声通信系统数据率和差错率的重要因素之一。

海水介质中分散或密集的非均匀散射体的运动，以及内波、运动海面等的共同作用使得海水介质呈现时变、空变的随机不均匀性，导致声信号在传播时将产生信号的起伏，造成接收信号幅度的衰落和相位的旋转。由于在水声信道中存在着多径传播，接收的信号可能是从声源沿着多条路径传播过来的稳定的信号分量及随机时变的信号分量的组合。在这种存在随机起伏的信道中，相干检测只能用在起伏级足够低或有稳定的直达分量的情况下，以保证水声通信系统能进行载波提取和跟踪。信道起伏还引起信道冲激响应（channel impulse response，CIR）的时变性，造成通信信号的衰落。

发射机和接收机之间的相对运动、粗糙海面的散射不仅会引起信道起伏，而且会造成发射机和接收机间传播距离的增加或减少，从而引起接收信号在时间上的扩展或压缩，在频域可模化为多普勒频移。由于水声信道的多径传播，所以多个简单的多普勒频移就形成了多普勒扩展。相对运动不仅表现为发射机和接收机间距离的变化，而且体现为相对深度的变化。对于采用相干检测的水声通信系统来说，多普勒扩展会带来相位偏差，造成严重的相位漂移问题，大的多普勒扩展甚至会影响自适应算法的收敛性，严重时会造成均衡器的发散。

水声信道时变、多径的传播特性使得水声信道呈现严重的衰落特性，相比其他无线信道，对通信信号的传输有着更大的影响。因此，要实现高速率、高可靠的通信，水声通信在编码、调制、信号处理等方面都需要采取有效的抗衰落措施。

2. 环境噪声

在水声信道中，除了信道的传输特性，影响通信系统性能的另一个主要因素就是信道中的噪声。噪声通常是通信系统中各种设备及信道所固有的噪声和干扰的统称。水声信道的噪声通常称为海洋环境噪声，其包括由鱼、虾、各种哺乳动物等引起的生物噪声，由风、雨、地震扰动引起的潮汐、波浪、湍流等水静压力效应产生的噪声，以及行船、港口工业噪声等人为噪声等。

海洋环境噪声是水声信道中的一种加性干扰背景场。在水声学中，环境噪声用噪声谱级来表示，噪声谱级是将测得的噪声都折算到1Hz带宽内时所对应的值。在水声信道中，不同深度上，环境噪声的来源不同；不同频率上，噪声的特性也不同。环境噪声的各种构成因素如图1-2所示[1]。

- 环境噪声
  - 海洋噪声
    - 潮汐、波浪引起的低频压力脉冲（伪声）
    - 地震扰动
    - 海洋湍流引起的压力脉动（伪声）
    - 波浪非线性互作用
    - 风动海面、冰面
    - 热噪声
    - 生物噪声
  - 技术噪声
    - 交通航运（船）
    - 工业
    - 钻探
    - 空中航运

图1-2　环境噪声的各种构成因素

在深海中，环境噪声主要由潮汐及波浪的水静压力效应、地震扰动、海洋湍流、波浪非线性互作用、行船、热噪声等产生，噪声特性比较稳定。图1-3是不同航运和风速条件下的平均环境噪声谱。

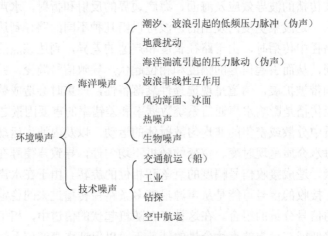

与深海环境噪声相反，浅海环境噪声的变化很大，其声源在不同时间和不同地点都有显著的不同。在浅海中，某一频率下的背景噪声由三类不同形式的噪声混合而成：行船和工业噪声、风关噪声、生物噪声等。在一个特定的时间和地点，噪声谱级取决于这些噪声源混合的情况，因而随时间、地点而变。在近海，在很宽的频段内，环境噪声谱级主要由风速决定。Urick[2]的测量表明，在10～3000Hz间，风速增加一倍，噪声谱级增加7.2dB，由风产生噪声的各种过程，如风动海

面形成的海面波浪噪声、浪花及粗糙海面的直接声辐射等，在近海都会产生环境噪声。与深海中相比，当频率高于 500Hz 时，近海中的噪声谱级比深海噪声谱级高 5～10dB。图 1-4 为文献[2]中给出的几种风速下的噪声谱。

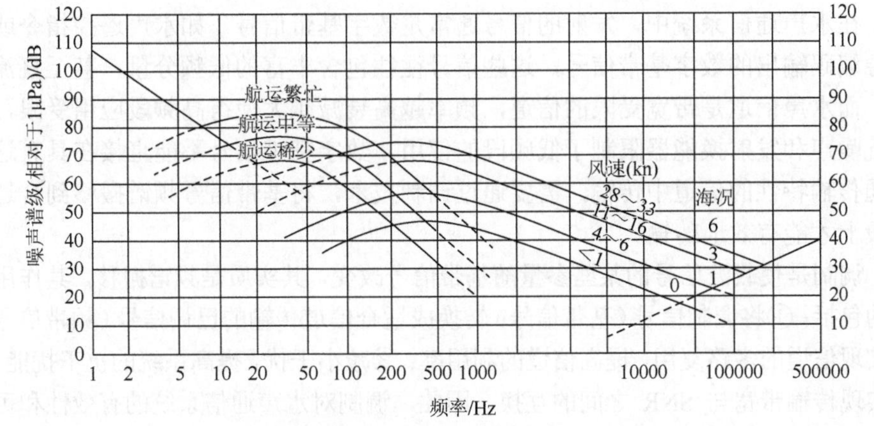

图 1-3　不同航运和风速条件下的平均环境噪声谱

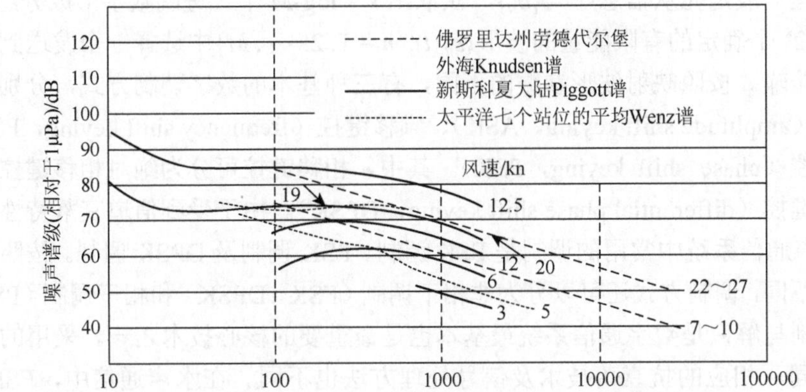

图 1-4　以风速作为参量的近海噪声谱级（参见文献[2]中图 7.8）

与水声信道的传输特性一样，海洋环境噪声具有明显的时变性，并随频率发生变化。当频率高于 10kHz 时，环境噪声谱级会因为吸收而随着深度的增加而降低。另外，环境噪声的谱级有随频率的增加而降低的趋势，而信号的传播损失则随频率的增加而增加，存在一个最佳的信号频率。因此，根据环境噪声谱级的预报，可以为通信系统最佳信号频率的选择提供参考。

水声信道中的环境噪声会降低接收信噪比（signal-to-noise ratio，SNR），是影响水声通信系统误码率的重要因素之一，因而噪声谱级的预报可以为通信系统的性能评估和设计提供参考。

3. 调制器与解调器

在水声通信系统中，发射的信号通常是数字基带信号，如水声遥控指令或经信源编码输出的数字基带信号，这些信号往往包含丰富的低频分量，甚至直流分量。而水声信道是带宽受限的信道，频率越高衰减越大使得高频段应用受限，而环境噪声和发射换能器限制了低频段的使用。数字基带信号不能直接在具有这种带通传输特性的信道中传输，需要通过调制技术，将基带信号频谱搬移到合适的频段上才能有效地传输。

调制是使载波信号的某些参量随基带信号改变，其实质是频谱搬移，其作用和目的包括：①将调制信号（基带信号）转换成适合信道传输的已调信号（频带信号）；②实现信道的多路复用，提高信道的利用率；③减小干扰，提高系统的抗干扰能力；④实现传输带宽与 SNR 之间的互换。因此，调制对水声通信系统的有效性和可靠性有很大的影响。采用什么方式进行调制和解调将直接影响通信系统的性能。

在数字调制过程中，调制器将数字信息映射成与信道特性相匹配的模拟波形。映射过程一般是先从信息序列$\{b_n\}$一次取出$k=\log_2 M$个二进制数字形成分组，再从$M=2^k$个确定的有限能量的波形$\{s_m(t), m=1,2,\cdots,M\}$中选择一个发送到信道中进行传输。按照映射波形参数的不同，有三种基本的数字调制方式，分别是振幅键控（amplitude shift keying，ASK）、频移键控（frequency shift keying，FSK）、相移键控（phase shift keying，PSK）。其中，相移键控可分为绝对相移键控和差分相移键控（differential phase shift keying，DPSK）。由于受到信道衰落特性的影响，水声通信系统中常用的调制是 FSK 调制、PSK 调制及 DPSK 调制。按照解调方式的不同，调制方式还可以分为非相干调制（FSK、DPSK）和相干调制（PSK）。

调制与解调是数字通信系统最基本也是最重要的核心技术之一。采用的调制技术不同，相应的抗衰落技术及信号处理方法也不同。在水声通信中，FSK 和 PSK/DPSK 调制是通信系统采用的基本调制，它们在通信性能、实现复杂度、抗衰落性能方面有较大的不同，而采用哪种调制技术则与通信系统的性能要求、应用的水声环境有关。

下面分别对 FSK 调制和 PSK/DPSK 调制的基本概念进行简要介绍。

1）FSK 调制

在数字调制中，若正弦载波的频率随基带信号在M个频率点间变化，则产生M进制的 FSK 信号。M进制的多频移键控（multifrequency shift keying，MFSK）信号每码元携带$k=\log_2 M$ bit 的信息，也就是说，k bit 的信息映射为$M=2^k$个可能的频率。

FSK 信号通常表示为[3]

$$s_{\mathrm{FSK}}(t)=g(t)\cos\{2\pi[f_c+b(t)\Delta f]t\},\quad 0\leqslant t\leqslant T \tag{1-1}$$

式中，f_c 为载波频率；T 为码元时间；$g(t)$为发送基带波形，通常为矩形波；Δf 为载波频率间隔；$b(t)$为信息序列，表示为

$$b(t)=\begin{cases}0, & \text{发送概率为}P_0\\ 1, & \text{发送概率为}P_1\\ \vdots & \\ M-1, & \text{发送概率为}P_{M-1}\end{cases}$$

且

$$\sum_{i=0}^{M-1}P_i=1$$

二进制频移键控信号的解调有非相干解调和相干解调两种方法。在非相干解调中，两路带通滤波器的输出信号分别经包络检波器检波后输出调制信号的包络，判决器通过对两路检波器输出包络的抽样值进行比较，输出判决信号。

信息符号采用“0”“1”等概率的形式发送，当发送波形 $g(t)$为幅度为 1 的矩形脉冲信号时，载波频率分别为 f_1 和 f_2，相位不连续的二进制 FSK（binary frequency shift keying，BFSK）调制信号的功率谱为[3]

$$\begin{aligned}P_{\mathrm{BFSK}}(f)=&\frac{T}{16}\left\{\left|\frac{\sin[\pi(f+f_1)T]}{\pi(f+f_1)T}\right|^2+\left|\frac{\sin[\pi(f-f_1)T]}{\pi(f-f_1)T}\right|^2\right\}\\&+\frac{T_S}{16}\left\{\left|\frac{\sin[\pi(f+f_2)T]}{\pi(f+f_2)T}\right|^2+\left|\frac{\sin[\pi(f-f_2)T]}{\pi(f-f_2)T}\right|^2\right\}\\&+\frac{1}{16}\left[\delta(f+f_1)+\delta(f-f_1)+\delta(f+f_2)+\delta(f-f_2)\right]\end{aligned}\tag{1-2}$$

BFSK 信号的功率谱密度示意图如图 1-5 所示。

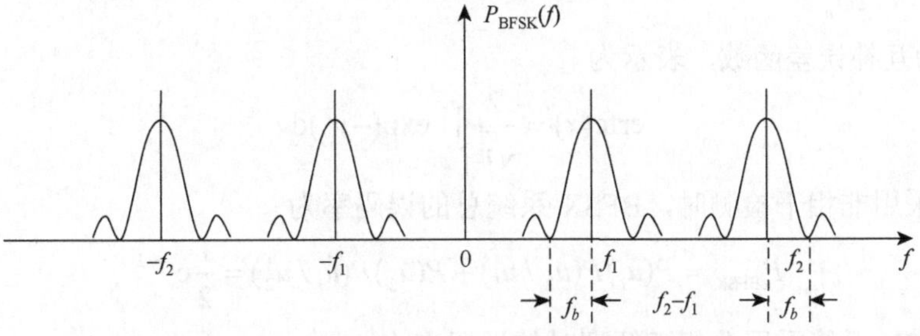

图 1-5　BFSK 信号的功率谱密度示意图

由式（1-2）可知，相位不连续的 BFSK 信号的功率谱由离散谱和连续谱组成，其中，离散谱是位于$\pm f_1$、$\pm f_2$ 处的两对冲激谱；连续谱由两个中心位于 f_1 和 f_2

处的双边谱叠加形成。

若以 BFSK 信号功率谱第一个零点之间的频率间隔计算 BFSK 信号的带宽，则 BFSK 信号的频带宽度为

$$W_{\text{BFSK}} = |f_2 - f_1| + 2f_b \tag{1-3}$$

式中，$f_b = 1/T$，为基带信号的带宽。

在加性高斯白噪声（additive white Gaussian noise，AWGN）信道中，假设信道是时不变信道，在信号的频带范围内具有理想矩形的传输特性。在码元时间 T 内，发射端 BFSK 信号表示为

$$s_T(t) = \begin{cases} u_1(t), & \text{发送“1”符号} \\ u_2(t), & \text{发送“0”符号} \end{cases} \tag{1-4}$$

式中

$$u_1(t) = \begin{cases} A\cos 2\pi f_1 t, & 0 < t < T \\ 0, & \text{其他} \end{cases}$$
$$u_2(t) = \begin{cases} A\cos 2\pi f_2 t, & 0 < t < T \\ 0, & \text{其他} \end{cases} \tag{1-5}$$

其中，A 为信号幅值。

当两个信号是等概率发送，采用相干检测时，BFSK 系统总的误码率为[3]

$$\begin{aligned} P_{\text{eBFSK}} &= P(u_1)P(u_2/u_1) + P(u_2)P(u_1/u_2) \\ &= \frac{1}{2}\left\{\frac{1}{2\sqrt{\pi}\sigma_z}\int_{-\infty}^{0}\exp\left[-\frac{(x-a)^2}{2\sigma_z^z}\right] + \frac{1}{2\sqrt{\pi}\sigma_z}\int_{-\infty}^{0}\exp\left[-\frac{(x-a)^2}{2\sigma_z^z}\right]\right\} \\ &= \frac{1}{2}\text{erfc}\left(\sqrt{\frac{r}{2}}\right) \end{aligned} \tag{1-6}$$

式中，$r = \dfrac{\alpha^2 A^2}{2\sigma_n^2}$ 为接收信号的平均 SNR，α 为信道衰减系数，σ_n^2 为噪声方差；$\text{erfc}(x)$为互补误差函数，表示为

$$\text{erfc}(x) = \frac{2}{\sqrt{\pi}}\int_x^{\infty}\exp(-y^2)\text{d}y$$

当采用非相干检测时，BFSK 系统总的误码率为

$$P_{\text{eBFSK}} = P(u_1)P(u_2/u_1) + P(u_2)P(u_1/u_2) = \frac{1}{2}\text{e}^{-r/2} \tag{1-7}$$

MFSK 系统采用非相干解调时的误码率为

$$P_{\text{eMFSK}} = \int_0^{+\infty} x\text{e}^{-[(z^2+a^2)/\sigma_n^2]/2} I_0\frac{xa}{\sigma_n}\left[1-(1-\text{e}^{-z^2/2})^{M-1}\right]\text{d}z \approx \frac{M-1}{2}\text{e}^{-\frac{r}{2}} \tag{1-8}$$

式中，$I_0(z)$是修正贝塞尔（Bessel）函数，定义为

$$I_0(z)=\frac{1}{2\pi}\int_0^{2\pi}\exp(z\cos u)\mathrm{d}u$$

MFSK 系统采用相干解调时的误码率为

$$P_{\mathrm{eMFSK}}=\frac{1}{\sqrt{2\pi}}\int_{-\infty}^{\infty}\mathrm{e}^{-\frac{1}{2(x-a/\sigma_n)^2}}\left(1-\frac{1}{\sqrt{2\pi}}\int_0^{\infty}\mathrm{e}^{-u^2/2}\mathrm{d}u\right)^{M-1}\mathrm{d}x\approx\frac{M-1}{2}\mathrm{erfc}\left(\sqrt{\frac{r}{2}}\right) \quad (1\text{-}9)$$

2）PSK/DPSK 调制

当正弦载波的相位随数字基带信号离散变化时，产生 PSK 调制。PSK 信号波形的表达式为[3]

$$\begin{aligned}s_{\mathrm{PSK}}(t)&=\mathrm{Re}[g(t)\exp\mathrm{j}(2\pi f_c t+\theta_m)]=g(t)\cos\left[2\pi f_c t+\frac{2\pi}{M}(m-1)\right]\\&=g(t)\cos\frac{2\pi(m-1)}{M}\cos 2\pi f_c t-g(t)\sin\frac{2\pi(m-1)}{M}\sin 2\pi f_c t\\&=I(t)\cos 2\pi f_c t-Q(t)\sin 2\pi f_c t\end{aligned} \quad (1\text{-}10)$$

式中，$g(t)$为发送基带波形，通常为矩形波，$0\leqslant t\leqslant T$；$\theta_m=2\pi(m-1)/M$，$m=1,2,\cdots,M$ 为载波的可能的 M 个相位，用来传送信息；$I(t)=g(t)\cos[2\pi(m-1)/M]$为 PSK 信号的同相分量；$Q(t)=g(t)\sin[2\pi(m-1)/M]$为 PSK 信号的正交分量。

相邻相移的差值$\Delta\theta=2\pi/M$。当 $M=2$ 时，载波相位取 0 和 π，可以表示二进制信号“1”和“0”，此时为 BPSK；当 $M=4$ 时，得到 4PSK 或 QPSK，此时载波相位可以取 $\theta_1=0$，$\theta_2=\pi/2$，$\theta_3=\pi$，$\theta_4=3\pi/2$。也可取$\Delta\theta=\pi/4$，得到 π/4-QPSK 调制。

PSK 信号的解调通常都是采用相干解调，在解调过程中会产生180°相位模糊。为了解决 PSK 的相位模糊问题，人们提出相对 DPSK 调制。DPSK 调制用前后相邻码元的载波相对相位变化来表示数字信息。假设前后相邻码元的载波相位差为 $\Delta\varphi$，可以定义一种数字信息与 $\Delta\varphi$ 之间的关系为

$$\Delta\varphi=\begin{cases}0, & \text{表示数字信息“0”}\\ \pi, & \text{表示数字信息“1”}\end{cases}$$

则一组二进制数字信息与其对应的 DPSK 信号的载波相位关系如下所示[3]。

二进制数字信息：		1	1	0	1	0	0	1	1	1	0
DPSK 信号相位：	0	π	0	0	π	π	π	0	π	0	0
或	π	0	π	π	0	0	0	π	0	π	π

DPSK 信号可以采用相干解调方式（极性比较法）解调，其解调原理是首先对 DPSK 信号进行相干解调，恢复出相对码，再通过码反变换器变换为绝对码，从而恢复出发送的二进制数字信息。

DPSK 信号也可以采用差分相干解调方式（相位比较法），其解调原理是直接比较前后码元的相位差，从而恢复发送的二进制数字信息。由于解调的同时完成了码反变换，故解调器中不需要码反变换器。由于差分相干解调方式不需要专门

的相干载波，因此是一种非相干解调方法。

BPSK 和 BDPSK 信号有相同的功率谱密度，表示为[3]

$$P_{\mathrm{BPSK}}(f)=\frac{T}{4}\{\mathrm{Sa}^2[\pi(f+f_c)T]+\mathrm{Sa}^2[\pi(f-f_c)T]\}$$
$$=\frac{T}{4}\left[\left|\frac{\sin\pi(f+f_c)T}{\pi(f_c+f)T}\right|^2+\left|\frac{\sin\pi(f-f_c)T}{\pi(f-f_c)T}\right|^2\right] \tag{1-11}$$

式中，Sa(x)为抽样函数，Sa(x) = sin$x$/x。

当二进制基带信号的"1"符号和"0"符号发送概率相等时，BPSK 信号中不存在离散谱，其带宽是基带信号带宽的两倍，即 $W=2f_b=2/T$。BPSK/BDPSK 信号的功率谱密度如图 1-6 所示。

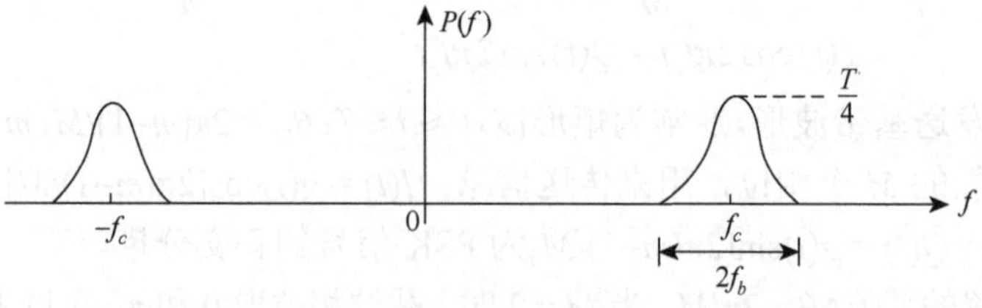

图 1-6　BPSK/BDPSK 信号的功率谱密度

在加性高斯白噪声信道中，在等概率发送的情况下，最佳判决门限 $b^*=0$，BPSK 系统总的误码率 P_{eBPSK} 为[3]

$$P_{\mathrm{eBPSK}}=P(1)P(0/1)+P(0)P(1/0)=\frac{1}{2}\mathrm{erfc}\left(\frac{a}{\sqrt{2}\sigma_n}\right)=\frac{1}{2}\mathrm{erfc}(\sqrt{r}) \tag{1-12}$$

式中，$r=\alpha^2\dfrac{A^2}{2\sigma_n^2}$为接收 SNR。

DPSK 有相干和非相干检测方式两种。相干解调时的 DPSK 系统的误码率是 PSK 系统的误码率加上码反变换器的误码率，表示为[3]

$$P_{\mathrm{eBDPSK}}=\frac{1}{2}[1-(\mathrm{erfc}\sqrt{r})^2] \tag{1-13}$$

采用非相干检测方式时，误码率表示为

$$P_{\mathrm{eBDPSK}}=\frac{1}{2}\mathrm{e}^{-r} \tag{1-14}$$

4. *编码器与译码器*

编码器与译码器通常包括信源编码/译码器和信道编码/译码器。在数字通信系统中，信源输出的模拟信号或数字信号，需要变成二进制数字信号进行传输。这种将模拟或数字信源的输出信号有效地变成二进制数字序列的过程，称为信源编码。将二进制数字序列转换为模拟或数字信源输出的过程称为信源译码。完成上述功能的器件，称为信源编码/译码器。

水声信道时变、多径的传播特性会造成通信信号出现线性和非线性的失真，在传输过程中出现差错。水声信道中的环境噪声降低接收SNR，同样会导致传输差错。为了使差错控制在所允许的范围内，需要采用差错控制技术。信道编码技术就是其中的一种，其相应的实现电路称为信道编码/译码器或纠错编码/译码器。信道编码器根据输入的信息码元产生相应的监督码元或冗余码元来实现对差错的控制，而译码器根据这些码元进行检错或纠错。

信道编码通过在信息码元序列内加入冗余码元来纠错，因而对信息传输速率有影响。但信道编码是一种有效的抗时间选择性衰落的通信技术，随着人们对水声通信的可靠性能有越来越高的要求，信道编码的研究越来越受到重视。一些在无线电通信中有较好纠错性能的信道编码，在水声通信中都有应用研究。而且，信道编码算法可以与信号的调制、自适应均衡等联合设计，从而显著地改善水声通信的可靠性。

5. 信号处理和同步

水声通信系统组成中，除了图 1-1 所示的基本组成，通常还包括抗衰落的信号处理算法，如补偿和抵消码间干扰的时频域自适应均衡算法、补偿和抵消多普勒效应的多普勒频移估计与补偿算法等，用来避免信号失真，提高通信性能。

除此之外，同步是数字通信系统中必不可少的一部分。同步就是要使通信系统的收发两端在时间和频率上保持步调一致。这种同步通常包括载波同步、位同步、帧同步等。数字通信离不开同步，同步系统性能直接影响着通信系统性能的优劣。

1.1.2 水声通信系统的主要性能指标

通信的任务是快速、准确地传递信息。因此评价一个通信系统性能优劣的主要性能指标是系统的有效性和可靠性。有效性是指在有限时间、给定信道内所传输的信息内容的数量，即指传输的效率问题，而可靠性是指接收信息的准确程度，也就是传输的质量问题。对于水声通信系统，有效性可用传输速率和差错概率来衡量，可靠性可以用误比特率来衡量。

1. 传输速率

传输速率又称数据率，包括码元速率（数据率）和信息速率（数据率）。

码元速率是指单位时间内通信系统所传输的码元或符号数目，记为R_B，其单位为 B。码元速率又称传码率或波特率。数字信号有多进制和二进制，码元速率与进制数无关，只与码元时间 T 有关，可以表示为

$$R_B = \frac{1}{T} \tag{1-15}$$

信息速率是指单位时间内通信系统所传输的信息量，记为 R_b，其单位是 bit/s。信息速率又称为传信率或比特率。

根据信息量的定义，每个码元或符号都含有一定比特的信息量。因此，码元速率和信息速率有确定的关系，即

$$R_b = R_B \cdot H \tag{1-16}$$

式中，H 为信源中每个码元所含的平均信息量（熵）。

当每个码元都等概率传送时，信息熵有最大值 $\log_2 M$，信息速率达到最大，即

$$R_b = R_B \cdot \log_2 M \tag{1-17}$$

式中，M 为码元的进制数。

当 $M=2$ 时，码元速率和信息速率在数值上是相等的。

不同传输速率的通信信号会受到不同信道传输特性的影响。例如，在浅海水平方向传输的水声信道中，多径效应会使高速率传输的信号出现码间干扰，造成严重的信号失真，而在深海垂直传输的信道中，这种信号失真就会少很多。因此，水声通信系统能够达到的传输速率与其应用的信道环境有很大的关系。

由于水声信道的传输速率与通信系统的应用环境有很大的关系，因此，当比较不同通信系统的有效性时，单看它们的传输速率是不够的，还应看在这样的传输速率下所占信道的频带宽度。所以，真正衡量数字通信系统传输效率的应该是频带利用率，即数字通信系统在每单位频带内所允许的码元速率：

$$\eta = \frac{R_B}{W} \tag{1-18}$$

式中，W 为数字信号所占用的系统带宽（单位为 Hz），它取决于码元速率 R_B。

大多数水声信道由于受到通信距离和所用频率的影响，可用带宽严重受限，因此，从理论上说，频带利用率高的通信系统更适合应用于水声信道。

2. *差错概率*

衡量数字通信系统可靠性的指标是差错概率。差错概率也有几种不同的定义。

码元差错概率（误码率）是指通信系统错误接收的码元数在传输总码元数中所占的比例，记为 P_e，即

$$P_e = \frac{\text{错误码元数}}{\text{传输总码元数}} \tag{1-19}$$

信息差错概率（误比特率）是指通信系统错误接收的比特数在传输总比特数中

所占的比例，记为P_b，即

$$P_b = \frac{\text{错误比特数}}{\text{传输总比特数}} \tag{1-20}$$

信息差错概率又称为误信率。在二进制码元的情况下，码元差错概率和信息差错概率在数值上是相等的。

通信信号在传输过程中会受到各种干扰和噪声的作用，从而影响对信号的恢复，造成差错。发生差错的概率是信息码特征、基带信号波形、接收SNR、信道特征，以及解调和译码方法等多种因素的函数。通信系统中通常采用差错控制技术来降低误码率，提高可靠性。

1.1.3 水声通信的特点

从系统组成、工作原理和性能指标来看，水声通信系统与无线电通信系统有很多相似之处，但水声信道特性的特殊性使得水声通信系统具有一些不同于无线电通信系统的特点，实现高速、高可靠的通信面临更大的挑战。总的来说，水声通信具有以下特点[3]。

1. 水声通信是一种借助于水声信道来传送信息的无线通信技术

目前，声波是海水中最为有效的传输介质，相对于电磁波、光波，声波在海水中的传输距离最远。声速通常为1500m/s。而且，不同海域、不同深度的声速会随时间发生变化。由于声速远低于电磁波的速度（3×10^8m/s），因此，水声通信的信息传输通常有较大的传播时延。

2. 水声通信系统性能受信道传播特性的严重影响

与一般的无线通信系统一样，水声通信系统的性能受水声信道传播特性的影响。声波的传播损失随着传播距离与频率的增加而显著地增加。这使得水声信道的可用带宽受限，中、远距离信道中的传输带宽在几百赫兹至几千赫兹，水声通信系统的最高数据率严重受限。

受声速时变、海水起伏及多径传播的影响，水声信道通常呈现时间、频率和空间选择性衰落，导致通信信号可能出现时间扩展、频率偏移和相位旋转的现象，甚至出现码间干扰，造成信号失真，使误码率性能及系统性能的稳健性严重下降。信道中的相位起伏对相干解调中的相位跟踪及相干检测性能的影响尤其严重。

除了发射和接收系统之间的相对运动，发射和接收换能器之间深度的相对变化也会引起时变性，造成多普勒频移。由于水下声波的传播速度（1500m/s）远低于无线电通信系统中的电磁波传播速度，水声信道中多普勒频移的影响要比无线电信道中大得多。

3. 水声通信系统的性能与水声信道的传播特性密切相关

水声信道的特性与信号频率、传输距离、信道水深等因素有关，因此，以某个单一指标来衡量水声通信系统的性能指标的优劣没有实际意义。Kilfoyle 和 Baggeroer[4]提出用数据率（kbit/s）×距离（km）来粗略地比较各系统的性能。

水声信道的传播特性不仅影响了水声通信系统的性能和方案设计，也使得水声信道的传播特性研究成为水声通信系统研究的重要内容之一。

4. 水声通信系统的调制

由于上述水声信道和水声通信的特点，在水声通信系统中采用的调制技术也有自己的特点。

随着数字调制技术引入水声通信系统中，FSK 调制系统得到了广泛的应用。FSK 系统作为一种能量检测（非相干检测）系统，对水声信道的时延和多普勒扩展有很强的适应能力，FSK 系统用不同的频率来表示数字信息，接收机的核心部分是模拟或数字形式的窄带滤波器。对于水声信道中存在的多径干扰，很多 FSK 系统还采用保护时间技术、频率分集技术等来减少或回避码间干扰。因此，FSK 调制技术在中、低速率及高可靠长期无人值守的通信系统中得到了广泛应用。

虽然非相干检测的 FSK 系统很可靠，但它较低的频带利用率使其不适合在带宽受限的水声信道进行高速传输。因此，大量的研究着重于如何扩展系统的带宽，提高数据的传输速率。在调制技术方面，业内研究主要集中在有更好带宽利用率的相位调制技术上。

采用相关检测的 PSK 调制，无论是频带利用率还是误码率性能，在数字调制技术中都是最佳的。但 PSK 信号在接收时需要得到正确的相位参考，水声信道时变起伏的传播特性是相干检测的主要障碍。而采用差分检测的 DPSK 方法无须载波提取，且抗频漂、多径干扰及抗相位慢抖动能力均优于 PSK。因此，水声通信中的相位调制主要采用 DPSK 方法。

DPSK 系统虽然能减少相位跟踪的难度，但无法回避码间干扰的影响。所以 DPSK 系统主要用于深海垂直信道或距离很短的水平信道，这类信道中多径干扰很小，相位稳定性好。要消除中长距离水平信道中多径干扰的影响，系统中还需要采用抵消码间干扰的技术措施。

美国西北大学和伍兹霍尔海洋研究所在联合研制的遥测系统中采用了 QPSK 调制，为了在强多径环境中提取载波，将判决反馈均衡器（decision feedback equalizer，DFE）和二阶数字锁相环（digital phase locked loop，DPLL）结合在一起进行相干检测试验[5]。试验研究表明，这种基于 DFE 和 DPLL 的接收机结构，可以改善系统的动态性能。

除了基本的载波调制技术，水声通信系统通常还采用其他调制技术，如多载波调制、正交频分复用（orthogonal frequency division multiplexing，OFDM）等，来抵抗信道衰落，改善通信系统的性能。

总之，目前乃至未来在水声通信系统中各种调制方式将会并存。选择何种调制方法不仅取决于数据率、可靠性的性能指标，还取决于应用环境、接收机的计算复杂度、实时性及功耗要求。

1.2 水声通信中抗衰落技术的研究与发展

1.2.1 信道衰落的基本概念

在无线通信领域，衰落是指信道的变化导致接收信号的幅度发生随机变化的现象。导致信号衰落的信道称为衰落信道，其传播特性是多种衰落特性的复杂组合。因此，要了解无线信道的传播特性及其对通信系统的影响，就必须了解无线信道中的各种衰落。

造成信道衰落的主要原因有信道的传播损耗、阴影效应、信道时变、发射机/接收机的相对运动、多径传播等，它们会造成不同类型的衰落。一般来说，按照不同的时间尺度，无线信道中的衰落大致分为大尺度衰落和小尺度衰落。大尺度衰落是指远距离传输后信号的变化或信号变化的时间尺度，以小时或天计。小尺度衰落是指信号在小空间或时间范围内有明显的变化，通常可以考虑为随机过程。每种尺度的衰落又包含不同类型的衰落，如图 1-7 所示。

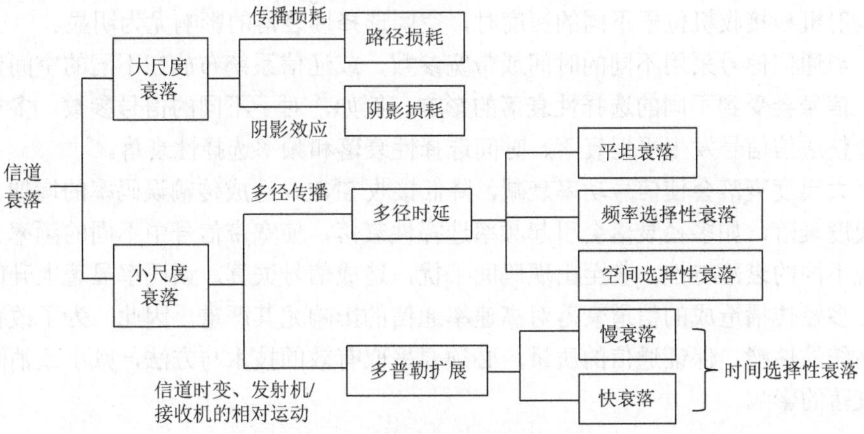

图 1-7 无线信道衰落的分类

大尺度衰落主要包括由远距离传播引起的路径损耗及由阴影效应造成的阴影损耗。而由多径传播造成的多径时延，以及由信道时变和相对运动引起的多普勒扩展所导致的衰落，通常属于小尺度衰落。

一般来说，多路信号到达接收机的时间有先有后，存在相对时延。如果这些相对时延远小于一个码元时间，那么可以认为多路信号几乎是同时到达接收机的。这种情况下多径不会造成码间干扰，引起的衰落称为平坦衰落，因为这种信道的频率响应在所用的频段内是平坦的。相反地，如果多路信号的相对时延与一个码元时间相比不可忽略，那么当多路信号叠加时，不同时间的码元就会重叠在一起，造成码间干扰。这种衰落称为频率选择性衰落，它对不同频率的信号衰落是不同的。

对于单路径的传输，收发之间的相对运动会造成信号出现多普勒频移，但当信道中存在多径传播时，不同路径有各自的多普勒频移，接收信号的多普勒频移就变成了多普勒扩展。多普勒扩展反映信道特性随时间变化（衰落）的快慢程度。如果在一个码元时间里，信道变化不大，那么认为信道是慢衰落的；如果在一个码元时间里，信道特性有明显变化，那么认为信道是快衰落的。

一般来说，衰落会随时间、频率和空间而出现不同的特性，称为时间选择性衰落、频率选择性衰落和空间选择性衰落。时间选择性衰落是指不同的时间具有不同的衰落特性。当存在时间选择性衰落时，接收信号的包络、相位和频率均随时间发生变化，变化的快慢常用衰落率来衡量。

频率选择性衰落是指在不同频段上具有不同的衰落特性。当接收信号中各频率分量受到同样的衰落时，信道的衰落称为平坦衰落，信道的频率响应在所用的频段内是平坦的。而当信道呈现频率选择性衰落时，接收信号中的各频率分量受到不同的衰减和相移，产生频谱失真。

空间选择性衰落是指在不同的空间位置具有不同的衰落特性。在水声信道，当发射机和接收机位于不同的深度时，空间选择性衰落的影响尤为明显。

当通信信号采用不同的时间或带宽参数，或通信系统布放在不同的空间位置时，信号会受到不同的选择性衰落的影响。例如，对于不同的信号参数，多径传播会使通信信号发生平坦衰落、时间选择性衰落和频率选择性衰落。

大尺度衰落会使信号功率衰减，降低接收 SNR，造成传输误码率的增加。而小尺度衰落，如多径衰落会引起频率选择性衰落，使宽带信号中不同的频率分量出现不同的衰落特性，甚至出现码间干扰，造成信号失真，误码率显著上升的现象。多径传播造成的信道衰落对高速率通信的影响尤其严重。因此，为了改善通信系统的性能，保证通信的质量，必须要采取有效的技术与方法，减小或消除信道衰落的影响。

1.2.2 抗衰落通信技术

在衰落信道中，为了改善通信质量而采用的技术措施、方法统称为抗衰落技术。针对衰落的特点，我们可以采用相应的抗衰落技术。典型的抗衰落技术大致分为分集技术、自适应均衡技术和信道编码技术。

1. 分集技术

分集技术用来补偿衰落信道损耗，是抗信号衰减、提高通信数据率和扩大通信范围的最优解决方案。分集技术的基本思想是如果把在几个独立衰落子信道上发送的、相同的信息信号副本提供给接收机，那么所有信号分量同时衰落的概率将显著地减少。按照一定规则合并这些副本可以显著地降低衰落的影响，提高传输的可靠性。分集技术的关键是使接收端能获得多个统计独立的、携带同一信息的衰落信号，然后将这些统计独立的信号按不同的规则合并起来，提高接收 SNR 来抗衰落。

按照为接收机提供独立衰落方法的不同，分集技术通常分为频率分集、空间分集和时间分集。时间分集是在不同的时隙上发送同一信息。为了利用时间分集，必须在若干个相干时间周期内进行交织和编码，然而，当存在严格的时延限制和（或）相干时间较大时，就不可能利用时间分集了。在无线通信中，常用的分集技术包括频率分集、空间分集及多径分集等。

1）频率分集与 OFDM 调制技术

频率分集在不同的相关带宽内发送同一信息，利用不同频率衰落统计特性上的差异，来实现抗频率选择性衰落的功能。实现频率分集的条件是两个频率之间的间隔要大。可由 FSK 调制、直接序列扩频（direct sequence spread spectrum，DSSS）、跳频扩频（frequency hopping spread spectrum，FHSS）、多载波调制技术等实现频率分集。

在多载波调制技术中，最具代表性的是 OFDM 技术，其主要思想是将信道分成若干正交子信道，将高速数据信号转换成并行的低速子数据流，将其调制到每个子信道并进行传输。由于每个子信道上的信号带宽小于信道的相关带宽，因此每个子信道中可以看成平坦衰落，可以抗频率选择性衰落，减少码间干扰。而且由于每个子信道的带宽仅仅是原信道带宽的一小部分，信道均衡也将变得相对容易。

OFDM 中的各个载波是相互正交的，每个载波在一个符号时间内有整数个载波周期，每个载波的频谱零点和相邻载波的零点重叠，这样便减小了载波间的干扰。由于载波间有部分重叠，所以它比传统的 FDMA 提高了频带利用率。

OFDM 的一个主要优点是正交的子载波可以利用快速傅里叶变换（fast Fourier transform，FFT）和快速傅里叶逆变换（inverse fast Fourier transform，IFFT）实现调制与解调，因而可以显著地降低运算复杂度。

OFDM 技术可以有效地对抗频率选择性衰落、码间干扰或窄带干扰；借助于各子载波的联合编码，OFDM 技术具有很强的抗衰落能力；具有在杂波干扰下传输信号的能力，因此常常会被应用在容易受外界干扰或者抵抗外界干扰能力较差的传输介质中。

但 OFDM 技术也存在两个主要的劣势：①对相位噪声和载波频偏十分敏感。载波频偏和相位噪声会破坏子载波之间的正交性，引起载波间干扰（inter-carrier interference，ICI），造成严重的性能下降。②有较高的峰值平均功率比（峰均功率比）。这会降低发射功率放大器的效率，提高对放大器线性范围的要求，增加电路的复杂性。

2）空间分集与 MIMO 通信技术

空间分集是在接收端采用多根天线组成的接收阵来实现的。各天线之间的物理间隔必须足够大，一般间隔在几个波长以上，这时，不同天线对之间的信道衰落是相互独立的。在空间分集中，发射信号副本是以空间冗余的形式到达接收机的。

信息理论的分析表明，在发射端和接收端都采用多根天线的多输入多输出（multiple input multiple output，MIMO）系统，其信道容量随发射天线数或接收天线数线性增加。也就是说，可以在不增加带宽和天线发送功率的情况下，通过多天线的传送和接收，充分地利用空间资源，成倍地提高信道容量。因此，MIMO 技术得到了广泛的研究。在 MIMO 系统中，发射端通过空时编码将要发送的数据信号映射到多根天线上发送出去，接收端将各根天线接收到的信号进行空时译码，恢复出发射端发送的数据信号。MIMO 技术利用空时编码同时获得发射分集和接收分集。

空时编码是将空域上的发射分集和时域上的信道编码相结合的联合编码技术，它建立了空间分离和时间分离之间的关系。根据空时编码方法的不同，MIMO 技术可以分为两类：空间分集技术和空间复用技术。空间分集技术是在发射端通过空时编码，将相同的数据通过多根天线发射；在接收端通过空时译码对多个独立衰落的信号副本进行合并，从而获得分集增益，提高可靠性。空间分集技术的基本思想是在发射端对数据进行空时编码来减小信道衰落和噪声导致的误码率，增加信号的冗余度，解决可靠性问题。在空间分集中，常用的空时编码是空时分组编码（space-time block coding，STBC）和空时格码（space-time trellis coding，STTC）。

空间复用技术是在不同的天线上发射多个独立的数据流，接收端通过多用户检测与分离获得空间复用，提高传输的数据率，增加频谱利用率。用于空间复用的空时编码是分层空时（layered space-time，LST）编码。

MIMO 技术已经成为无线通信领域的关键技术之一，随着使用天线数目的增加，MIMO 技术实现的复杂度大幅度增高，从而限制了天线的使用数目，不能充分地发挥 MIMO 技术的优势。如何在保证一定系统性能的基础上降低 MIMO 技术的算法复杂度和实现复杂度，成为 MIMO 技术研究所面临的巨大挑战。

3）多径分集与 Rake 接收技术

由于上述的分集技术一般都需要使用多套设备，因此，一般将它们称为显分集技术。还有另一类分集技术，由于它的分集效果是隐蔽在信号波形内部的，并不需要增加设备套数来达到多重分集的效果，因此，相对于显分集技术，这类分集技术称为隐分集技术。常用的隐分集技术包括时频编码分集技术、时频相编码分集技术和多径分离技术等，其中，基于扩频信号和 Rake 接收的多径分离技术利用来自不同路径的多径分量获得分集增益，在业内得到了广泛的研究和应用。

与其他分集方式类似，多径信道中，各路径的信号分量中含有独立衰落的信息，可以通过合并多径信号来改善接收 SNR。Rake 接收就是利用这一思路，通过多个相关检测器接收多径信号，并把它们合并在一起。因此，Rake 接收技术实际上是一种多径分集接收技术，可以在时间上分辨出细微的多径信号，对这些分辨出来的多径信号分别进行加权调整，并使其复合成加强的信号。

Rake 接收技术要获得多径分集增益，需要完成两个步骤。首先，要利用扩频信号，将携带相同信息，来自不同路径，有着不同时延、相位和幅度的信号分离出来；其次，要通过相位校正、时间对齐等措施进行加权合并，从而获得多径分集增益。

与其他分集技术不同，Rake 接收技术不是减弱或消除多径信号，而是充分地利用多径信号的能量，来抵抗信道中的多径衰落。

2. 自适应均衡技术

自适应均衡技术是解决多径衰落造成的码间干扰的最有效方法之一，它利用均衡器产生与信道特性相反的特性，对信道中的幅度和时延进行补偿。通过补偿信道衰落引起的畸变来减小多径传播的影响，消除频率选择性衰落，解决码间干扰的问题。由于无线信道大多为时变的，因此，需要采用自适应均衡算法来调节均衡器的参数，最终使自适应均衡器的代价函数（如均方误差最小化）实现最佳均衡。调整系数的算法称为自适应算法，它是根据某个最优准则设计的。

均衡技术可以分为时域均衡和频域均衡两类。时域均衡从时间响应考虑，使包括均衡器在内的整个系统的冲激响应满足无码间串扰的条件。时域均衡器大多采用横向滤波器的结构，其参数可以根据信道特性的变化进行调整。

从均衡器结构来看，时域均衡器可以分为两大类[3]：线性均衡器和非线性均衡器。线性均衡器采用横向滤波器结构，是自适应均衡方案中最简单的形式，最大的优点在于其结构非常简单，容易实现，因此在各种数字通信系统中得到了广泛的应用。DFE 属于非线性均衡器，由前馈滤波器（feed-forward filter，FFF）和反馈滤波器（feedback filter，FBF）组成，都采用横向滤波器结构，DFE 的基本思路是一旦信息码元经检测和判决后，其对随后信号的干扰在其检测之前可以被估计并消除。因此，相比线性均衡器，DFE 有更好的均衡性能，因而在信道传播特性复杂的应用中更受重视。然而 DFE 的结构要比线性均衡器复杂，且存在错误传播的问题，即当输入 SNR 较低，使得对当前信息的判决不正确时，错误判决的反馈会影响 FBF 部分，从而影响对随后信息的判决，造成错误传播。

根据一定的准则和信道的变化，自动调节均衡器参数达到最佳的算法称为自适应均衡算法。自适应均衡算法所采用的最优准则包括最小均方（least mean square，LMS）准则、最小二乘（least square，LS）准则、最大 SNR 准则和统计检测准则等。其中，LMS 误差准则和递归最小二乘（recursive least square，RLS）准则是最常用的自适应算法准则。LMS 误差算法简单，但收敛速度较慢。RLS 算法收敛速度快，但计算复杂度高。

均衡也可以在频域进行。单载波频域均衡（single carrier frequency domain equalization，SC-FDE）使包含均衡器在内的整个系统的总传输特性满足无失真传输的条件。单载波频域均衡采用分组数据结构，且在数据分组前插入循环前缀（cyclic prefix，CP）。一般来说，CP 的长度不小于多径信道的时延扩展，以确保该数据分组不受其他数据分组的干扰。单载波频域均衡采用单分支结构，避免使用时域均衡中的高阶滤波器结构。单载波频域均衡过程可以借助快速傅里叶变换在频域进行，因而其结构及计算复杂度要小于同样性能的时域自适应均衡器。

从结构上看，SC-FDE 最初采用线性结构，基于迫零（zero forcing，ZF）或最小均方误差（minimum mean square error，MMSE）准则设计。由于存在剩余码间干扰，其性能不是最好的。于是，业内提出了采用非线性结构的迭代分组判决反馈均衡器（iterative block decision feedback equalizer，IB-DFE），在线性均衡的基础上加上 FBF，用来抵消剩余的码间干扰。

与逐符号均衡的时域 DFE 相比，IB-DFE 有两个显著的特点：①由于采用迭代均衡，所有前次迭代过程中被检测的信号都被用作反馈输入，当前检测码元前后的码间干扰都可以被抵消，随着迭代次数的增加，IB-DFE 可以实现更好的性能。而在 DFE 中，只抵消了检测码元后的码间干扰。②IB-DFE 的最佳化是按判决的可靠性进行的，因此，错误传播情况比较稳健，且限制在一个数据分组内。

总而言之，一个好的自适应均衡器应该具有三个特点：快速初始收敛特性、好的跟踪信道时变特性和低的运算量。因此，均衡器结构及自适应均衡算法需要根据应用环境，在均衡性能和计算复杂度之间折中选取。

在数字化、信息化时代，通信系统担负着信息传输的重大任务，这要求数字通信系统向着高速率、高可靠性的方向发展。伴随而来的是无线信道造成的信号畸变更加严重。利用自适应均衡技术可以补偿信道的非理想特性，减轻信号的畸变，降低误码率。因此，自适应均衡技术是通信系统中一项不可或缺的重要技术。

3. 信道编码技术

信道中的干扰和衰落造成信号失真，最终导致信息传输出现差错，误码率上升。信道编码技术又称纠错编码技术，是通过增加信息的冗余来提高信号的抗干扰能力的，纠正衰落引起的差错，增加传输的可靠性。

信道编码技术的基本思想是在一个规则的控制下在发送的信息中增加冗余度，接收端利用这种冗余度来发现、纠正信息传输中的差错。按照加入冗余度方式的不同，可以将纠错编码大致分为分组码和卷积码。常用的信道编码有 BCH（Bose-Chaudhuri-Hocguenghem）码、RS（Reed-Solomon）码、卷积码、Turbo 码和低密度奇偶校验（low-density parity check，LDPC）码等。其中，BCH 码和 RS 码属于线性分组码的范畴，在较短和中等码长下具有良好的纠错性能。卷积码在编码过程中引入了寄存器，增加了码元之间的相关性，在相同复杂度下可以获得比线性分组码更高的编码增益。

香农（Shannon）编码定理指出：如果采用足够长的随机编码，就能逼近香农信道容量。但是传统的编码都有规则的代数结构；同时，出于译码复杂度的考虑，码长也不可能太长。所以传统的信道编码性能与信道容量之间都有较大的差距。由于 Turbo 码和 LDPC 码具有近香农界的突出纠错能力，所以其成为信道编码理论研究的热点问题。

Turbo 码是一种级联码，它将两个简单的分量码通过伪随机交织器并行级联来构造具有伪随机特性的长码，并通过在两个软输入/软输出译码器之间，采用逐位最大后验概率译码器进行反复迭代循环实现伪随机译码。

Turbo 码由于应用了随机性编译码条件而获得了接近香农理论极限的译码性能。它不仅在 SNR 较低的高噪声环境下性能优越，而且具有很强的抗衰落、抗干扰能力。Turbo 码的劣势在于其译码较为复杂，这种复杂不仅在于其译码要采用迭代的过程，而且采用的算法本身也比较复杂。这些算法的关键是不但能对每比特进行译码，而且还能给出译码的可靠性信息，有了这些信息，迭代才能进行下去。除此之外，当码长较长时，由于交织器的存在，译码会产生较大的时延。

LDPC 码是一种具有稀疏校验矩阵的分组纠错码，其奇偶校验矩阵 $\boldsymbol{H}$ 是一个稀疏矩阵，其行重、列重非常小，这也是 LDPC 码称为低密度码的原因。校验矩阵的稀疏性使得其编码及迭代译码算法复杂度降低，运算量不会因为码长的增加而急剧增加，硬件实现较容易；可以实现并行操作，具有高速的译码能力；吞吐量大，可以改善系统的传输效率；译码复杂度与码长呈线性关系，解决了分组码在长码时所面临的巨大译码计算复杂度的问题，在码长较长的情况下，仍然可以有效译码。

LDPC 码的劣势在于：①硬件资源需求比较大。全并行的译码结构对计算单元和存储单元的需求都很大。②编码比较复杂，更好的编码算法还有待研究。同时，由于需要在码长比较长的情况才能充分地体现性能上的优势，所以编码时延也比较大。

LDPC 码的研究方向主要集中在码的设计、码的硬件实现、与其他通信技术的结合，以及在下一代通信系统中的应用等。

不同种类的信道易产生不同种类的噪声，对传输的数据造成不同的损害。因此，在进行信道编码时，需要根据信道中可能出现的差错的类型，如随机错误或突发错误，以及错误的长度或个数等信息来进行编码设计。也就是说，纠错码的选择应与信道的情况相匹配。

信道的差错状态包括误码的分布、错码间正确码的分布、连续差错的误码群分布等[6]。要了解信道的差错情况及其统计规律，可以对信道进行大量的测试和统计分析，也可以通过编码信道模型进行分析。编码信道是一种数字信道或离散信道，其输入和输出都是离散的时间信号。信道噪声或其他因素的影响将导致输出数字序列出现变化，即序列中的数字出现错误。信道的差错情况可以由信道的差错序列完全反映出来，信道的差错统计规律就是差错序列中 0、1 的分布规律。

编码信道模型大致可以分为无记忆和有记忆的二进制对称信道（binary symmetric channel，BSC）模型[6]。对于无记忆的 BSC 信道，只需误码率 P_e 就能完全描述信道中的差错特性。但对于有记忆的信道，即错误密集的信道，直接用 BSC 模型来描述是很不精确的，但可以增加一个或几个反映信道错误相关性的参数来描述有记忆信道，由此得到修正 BSC（generalized binary symmetric channel，GBSC）模型。

为了描述有密集（突发）错误的信道中差错序列的统计规律，Fritchman[7]提出了有 K 个无误状态、$N\text{–}K$ 个错误状态的分群马尔可夫模型（简称 F 模型）来描述信道的差错序列，而信道模型可以用状态转移概率矩阵来描述。借助于 F 模型可以给出不同码长时的随机错误和突发错误的错组率分布。

在实际应用中，选用何种信道编码与码的纠错能力和实现的复杂度有关。若能了解信道的差错情况及其统计规律，就能在满足纠错性能要求的条件下，合理地选用信道编码，提高码的成功率和利用率，并在性能与复杂度之间取得最佳平衡。

1.2.3 水声通信系统中的抗衰落技术

在水声信道中，传播损失造成通信信号幅度衰减，呈现大尺度衰落；多径传播使得接收信号是沿多路径传播过来的信号的组合；在信道随机起伏的影响下，接收信号的幅度和相位在小范围内波动，呈现小尺度多径衰落。水声信道的衰落与时间、频率和空间有关，呈现时间选择性衰落、频率选择性衰落、空间选择性衰落。衰落会造成信号时延、频谱扩展，甚至出现码间干扰，引起信号失真，从而使得水声通信的数据率受限，误码率显著上升。因此，水声信道的衰落特性严重影响水声通信的性能，需要采用有效的抗衰落通信技术，来实现高速率、高可靠性的水声通信。

下面简要介绍水声通信系统中常用的抗衰落技术。

1. 水声通信中的频率分集与OFDM调制

FSK 调制是水声通信系统中常用的频率分集，FSK 信号对水声信道的信号时延和频谱扩展有很强的适应能力，而且还可以采用保护时间、多频分集及纠错编码等技术措施来减小或回避多径传播引起的码间干扰。因此，FSK 调制在水声通信中，特别是在呈现频率选择性衰落和相位极不稳定的环境中得到了广泛的应用。

美国的数字声遥测系统采用了载波频率为40～55kHz的MFSK调制，还采用移相阵列波束形成、基于锁相环的载波跟踪及纠错编码来保证系统的性能。海试结果表明，在20m水深、200m距离的信道中，该系统的数据率可达400bit/s，误码率为3×10^{-3}。

美国伍兹霍尔海洋研究所在20世纪80年代末研制了一个用来与运动中的水下航行器进行数据传输的声遥测系统，它将20～30kHz的系统带宽划分为16个子带，每个子带内采用QFSK调制，每个子带的传输速率为78bit/s，在5km的传播距离上，最大数据率可达5kbit/s。

OFDM调制利用多个正交子载波的并行传输，把单个串行的频率选择性衰落信道转换成多个并行的低平坦衰落信道，显著地降低了频率选择性衰落的影响。而且，OFDM具有频谱利用率高的优点，很适合用在带宽受限、有频率选择性衰落的水声信道中进行高速数据传输。

文献[8]比较全面地介绍了 OFDM 调制的基本知识，与 MIMO 通信、LDPC码的联合设计，OFDM信号检测、处理，以及在水声通信中的应用等。

OFDM调制需要着重解决的问题之一是如何避免由于载波频偏破坏子载波间的正交性而造成的子载波间干扰，而信道中的多普勒频移是引起载波频偏的重要因素。水声信道是时延、多普勒双扩展信道，由于声速远小于空气中电磁波的传播速度，相对运动导致的多普勒频移要比无线电信道严重得多。而且，多普勒频移在水声通信的频带内不是均匀的，不同的频率频偏不一样。非均匀的多普勒频移及多普勒扩展成为制约OFDM性能的主要因素，因而，多普勒频移的补偿及频域补偿成为水声OFDM系统研究的重点[9-12]。

Li 等[10]提出了对非均匀多普勒补偿的方案，首先借助于重采样进行非均匀多普勒补偿，将宽带问题转化为窄带问题，然后对剩余多普勒进行高分辨多普勒补偿。非均匀多普勒补偿方案采用导频信号进行信道估计，接收信号按照 OFDM 分组进行处理，因而该方案适用于快变信道。海试结果表明，即使发射机和接收机之间的相对运动速度达到 10kn，多普勒频移大于 OFDM 子载波间隔，采用该方案的 OFDM 系统也取得了良好的性能。当载波数分别为 512、1024 和 2048 时，实现的数据率分别为 7.8kbit/s、9.6kbit/s 和 9.7kbit/s。

文献[11]利用载波频率来检测多普勒频移。首先根据检测的载波频率进行多普勒频移的粗同步，然后对这个多普勒频率进行细同步。水声信道的试验表明，估计的多普勒频移与理论计算实现了较好的吻合。

OFDM 作为一种有效的抗频率选择性衰落的技术很适合用于水声信道。而且，OFDM 易于与 MIMO 技术、信道编码、扩频技术结合，在高速水声通信、水声网络通信中得到广泛的应用[8-12]。

2. 水声通信中的空间分集与 MIMO 技术

无论时间分集还是频率分集都会降低带宽效率，这在带宽受限的水声信道中是一个严重的问题。采用换能器阵的空间分集由于不额外占用时频信号空间，具有较高的频谱利用率，在水声通信中受到广泛重视。接收分集包括接收分集组合、阵处理和多信道均衡等，是水声通信中常用的空间分集技术。

对于用多个换能器组成的接收阵，采用不同的阵处理方法可以获得不同的分集形式。采用自适应波束形成算法，接收机可以获得方位分集。方位分集在相干水声系统中较为常见，通常是采用窄带或宽带波束形成算法来抵消多径到达信号，只留下直达路径信号，从而消除多径衰落。而采用多信道的组合，则可以得到空间位置分集。

接收分集由于可以利用分集增益来显著地改善接收 SNR，在远距离的水声通信系统中应用较多。而且，接收分集可以与其他分集技术结合使用，如与自适应均衡技术结合，形成多信道均衡。Stojanovic 等[13]将自适应均衡器与多信道组合在一起，形成多信道均衡器。试验表明采用多信道均衡器与一个波束形成器加单信道均衡器所得到的 SNR 性能是相近的，且接收阵能显著地改善相干系统的整体性能。

采用空时编码的 MIMO 通信技术，不仅可以获取分集增益来改善接收 SNR，而且可以利用空间复用提高数据率，改善信道容量。这对可用带宽受限的水声通信很有吸引力[14-20]。

Li 等[14]在 OFDM 系统的基础上设计了两发射、四接收的 MIMO-OFDM 系统，并在 2007 年进行了试验，采用 1/2 码率的 LDPC 纠错编码和 QPSK 调制，数据率为 12.18kbit/s，信号带宽为 12kHz，在 1.5km 的传输距离上实现了近乎无误码传输。在 2008 年的试验中，Li 等[10]采用两发射、三发射和四发射的通信方案，在接收端使用迭代 LDPC 译码、MMSE 均衡和连续干扰抵消检测算法，频谱效率最高达到 3.5bit/(s·Hz)，在 62.5kHz 的信号带宽上实现了 125.7kbit/s 的数据率。

MIMO 通信在水声信道应用时遇到的主要问题之一是多径传播带来的码间干扰，它会破坏空时编码信号的时空正交性，导致性能增益急剧下降，除此之外，由于声速慢，不同发射-接收子信道间有明显的到达时延差[18-20]，特别是在中长距离的通信中。这些到达时延差与多径时延一样会导致接收性能的下降。为此，多通道的自适应均衡等信号处理算法被用来消除码间干扰[13, 17]。但多通道的自适应均衡器结构及算法要比单通道的均衡器复杂得多，从而显著地增加了 MIMO 接收机的计算复杂度，由此带来水声 MIMO 通信的另一个主要问题，即接收机的计算复杂度问题。

MIMO 技术通常用于需要远距离传输的通信中，通过获取分集增益来提高接收 SNR，扩大通信距离；或者将 MIMO 技术用于需要高速传输的通信中，通过空间复用来提高数据率。而这些远距离或高速传输的应用环境通常多径干扰比较严重，若采用 DFE 等自适应均衡器来消除多径影响的话，则均衡器所需的分支数较多，且需要采用均衡性能好但复杂度较高的 RLS 算法。

文献[18]在解决不同发射-接收子信道间传播时延问题时，提出一种基于频率扩展的空时分层方案。利用水声信道不同路径的传播时延来进行信号的分层，利用 Rake 接收机进行各层信号的独立接收。该方案的优势在于只需要一个接收换能器就可以实现空时分层信号的分离和干扰抵消，且在多径信道中具有良好的性能。

在这个基于频率扩展的空时分层方案中，文献[19]、[20]在研究排序连续干扰抵消信号检测算法时，利用 MIMO 水声信道存在到达时延差的特点，提出基于子信道传播时延的排序方法，利用子信道间的传播时延差，实现差错概率最小的检测排序。文献[19]、[20]给出了利用信道估计，以极低的计算量确定排序的方法，显著地降低信号检测的计算复杂度。其研究表明，采用有效的信号处理方法，可以使水声信道中造成信号干扰的传播时延成为改善系统性能的有利因素。

为了以较低的复杂度抗码间干扰，文献[21]～[25]采用了 Turbo 均衡。这是一种将 Turbo 码的迭代译码与均衡技术结合的均衡方案，可以通过联合迭代均衡译码来消除码间干扰，提高可靠性。还可以将 MIMO 通信与 OFDM 调制相结合，利用低复杂度的 OFDM 来抗多径干扰[9, 14]。SC-FDE 的抗码间干扰的能力和计算复杂度与 OFDM 相当，且没有 OFDM 的子载波干扰问题。因此，许多研究将 SC-FDE 引入 MIMO 系统中[19, 26-29]，以较低的复杂度来抵消 MIMO 通信中的码间干扰。

3. 水声通信中的多径分集与扩频技术

水声信道是典型的多径传播信道，但多数分集技术对多径干扰采用回避的方法，如频率分集，利用频率冗余来避免多径干扰的影响。而多径分集技术（或称多径分离技术）则是借助于信号设计，将各多径分量分离出来，再利用 Rake 接收将多径分量合并，获取多径分集增益。

如前面所述，多径分离通常采用扩展频谱技术来进行。扩频技术包括 DSSS 和 FHSS，具有抗多径干扰能力强、可以实现隐蔽通信等优势，在水声通信系统中得到广泛的应用。

Loubet 等[30]研究了低 SNR（低于 0dB）环境中的扩频通信，在 5～45n mile、20～50km 两个不同区域对不同码长、不同扩频序列、不同数据率的 DSSS 系统进行了试验。其研究表明，在多径水声信道中，若信道中的 SNR 高于 15dB，则最好也是最简单的抗多径方法是采用自适应均衡方法，可使数据率最佳化。均衡技术应用的 SNR 为 10～15dB。当 SNR 低于 0dB 时，通常采用扩频技术以确保可靠而稳健的传输。

Blackmon 等[31]对基于 Rake 接收机和基于预测反馈均衡器的两种 DSSS 接收机进行了仿真与试验。基于 Rake 接收机的 DSSS 接收机复杂度低，而预测反馈均衡 DSSS 接收机可以采用码片（chip）速率修正接收机参数，因而更适用于快时变信道。两种接收机在时延扩展为 2～50chip、最大相对运动速度为 15kn 的环境中进行了试验，其结果表明，两种接收机的差异在于跟踪时变信号的能力，预测反馈均衡器接收机可以在 chip 级上跟踪信号的相位和时延，若在数据处理前能进行精确的多普勒修正，则 Rake 接收机也能提供较好的性能且实现更为简单。

DSSS 可以获得扩频增益，但其采用 PSK 调制，而水声信道的随机起伏会对载波和相位同步造成影响，可能需要其他相位跟踪和信号处理，以便进行 PSK 相干解调及 Rake 接收。相比之下，FHSS 对载波频率和码组同步的要求要小于 DSSS 信号，因而，在水声信道中有更好的性能稳健性。但水声信道的带宽受限，跳频的范围有限。除此之外，文献[32]～[35]研究了具有更好性能的扩频序列，分析扩频通信在不同应用场合的性能。

扩频技术除了在低 SNR 或隐蔽通信中应用，还可以与其他通信技术结合使用，用扩频信号来抗多径传播造成的码间干扰。

4. 水声通信中的自适应均衡

时变、多径的传播特性是水声信道最主要的特点之一，多径时延造成频率选择性衰落，在接收信号中引入码间干扰是影响水声通信数据率的主要因素。在

20 世纪 90 年代之前，水声通信主要采用 FSK 调制和非相干检测来避免受到码间干扰的影响，但相应地，通信数据率也较低。随着对高速率水声信息传输需求的增加，能够有效地抵消码间干扰的自适应均衡技术得到了广泛的研究。

在水声通信系统中，使用效果最好的自适应均衡技术是 Stojanovic 等[5]提出的内嵌二阶数字锁相环的 DFE，它用锁相环跟踪信道快速时变或收发相对运动引起的多普勒频移，用均衡器跟踪复杂的、相对慢变的信道响应，用快速 RLS 算法来修正均衡器参数。多次海试的结果表明了采用该结构的均衡器和自适应均衡算法的可行性。

自适应均衡技术对接收 SNR 有一定的要求，因此，通常用于中、近距离的高速率水声通信，其可能存在的主要问题有两方面：一是自适应均衡算法的复杂性；二是在时变信道中性能的稳健性。

水声通信中的均衡器大多采用横向滤波器结构，其分支长度随等效信道长度的增加而增加。数据率越高，多径时延越大，等效信道长度越长，横向滤波器的分支数越多，使得用来修正滤波器系数的自适应均衡算法的计算复杂度越高。因此，均衡器结构和均衡算法需要根据应用环境来选择。

线性均衡器和 LMS 算法的结构简单、算法复杂度低，因而在信道变化缓慢、多径扩展小的信道中得到应用。但在快时变、大多径扩展的信道，还需要采用 DFE 和 RLS 算法来跟踪信道的快速变化，抵消严重的码间干扰。除此之外，还需要开展减小 DFE 的计算复杂度的研究，如采用稀疏自适应均衡技术等[3]。

水声信道时变的传播特性除了会使均衡器未能快速跟踪信道变化，导致通信性能变差，还可能产生多普勒扩展。对于采用频率调制的水声通信系统，多普勒扩展可能会影响接收机中窄带滤波器的设计，但对信号的检测影响不大。而对采用 PSK 调制的通信系统来说，多普勒扩展及所引起的相位偏差会影响接收信号载波的恢复和相位的跟踪。

虽然相位相干水声通信系统可以采用联合同步和自适应均衡的接收机来抵消码间干扰，补偿由于信道时变引起的相位偏差。但当发射机与接收机之间的相对运动速度超过一定值时，均衡器就会发散，失去补偿能力。在这种情况下，必须在联合同步和均衡之前对多普勒频移进行估计与补偿[3]。

近年来，SC-FDE 引起了水声通信研究人员的兴趣[19, 20, 26-29]。SC-FDE 采用单分支结构，其均衡过程可以借助 FFT 在频域进行，因而其滤波器设计和信号处理的复杂度要远小于时域均衡器，很适合在多径时延较大的水声信道中应用。如在 MIMO 系统中用来抗码间干扰，或与 LDPC 的迭代译码联合，提高可靠性。

另一种研究较多的均衡技术是 Turbo 均衡[21-25]。Turbo 均衡采用均衡与软输出译码的联合迭代运算，在信道译码、均衡和 MIMO 检测间交换信息，通过反复均衡与信道译码来提高接收可靠性和稳健性。

值得一提的是，均衡技术大多用于高速水声通信系统中，而这类系统通常采用 PSK 调制。众所周知，水声信道随机起伏的传播特性非常不利于 PSK 信号的相干检测。因此，若没有有效的相位跟踪方法，均衡技术的可靠性和稳健性极易受时变信道的影响。

5. 水声通信中的信道编码

水声信道的传播损失、多径传播和随机起伏等传播特性会导致接收 SNR 下降、出现码间干扰和多普勒频移，最终都会造成水声通信的误码率上升、可靠性下降。因此，采用信道编码来修正接收信息序列中的差错，降低误码率，对水声通信来说应该是必需的。

信道编码本质上是一种隐时间分集，是通过在发射信息序列中引入时间冗余来抗信道衰落的；与时间分集一样，会引起信息传送速率的下降，因此，在数据率受限的水声通信中，纠错编码并未得到广泛的研究，但在一些对可靠性有较高要求的水声通信场景，如遥控系统，通常采用交织、纠错编码来降低误码率。

Trubuill 等[36]和 Goalic 等[37]在为水下自主航行器配置的水声通信链路中采用了纠错编码。最初采用卷积码和 RS 码，但这些常规的纠错码并不能使误码率有显著的改善。因此，又研究了 RS-Turbo 码，测试结果表明，RS-Turbo 码可以将误码率由 10^{-2} 降至 10^{-4}。

与常规的分组码、卷积码不同，Turbo 码、LDPC 码的译码均采用了接近最大后验概率译码的迭代译码算法，可以与 OFDM 调制、信道均衡，以及 MIMO 信号检测结合，进行联合迭代检测、均衡，从而可以获得比单独采用纠错编码更好的性能[38-41]。

综上所述，水声信道时变、多径的传播特性造成水声信道呈现严重的选择性衰落，因此，抗衰落通信技术一直是，未来也将是水声通信的研究热点。随着水声通信应用的发展和技术的进步，新的、更为有效的抗衰落通信技术将逐渐进入水声通信系统中，显著地改善水声通信系统的性能，使得水声通信成为高效、可靠和性能稳健的水下信息的传输方式。

参考文献

[1] 汪德昭，尚尔昌. 水声学[M]. 北京：科学出版社，1981.

[2] Urick R J. 水声原理[M]. 哈尔滨：哈尔滨船舶工程学院出版社，1990.

[3] 张歆，张小蓟. 水声通信理论与应用[M]. 西安：西北工业大学出版社，2012.

[4] Kilfoyle D B，Baggeroer A B. The state of the art in underwater acoustic telemetry[J]. IEEE Journal of Oceanic Engineering：A Journal Devoted to the Application of Electrical and Electronics Engineering to the Oceanic

Environment，2000，25（1）：4-27.
[5] Stojanovic M，Catiporic J A，Proakis J G. Phase coherent digital communication for underwater acoustic channels[J]. IEEE Journal of Oceanic Engineering，1994，19（1）：100-111.
[6] 王新梅. 纠错码与差错控制[M]. 北京：人民邮电出版社，1989.
[7] Fritchman B D. A binary channel characterization using partitioned Markov chains[J]. IEEE Transactions on Information Theory，1967，13（2）：221-227.
[8] Zhou S L，Wang Z H. OFDM for Underwater Acoustic Communications[M]. Hoboken：Wiley Telecom，2014.
[9] Carrascosa P C，Stojanovic M. Adaptive channel estimation and data detection for underwater acoustic MIMO-OFDM systems[J]. IEEE Journal of Oceanic Engineering，2010，35（3）：635-646.
[10] Li B S，Zhou L，Stojanovic M，et al. Multicarrier communication over underwater acoustic channels with nonuniform doppler shifts[J]. IEEE Journal of Oceanic Engineering，2008，33（2）：198-209.
[11] Nguyen Q K，Do D H，Nguyen V D. Doppler compensation method using carrier frequency pilot for OFDM-based underwater acoustic communication systems[C]. Advanced Technologies for Communications，Quy Nhon，2017：254-259.
[12] Ahmed S. Estimation and compensation of Doppler scale in UAC OFDM systems[C]. OCEANS 2015 MTS/IEEE Washington，Washington，2015：1-12.
[13] Stojanovic M，Catipovic J A，Proakis J G. Adaptive multi-channel combining and equalization for underwater acoustic communications[J]. Journal of the Acoustical Society of America，1993，94：1621-1631.
[14] Li B S，Huang J，Zhou S L，et al. MIMO-OFDM for high-rate underwater acoustic communications[J]. IEEE Journal of Oceanic Engineering，2009，34（4）：634-644.
[15] Yang T C. A study of multiplicity and diversity in MIMO underwater acoustic communications[C]. 2009 Conference Record of the 43rd Asilomar Conference on Signals，Systems and Computers，Pacific Grove，2009：595-599.
[16] Zhou Y H，Tong F，Song A J，et al. Exploiting spatial-temporal joint sparsity for underwater acoustic multiple-input-multiple-output communications[J]. IEEE Journal of Oceanic Engineering，2021，46（1）：352-359.
[17] Zhou Y H，Tong F. Channel estimation based equalizer for underwater acoustic multiple-input-multiple-output communication[J]. IEEE Access，2019，7：79005-79016.
[18] 张歆，孙小亮，张小蓟. 基于频谱扩展分层空时编码的水声通信方案[J]. 西北工业大学学报，2010，28（2）：192-196.
[19] 张歆，邢晓飞，张小蓟，等. 基于水声信道传播时延排序的分层空时信号检测[J]. 物理学报，2014，63（19）：194304.
[20] Zhang X，Zhang X J，Chen S L. Ordering detection of the layered space-time signals based on the delays and gains of the underwater acoustic channels[J]. Journal of the Acoustical Society of America，2016，140（4）：2714-2719.
[21] Tao J，Wu J X，Zheng Y R，et al. Enhanced MIMO LMMSE Turbo equalization：Algorithm，simulations，and undersea experimental results[J]. IEEE Transactions on Signal Processing，2011，59（8）：3813-3823.
[22] Zhang Y W，Zakharov Y V，Li J H. Soft-decision-driven sparse channel estimation and Turbo equalization for MIMO underwter acoustic communications[J]. IEEE Access，2018，6：4955-4973.
[23] Duan W M，Tao J，Zheng Y R. Efficient adaptive Turbo equalization for multiple-input-multiple-output underwater acoustic communications[J]. IEEE Journal of Oceanic Engineering，2018，43（3）：792-804.
[24] Tao J，Wu Y B，Han X，et al. Sparse direct adaptive equalization for single-carrier MIMO underwater acoustic communications[J]. IEEE Journal of Oceanic Engineering，2020，45（4）：1622-1631.

[25] Rafati A，Lou H，Xiao C S. Soft-decision feedback Turbo equalization for LDPC-coded MIMO underwater acoustic communications[J]. IEEE Journal of Oceanic Engineering，2014，39（1）：90-99.

[26] 张歆，张小蓟，邢晓飞，等. 单载波频域均衡中的水声信道频域响应与噪声估计[J]. 物理学报，2014，63（19）：194304.

[27] Tu X B，Song A J，Xu X M. Prefix-free frequency domain equalization for underwater acoustic single carrier transmissions[J]. IEEE Access，2018，6：2578-2588.

[28] Tu X B，Xu X M，Song A J. Frequency-domain decision feedback equalization for single-carrier transmissions in fast time-varying underwater acoustic channels[J]. IEEE Journal of Oceanic Engineering，2021，46（2）：704-716.

[29] Daoud S，Ghrayeb A. Using resampling to combat Doppler scaling in UWA channels with single-carrier modulation and frequency-domain equalization[J]. IEEE Transactions on Vehicular Technology，2016，65（3）：1261-1270.

[30] Loubet G，Capellano V，Filipiak R. Underwater spread-spectrum communications[C]. Proceedings of MTS/IEEE，Halifax，1997：574-579.

[31] Blackmon F，Sozer E，Stojanovic M，et al. Performance comparison of RAKE and hypothesis feedback direct sequence spread spectrum techniques for underwater communication applications[C]. Proceedings of MTS/IEEE，Biloxi，2002：594-603.

[32] Liu Z Q，Yoo K，Yang T C，et al. Long-range double-differentially coded spread-spectrum acoustic communications with a towed array[J]. IEEE Journal of Oceanic Engineering，2014，39（3）：482-490.

[33] Qin X Z，Qu F Z，Zheng Y R. Circular superposition spread-spectrum transmission for multiple-input multiple-output underwater acoustic communications[J]. IEEE Communications Letters，2019，23（8）：1385-1388.

[34] Qu F Z，Qin X Z，Yang L Q，et al. Spread-spectrum method using multiple sequences for underwater acoustic communications[J]. IEEE Journal of Oceanic Engineering，2018，43（4）：1215-1226.

[35] Diamant R，Lampe L，Gamroth E. Bounds for low probability of detection for underwater acoustic communication[J]. IEEE Journal of Oceanic Engineering，2017，42（1）：143-155.

[36] Trubuill J，Goalic A，Beuzelin N. An overview of channel coding for underwater acoustic communication[C]. 2012 IEEE Military Communications Conference，Orlando，2012：1-7.

[37] Goalic A，Trubuill J，Beuzelin N. Channel coding for underwater acoustic communication system[C]. Proceedings of OCEANS 2006，Boston，2006：1-4.

[38] Xu X K，Qiao G，Su J，et al. Study on Turbo code for multicarrier underwater acoustic communication[C]. 2008 International Conference on Wireless Communication，Networking and Mobile Computing，Dalian，2018：1-4.

[39] Zhao S D，Zhang X，Zhang X J. Iterative frequency domain equalization combined with LDPC-decoding for single-carrier underwater acoustic communications[C]. OCEANS 2016 MTS/IEEE Monterey，Monterey，2016：1-4.

[40] Padala S K，Souza J. Performance of spatially coupled LDPC codes over underwater acoustic communication channel[C]. National Conference on Communications，Kharagpur，2020：1-5.

[41] Huang J，Zhou S L，Willett P. Nonbinary LDPC coding for multicarrier underwater acoustic communication[J]. IEEE Journal on Selected Areas in Communications，2008，26（9）：1684-1696.

第2章 衰落水声信道的分析与仿真

时变、多径的水声信道造成通信信号的衰落，严重影响水声通信系统的数据率、误码率性能及性能的稳健性，迫使通信系统只有在采取有效的抗衰落通信技术的条件下，才能实现高效、可靠、稳健的水声通信。

在介绍抗衰落技术之前，我们需要了解引起水声信道衰落传播特性的水声学因素，以及衰落对通信信号的影响。因此，本章将介绍造成水声信道时变、多径传播的主要物理效应，以及衰落对通信信号的影响，研究衰落水声信道的仿真方法等，为抗衰落技术的应用提供理论基础及仿真工具。

2.1 水声信道的传播特性

一般说来，水声信道由海面、海水和海底组成。海面是随机起伏的软表面[1]。海水中有分散或密集的非均匀散射体，如层流、湍流等。海水和海底之间有粗糙的分界面，而海底一般具有分层结构（海底沉积层）。因此，水声信道具有复杂、多变的传播特性。其中，对水声通信有影响的主要物理效应包括时变、空变的声速，声能量的传播损失，声传播的多径效应和声传播的起伏效应，多普勒频移与扩展和水声信道的衰落。

下面首先从水声信道中的声速入手，介绍水声信道的主要物理效应及其对通信信号的影响。

2.1.1 时变、空变的声速

水声信道的时变、空变特性实际上与海水介质各种不同时间尺度的运动过程相关。这些运动过程或者影响到边界条件，或者影响到海水介质中的声速分布。而海水中的声速是声场分析中的基本物理量，对声波的传播特性有着重要的影响。声速随深度、季节、地理位置和在固定位置上的时间而变化，而这种时变、空变性是海水介质物理性质随机不均匀的结果。

一般来说，声速是海水中温度、深度和盐度的函数，随温度、深度和盐度的增加而增加[2, 3]。在这些环境因素中，温度对声速的影响最大，而且在海面附近的温度与海底（特别是深海）的温度相比，随时间和空间的变化范围更大。

声速可以通过温度与深度记录仪，声速仪，电导、温度与密度（conductance，temperature and density，CTD）记录仪等声学仪器在现场测量，得到声速（或温度）随深度的变化值，这种声速与深度的函数关系称为声速剖面。

一般来说，当在水平传播距离不是特别远（几百千米以内）时，海水温度可以假定呈现随水平距离均匀分布，随深度分层的形式，在深海和浅海形成不同的分层结构，每个分层具有不同的特征和不同的出现可能性。这种分层结构对声波的传播模式有着重要的影响。

1. *深海的声速分层结构及声波传播模型*

深海中声速的三层剖面分布形成声波在海洋中传播的波导效应。典型的深海声速剖面与声线图如图 2-1 所示[4]。对于近海面声源，声波传播有三种不同的模式，即表面声道、海底反射和会聚区，如图 2-1（b）中的曲线 a、b、c 所示；对于深海声源，声传播有两种不同的模式，即 SOFAR（sound fixing and ranging）声道模型和折射-海面反射-折射反射（refraction-surface reflection-refraction or reflection，RSR）模型，如图 2-1（b）中的曲线 d 和 e 所示。

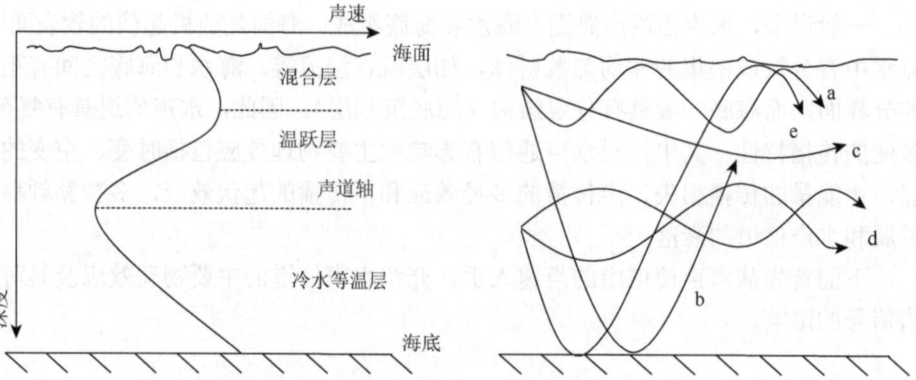

(a) 声速剖面　　(b) 声线图

图 2-1　典型的深海声速剖面与声线图（参见文献[4]中的图 7.2.2）

表面声道是由海水静压力形成的正梯度声速形成的。在表面声道内，一定开角范围内的声信号基本不受海底特性的影响；声线每经过一次海面反射，都有一些能量损失，其损失大小与海面的不平整度有关。在声道内，制约传播衰减的主要环境因素是混合层的厚度、混合层下的负梯度、海面的海况。

海底反射模型需要有较强的负梯度声速剖面，声线经过表面混合层向下弯曲，经海底反射返回介质。虽然海底的反射会有较大的能量损失，但只要有足够的能量，一次海底反射也能在较远的距离上形成声场。在声线图中，相邻声线的交汇所形成的包络是焦散线，当焦散线与海面相交时，在海面或邻近海面的区域内会出现高声强区，称为会聚区。在会聚区内，海洋类似透镜的作用使得表面的声线聚集或聚焦。在会聚区内，由于声线不经海底弹跳与海面反射，声能损失较少，可以传播很远的距离。

与表面混合层一样，在深海等温层中也会由于正梯度而形成具有良好传播条件的 SOFAR 声道。SOFAR 声道是声传播最理想的信道，声能可以在一个与界面无接触的"管道"内进行接近无扩展损失的传播，因此，有时能传播数千千米的路程。在深海 RSR 模型中也存在一条不受海底和表面层影响的可靠路径。

2. *浅海声速分层结构与传播模型*

一般来说，在沿岸浅海及大陆架上，声速剖面受较多因素的影响，变得不规则和不可预报，并且受海面加热或冷却、盐度变化和海流的影响很大。平均来说，声速剖面有比较明显的季节性。在冬季，典型的声速剖面是等温层，而在夏季则为负跃层，在连续平静海况的时期为负梯度层。典型的浅海声速剖面与声线图如图 2-2 所示[4]。对于浅海情况，由于受海底影响，传播模型较为复杂，通常深部冷水层不明显，波导效应主要表现为海底海面间的多次反射和折射形式，其能量损失决定于声速剖面分布和海底底质声学性质。经海底反射的能量和透入海底的能量与频率有关。对于很低的频率，声波的海底反射能力极差而透射能力较强，可以穿透较深的海床；而对于高频，海底的反射能量强，而透射能力很差。

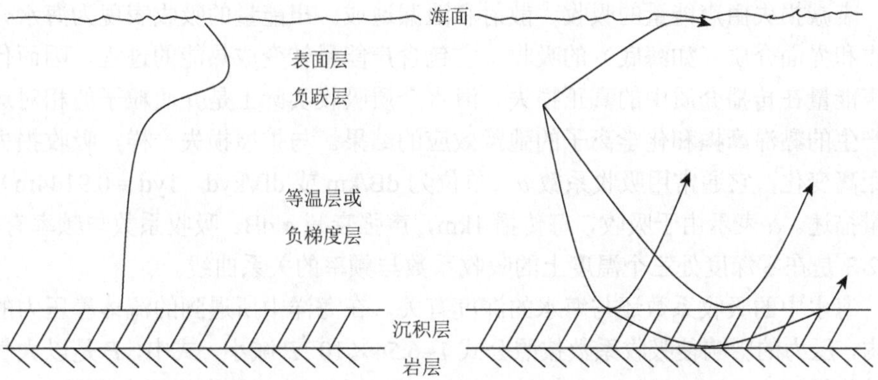

图 2-2　典型的浅海声速剖面与声线图（参见文献[4]中的图 7.2.3）

2.1.2　声能量的传播损失

声信号从声源向接收点的传播过程中，信号能量会逐渐减弱，这在远距离传输和高频应用情况下表现得更为明显。这是由于海水介质不是理想的无损耗介质。在水声学中，常采用传播损失来概括海洋中各种信号能量损耗的效应，它定量地描述距声源 1m 处的声能量到远处任意点时衰减的大小，表示为距声源 1m 处的声强 I_0 和远处任意一点的声强 I 的比值：

$$\mathrm{TL}=10\lg\frac{I_0}{I} \tag{2-1}$$

式中，TL 为传播损失；I 为声强，表示单位面积内的声压流：

$$I=\frac{p^2}{\rho c} \tag{2-2}$$

其中，p 为声压；ρ 为海水密度；c 为海水中的声速。

乘积 ρc 通常称为声阻抗。传播损失是与介质中声场分布有关的物理参量，与介质空间的几何结构和物理特性有直接的关系。造成传播损失的原因主要有四个：①波阵面的几何扩展造成扩展损失；②海水的吸收造成衰减损失；③边界损失；④散射。

扩展损失是声能从声源向外传播时，波阵面扩大而引起的能量有规律减弱的几何效应。对于无限均匀介质空间，扩展是球面扩展，声强随距离的平方减少，而扩展损失随距离的平方增加。但对非均匀有限空间，则是非球面扩展，损失的大小与介质中声速分布和界面条件有关。由于折射和界面反射，海洋声传播信道大都呈现波导效应，这时的扩展损失通常呈柱面扩展的特点，扩展损失随距离的一次方增加。

衰减损失由声能量的吸收、散射和泄漏造成。声能量的吸收表现为海水介质吸收和界面介质（如海底）的吸收，它包含声能量转变成热能的过程，因而代表了声能量在传播介质中的真正损失。海水介质吸收实际上是介质粒子的相对运动所产生的黏滞摩擦和化学离子的弛豫效应的结果。与扩展损失一样，吸收损失也随距离变化，它通常用吸收系数 α（单位为 dB/km 或 dB/kyd，1yd = 0.9144m）来定量描述。α 表示由于吸收，每传播 1km，声强衰减 α dB。吸收系数与频率有关，图 2-3 是在零深度处三个温度上的吸收系数与频率的关系曲线。

海水中的吸收系数还与海水的深度有关。在海洋中所遇到的流体静压力的范围内，压力的影响使吸收系数按照公式 $1-6.54\times10^{-4}P$ 减小，式中，P 是以大气压为单位的压力。取一个大气压作为 4℃时深度约为 10.3m 处水的压力当量，Urick[2] 给出了海水深度为 $d$ft（1ft≈0.3048m）处的吸收系数 α_d 与深度为零处的吸收系数 α_0 之间的关系：

$$\alpha_d=\alpha_0(1-1.93\times10^{-5}d) \tag{2-3}$$

因此，深度每增加 1000ft（约为 304.8m），海水中的声吸收系数减小约 2%。深度为 15000ft（约为 4572m）处的吸收系数减小为海表面处吸收系数的 71%。

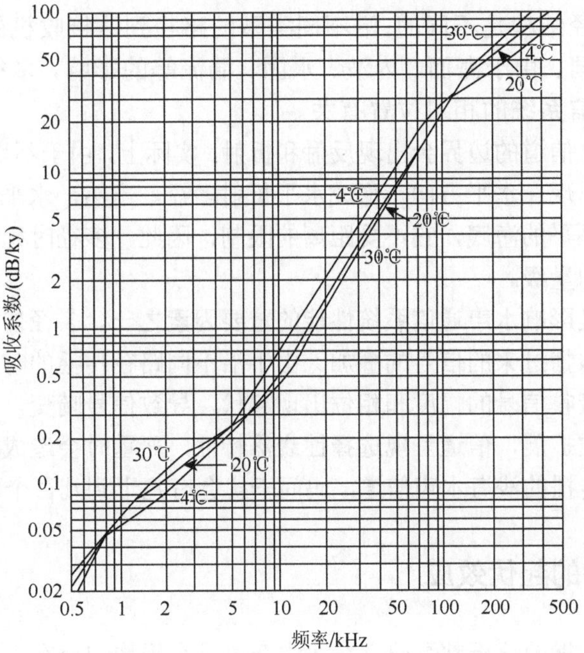

图 2-3　在零深度处三个温度上的吸收系数与频率的关系曲线（参见文献[2]中的图 5.5，pH = 8，盐度为 35‰）

吸收系数与温度、深度有关，特别是与声信号的频率有密切的关系，它随频率的增加而增加。对于窄带信号，介质的吸收仅引起声信号幅度或能量的衰减。但对于宽带信号，吸收系数和频率的关系可以使信号波形产生畸变。海底的吸收损失与海底介质、声波入射方向及信号频率有关，而且海底的吸收损失远大于海水中的吸收。海水中的声吸收特性是水声信道的一个重要特性。

除此之外，粗糙海面、海底及海水中微结构的散射也会造成声能量的损失。

2.1.3　声传播的多径效应

和无线电信道一样，由于介质空间的非均匀性及海面、海底边界的影响，水声信道存在多径现象。也就是说，在一定波束宽度内发出的声波可以沿几种不同的路径到达接收点，且当声波在不同路径中传播时，由于路径长度和声速的差异，到达该点的声波能量和时间也不相同，从而引起信号的衰落，造成波形畸变。

造成多径传播的主要机理是声线弯曲及海底、海面的反射与折射等。由图 2-1（b）和图 2-2 可以看到，当声波在不同的层、海底和海面间传播时会造成多次的反射与折射，从而形成各个不同的传播路径，而且声源和接收机之间不同距离的多径结构是不同的，沿不同类型的路径到达接收机的传播时间和传播损失也不相同。由于海面、内波、水团、湍流等的影响，多径结构通常是时变的，且与通信系统的相对位置有关。

不仅在海洋信道的边界会出现反射和折射，实际上，由于不均匀水团的作用，折射现象可以出现在水平方向，形成水平折射多径。当然，水平多径更多的是来自大幅度起伏不平的海底，它不受距离的限制，因此，多径时延有时可达几十毫秒到数百毫秒的量级。

多径传播是影响水声通信系统性能的重要因素之一。多径传播使得接收信号是沿多条路径传播过来的信号的叠加。由于沿不同路径传播的时间和衰减不同，多路径会使得接收信号的幅度和相位出现起伏，导致信号畸变，并使得信号的持续时间和频带被扩展，信道呈现选择性衰落特性，严重时会造成数字信号的码间干扰。在水平传播的浅海水声信道，码间干扰会有几十到几百个码元宽度。

2.1.4 声传播的起伏效应

以上对声传播的分析都是建立在海水介质是水平均匀分布、深度分层分布的基础上的，实际上介质不但在空间分布上不均匀，而且是随机时变的，因此声场也是随机时变、空变的。当声波在海水中传播时，介质的随机不均匀性表现为海水中任意点的声速是一个时间的随机变量，在同一时刻、空间不同点的声速也呈现随机分布。海水中的随机特性主要起源于：①海水中的湍流运动造成的非均匀水团，也称为温度微结构；②内波的随机扰动；③随机运动的海面。由于海洋中不均匀体的运动，声信号在传播时将产生信号的起伏，造成信号幅度的衰落和相位的旋转。

海洋表面由于和大气接触，受温度和气流的影响经常呈现波浪、涌或涟漪之类的不平整性，这种不平整性使声波在海面的反射中引进了随机反射或漫反射成分，从而引起海水介质中声信号的随机起伏和频率扩展，而且信号幅度起伏较大且变化较快。

瑞利（Rayleigh）参数 R_ε 可以用来描述海面不平整度的统计特性，可以表示为[3]

$$R_\varepsilon = \frac{2\pi f_0}{c}\sigma\sin\theta_0 \tag{2-4}$$

式中，f_0 为信号频率；c 为声速；σ 为波高的均方值；θ_0 为掠射角。

瑞利参数 R_ε 在物理上可以理解为由于不平海面所引起的声波散射相对于镜像反射波的均方根相移，因此，其大小也反映了不同入射波频率和掠射角下海面的相对不平整性。当 $R_\varepsilon \ll 1$ 时，海面可以看成平静的，主要是一反射体，在镜像反射角产生相干反射。当 $R_\varepsilon \gg 1$ 时，海面近似为声粗糙的，作为散射体，在所有方向上发出不相干的散射。这些非相干散射随海面粗糙度的大小而不同程度地遍布在空间中，引入不同的随机起伏和距离扩展。

当 $R_\varepsilon<1$ 时，海面反射信号的幅度分布通常为赖斯（Rician）分布，幅度和相位起伏率都接近于 $R_\varepsilon/\sqrt{2}$。当 $R_\varepsilon>1$ 时，幅度分布接近于瑞利分布，起伏率接近于最大饱和值 0.52，实际测量值为 0.3～0.5。由于起伏与掠射角有关，因此，随着距离的增加，海面的掠射角变小，因而海面反射的幅度起伏率减小，海面的作用越来越趋于完全镜反射。

当海面运动时，波浪的垂直运动会叠加到入射声波的频率上，在反射声的频谱中产生上下边频和频率扩展，扩展的频谱是海面波浪谱的复制。

海水是不均匀的，含有温度微结构（水团）。这些温度微结构在某些自然现象（如气压、涌浪、潮汐等）影响下会产生随机运动，从而使声波传播信号产生起伏。物理上这种起伏是温度微结构对应声速的折射率 $c/\overline{c}$ 的随机变化引起的，$\overline{c}$ 为平均声速。

在一定的时间和空间范围内，可以认为湍流引起的起伏过程在时间上是平稳的，在空间上是均匀各向同性的。由于起伏的空间-时间尺度均较小，因此称为微结构。

湍流温度起伏的特性可以用温度起伏或声速的相对变化量的方差 μ^2 和水团尺度即微结构的自相关半径 a 做定量描述。于是，可以把温度微结构形象地看成具有一定温度和尺度的水团，这些水团在空间随机地分布。当声波通过这些水团时，将产生折射和散射，从而使声信号产生起伏。

在近距离，产生起伏的主要物理过程可以认为是不均匀水团的声聚焦和发散。在远距离，不均匀体的散射是起伏的主要因素。温度微结构的弱散射理论表明，振幅起伏与相位起伏具有完全不同的时间尺度。

海洋中的温跃层结构不是固定不动的，与海面的波浪运动类似，它也做波浪运动，产生的波称为内波。内波是海洋介质中非均匀水层在重力作用下的随机波动。形成内波的驱动因素很多，如强烈的风、潮、流；海面空气层中的压力起伏、经过海底丘陵和山的海流等。内波是一种重力波，一般比海面波浪有更大的波长和幅度。在浅海，内波反映在水平薄层上下起伏，如夏季浅海跃层在深度上的变化，这种变化的周期与风浪、潮汐和季节流的作用及海面上的气压变化有关；在深海，内波表现为地壳运动和季节流引起的声道结构的变化。内波对声场的扰动主要是通过对海水介质中声速分布的扰动引起的，由于声速是影响声场的重要参数，因此，它对海洋中的声场有很大的影响。

内波对低频远距离传播中的信号起伏有重要的影响。一般情况下，内波对单路径有较大的相位随机调制，而对振幅起伏的影响则很小。但对于远距离传播，当存在多径效应时，信号幅度也会受声场起伏的影响。

除了海面、非均匀水团和内波会引起声场起伏，源和接收机的随机运动、近海表面层气泡、深海浮游生物散射层也是影响声场起伏的因素。起伏造成接收信号出现时变、空变现象，呈现选择性衰落。

不同因素产生的声信号起伏的时间尺度是不一样的，通常可以分为三种，如图 2-4 所示。

起伏尺度　产生因素　持续时间

- 小尺度
  - 表面波浪
    - 弱风，1～3s
    - 中风，8～10s
    - 强风，20～30s
  - 内波
    - 浅海，数分钟至数十分钟
    - 深海，数十分钟至数小时
  - 湍流，10^{-2}～10^{2}s

中尺度：内波、潮、惯性起伏，数小时至一天

大尺度：季节流、潮汐等，数天至一个季节

图 2-4　产生声起伏的因素及其时间尺度

小尺度的起伏，通常可以考虑为随机过程。

2.1.5　多普勒频移与扩展

发射机和接收机之间的相对运动、粗糙海面的散射不仅会引起信道起伏，而且会造成发射机和接收机间传播距离的增加或减少，从而引起接收信号在时间上的扩展或压缩。如果发射信号的带宽相对于其中心频率来说很小，则时间上的变化可以模化为信号的频移。在时间窗内信号的平均频移称为信号的多普勒频移，去掉这个平均频移后，信号中的剩余频率起伏称为多普勒扩展。

由发射机和接收机的相对运动造成的多普勒频移 f_d 与相对运动的速度 v、声波传播速度 c 及信号频率 f_0 有关。可以用相对多普勒频移 $f_d/f_0 = v/c$ 来表示多普勒频移的影响程度。考虑到水声信道中标称的声波传播速度为 1500m/s，远低于无线电信道中的传播速度 3×10^8m/s，因此，多普勒频移对水声通信系统的影响要比无线电信道严重得多。

发射机和接收机之间相对运动不仅造成接收信号中出现一个多普勒频移，考虑发射机和接收机间有多条传播路径，则多个简单的多普勒频移就形成了多普勒扩展。

相对运动不仅表现为发射机和接收机间距离的变化，而且体现为相对深度的变化。例如，对于只有直达和海面反射两条路径的信道，按照文献[5]，若发射机和接收机位于同一深度，在声速均匀的情况下，相位偏差为

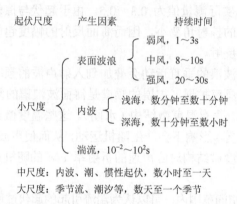

$$\Delta\varphi = 4\pi\frac{f_0 d_{\mathrm{r}}\sin\theta_0}{c} = 4\pi\frac{d_{\mathrm{r}}\sin\theta_0}{\lambda_0} \tag{2-5}$$

式中，d_{r}为接收机深度；λ_0为信号波长。

对于水声通信来说，信号频率通常为 1～30kHz，即信号波长为 0.05～1.5m。由于海面起伏或船的运动都会引起相对深度的变化，而掠射角会随着相对距离的变化而变化。按照式(2-5)，很小的深度或明显的掠射角变化都会引起严重的相位偏差。

另一个引起多普勒扩展的重要因素是来自运动海面的声散射。在 2.1.4 节提到，海面通常是运动的，运动的海面不仅会引起距离扩展，而且会引起频谱扩展，扩展的频谱是海面波浪谱的复制。运动海面引起的频谱扩展也可以用经验公式来表示。文献[5]给出了由粗糙海面的散射所引起的频率扩展的经验公式：

$$D_u = 2f_u\left(1+\frac{4\pi f_0\cos\theta_0\sigma}{c}\right) \tag{2-6}$$

式中，D_u为频率扩展宽度，u为风速；σ为波高，它与风速u的关系为$\sigma = 0.005u^{2.5}$；$f_u = 2/u$为波浪的频率。

对于采用相干检测的水声通信系统来说，多普勒扩展会带来相位偏差，造成严重的相位漂移问题，大的多普勒扩展甚至会影响自适应算法的收敛性，严重时会造成均衡器的发散。因此，水声通信系统，特别是发射端和接收端之间存在相对运动的系统，必须要采取技术措施，抵消多普勒扩展的影响。

2.1.6　水声信道的衰落

综上所述，在影响水声通信的主要物理效应中，声速随时间、深度变化，造成声场起伏，呈现分层的传播模式。传播损失随传播距离和频率的增加而增大，会使得高频、远距离传播的信号严重衰减，造成水声信道的带限。多径效应形成的多径结构是时变的，且随海水深度、发射/接收位置的不同而不同，使得信号的持续时间和频带被扩展，信道呈现选择性衰落特性，甚至会造成码间干扰。信道的起伏由海洋中不均匀体的随机运动引起，造成信号幅度和相位的随机变化。而由海水介质、发射/接收相对运动造成的多普勒频移会使信号在频域上有频率偏差、在时域上有信号波形的压缩或扩展。

由此可见，在水声信道中，传播损失造成水声通信信号强度衰减，呈现大尺度的衰落；多径传播使接收信号是沿多路径传播过来的信号的组合；时变则使信号幅度和相位在小范围内剧烈地波动，呈现小尺度的衰落，即多径衰落。水声信道的衰落与时间、频率和空间有关，呈现时间选择性衰落、频率选择性衰落、空间选择性衰落。衰落会造成信号时延、频谱扩展，甚至出现码间干扰，引起信号失真，从而使得水声通信的数据率受限，误码率显著上升。

2.2　衰落水声信道的时变模型

2.2.1　时变多径水声信道的表示

水声信道在物理上可以看成具有不同时延、不同频移、不同起始角的许多传播路径的总和，通常假定这些路径是不相关的。可以将声线路径分成宏多径与微多径来分析时变多径信道，宏多径与微多径分别表示了多径和衰落的大尺度效应与小尺度效应。大尺度衰落表示在大范围内的衰减或传播损失，主要是由水声信道中海底、海面反射与折射，以及由大的声场起伏造成的。小尺度衰落表示由发射机与接收机之间距离或海水介质的微小变化引起的接收信号的幅度和相位的动态变化。宏多径与微多径的划分将水声信道分成两部分：一部分具有慢时变与稳定的性质，另一部分具有快时变与随机的性质。

设声源发射信号 $x(t)=\mathrm{e}^{\mathrm{j}\omega t}$，并假设没有引起信号快变的环境因素，而且海面是平坦的，海底只有大尺度特征，这里尺度的大小是相对声波长 $2\pi c_0/\omega$ 来说的。设 $\tilde{Y}_l(\omega,t)$ 表示沿着第 l 条声线，从声源传输到接收机的复信号，则 $\tilde{Y}_l(\omega,t)$ 可以表示为[3]

$$\tilde{Y}_l(\omega,t)=H_{Sl}(\omega,t)\mathrm{e}^{\mathrm{j}\omega t} \tag{2-7}$$

式中，$H_{Sl}(\omega,t)$ 为第 l 条路径的传输函数。

$H_{Sl}(\omega,t)$ 不仅取决于由静态的或缓慢变化的环境因素所造成的时空变化，而且与声源和接收机的位置、海底的大尺度特征等有关。

在上述假设条件下得到的声线结构称为宏多径结构。

若不满足上述假设，声波就不一定沿宏多径结构所定义的路径传播，声波可能被水声信道的小尺度特征所折射和反射。在这种情况下，声线轨迹可以模化为环绕标称声线的声线管，声波传播的单路径裂变成声线管内许多的微路径。于是，沿第 l 条声线传播的接收信号将是沿这些微路径传播的信号之和，这些微路径称为信道的微多径结构。这时，沿第 l 条声线管传输的接收信号可以表示为

$$\tilde{Y}_l(\omega,t)=H_{Rl}(\omega,t)H_{Sl}(\omega,t)\mathrm{e}^{\mathrm{j}\omega t} \tag{2-8}$$

式中，$H_{Rl}(\omega,t)$ 为第 l 条声线管内由微多径结构所形成路径的传输函数。

若从声源到接收机有 L 条路径，则接收信号可以表示为

$$Y(\omega,t)=\sum_{l=1}^{L}\tilde{Y}_l(\omega,t) \tag{2-9}$$

慢变的宏多径结构主要影响每个声线管到达的幅度和时延，而快变的微多径结构主要影响声线管的形状。在声源和接收机之间不同的声线管通常会有小部分

的重叠，但除非环境起伏中的尺度与声线管的间距可以比拟，否则，可以假设沿不同声线管中微多径传输的信号是不相关的。

环境起伏的幅度和空间尺度决定了信道微多径结构起伏的性质。当环境起伏的幅度很小或起伏的尺度大于等于声线管的半径时，信号将沿单路径传播，这时的信道称为欠饱和信道。当起伏稍强而尺度不变时，信号将同时沿声线管内几条路径传播，这时的信道呈部分饱和的性质。当起伏的强度再增强，或者强度保持适中而尺度小于声线管半径时，信道呈过饱和状态，在这种情况下，信号将沿声线管内很多条路径传播，且各路径相互独立。当声源到接收机的距离增大或信号频率增加时，信道呈过饱和状态的可能性就会增加。

定义

$$H_l(\omega,t)=H_{Rl}(\omega,t)H_{Sl}(\omega,t) \tag{2-10}$$

式中，$H_l(\omega,t)$ 为第 l 条声线管的时变传输函数；$H_{Sl}(\omega,t)$ 为第 l 条声线管时变传输函数中的大尺度、非均匀、慢变成分；$H_{Rl}(\omega,t)$ 为第 l 条声线管时变传输函数中的小尺度、随机、扰动成分，上述两种成分往往不能分割。

设 $H_l(\omega,t)$ 的傅里叶逆变换 $h_l(\tau,t)$ 存在，即

$$h_l(\tau,t)=\frac{1}{2\pi}\int_{-\infty}^{\infty}H_l(\omega,t)\mathrm{e}^{\mathrm{j}\omega\tau}\mathrm{d}\omega=\frac{1}{2\pi}\int_{-\infty}^{\infty}H_{Rl}(\omega,t)H_{Sl}(\omega,t)\mathrm{e}^{\mathrm{j}\omega t}\mathrm{d}\omega \tag{2-11}$$

$H_l(\omega,t)$ 的傅里叶逆变换 $h_l(\tau,t)$ 称为第 l 条声线管的输入时延扩展函数。沿第 l 条声线管的接收信号为

$$y_l(t)=\frac{1}{2\pi}\int_{-\infty}^{\infty}H_l(\omega,t)X(\omega)\mathrm{e}^{\mathrm{j}\omega t}\mathrm{d}\omega \tag{2-12}$$

若用 $h_{Rl}(\lambda,t)$ 表示第 l 条声线管的微多径时延扩展函数，即

$$H_{Rl}(\lambda,t)=\int_{-\infty}^{\infty}h_{Rl}(\omega,t)\mathrm{e}^{-\mathrm{j}\omega\lambda}\mathrm{d}\omega \tag{2-13}$$

代入式（2-11）并交换积分顺序可得

$$h_l(\tau,t)=\int_{-\infty}^{\infty}h_{Rl}(\lambda,t)\left[\frac{1}{2\pi}\int_{-\infty}^{\infty}H_{Sl}(\omega,t)\mathrm{e}^{\mathrm{j}\omega(\tau-\lambda)}\mathrm{d}\omega\right]\mathrm{d}\lambda \tag{2-14}$$

注意到方括号内的部分实际上是第 l 条声线管的宏多径输入时延扩展函数，用 $h_{Sl}(\tau-\lambda,t)$ 表示，则式（2-14）可以重写为

$$h_l(\tau,t)=\int_{-\infty}^{\infty}h_{Rl}(\lambda,t)h_{Sl}(\tau-\lambda,t)\mathrm{d}\lambda \tag{2-15}$$

由式（2-15）可见，第 l 条声线管的输入时延扩展函数等于第 l 条声线的微多径的输入时延扩展函数与第 l 条声线的宏多径的输入时延扩展函数的卷积。信道的输入时延扩展函数还可以表示为

$$h(\tau,t)=\sum_{l=1}^{L}h_l(\tau,t) \tag{2-16}$$

2.2.2 水声信道冲激响应的时变模型

在线性声学范围内，当发射机和接收机位置固定时，海洋信道相当于一个线性滤波器，信道的作用相当于对发射信号进行线性变换。可以从线性时变系统的角度来描述信道。当系统输入时间波形 $x(t)$时，输出为[4]

$$y(t)=\int h(\tau,t)x(t-\tau)\mathrm{d}\tau \tag{2-17}$$

式中，$h(\tau, t)$为信道的输入延迟扩展函数，可以理解为 τ 时刻前输入的冲激脉冲在 t 时刻的输出响应。

式（2-17）表示的时变系统的输入输出关系在形式上和时不变系统的输入输出关系有相似的广义积分形式。由于信道是时变的，$h(\tau, t)$将随冲激信号的作用时刻 $t-\tau$ 和输出的测量时刻 t 的变化而变化，可称 $h(\tau, t)$为系统的时变冲激响应函数。作为信道的输入延迟扩展函数，$h(\tau, t)$用来描述多径信道中的宏多径和微多径。当用冲激响应来描述信道时，时变多径信道可以理解为由延迟上连续分布的许多散射体形成的复合散射过程，而响应函数 $h(\tau, t)$就是分布在$[\tau, \tau+\mathrm{d}\tau]$内的散射体的时变散射振幅因子。

$h(\tau, t)$中的 τ 和 t 这两个时间变量刻画了时变系统的两个不同方面，变量 τ 和时不变系统冲激响应 $h(\tau)$中的变量 τ 起着同样的作用。对于时不变系统，τ 对应的傅里叶变换表达了频率响应和带宽等概念。对于时变系统，也可以通过对 $h(\tau, t)$ 进行关于 τ 的傅里叶变换，从而给出传输函数的概念：

$$H(f,t)=\int_{-\infty}^{\infty}h(\tau,t)\exp(-\mathrm{j}2\pi f\tau)\mathrm{d}\tau \tag{2-18}$$

如果系统是慢时变的，那么频率响应和带宽的概念同样可以用于 $H(f,t)$。利用式（2-18）的傅里叶变换关系式，式（2-17）可以写成

$$y(t)=\int H(f,t)X(f)\mathrm{e}^{\mathrm{j}2\pi ft}\mathrm{d}\tau \tag{2-19}$$

当输入是 $X(f)=\delta(f-f_0)$ 的单频信号时

$$y(t)=H(f_0,t)\mathrm{e}^{\mathrm{j}2\pi f_0 t} \tag{2-20}$$

因此，传输函数 $H(f,t)$ 就是信道在输入一个单频连续信号 $\exp(\mathrm{j}2\pi f_0 t)$ 时，在输出端所产生的信号复振幅调制，即振幅和相位的时间调制信号。

$h(\tau, t)$和 $H(f,t)$ 中的变量 t 描述了系统的时变性。通常将信道的时变特性建模为一个随机现象，而将 $h(\tau, t)$视为一个以 t 为参数的随机过程。如果这个过程是平稳的，那么时变特性可由时域中的自相关函数或频域中相应的功率谱密度来建模。自相关函数的时间常数或功率谱密度的带宽是描述 $h(\tau, t)$是慢时变或是快时变的重要参数。

如果将 $h(\tau, t)$ 建模为一个时间 t 的平稳随机过程，那么可以定义 $h(\tau, t)$ 的自相关函数为[4]

$$R_h(\tau_1,\tau_2,\Delta t)=E\{h^*(\tau_1,t)\cdot h(\tau_2,t+\Delta t)\} \tag{2-21}$$

在大多数无线传输介质中，与路径时延 τ_1 相关联的信道衰减和相移，和与 τ_2 相关联的信道衰减和相移是不相关的，这通常称为不相关散射（uncorrelated scattering，US）假设。在假设不相关散射的条件下，当 $\tau_1\neq\tau_2$ 时，$h(\tau_1, t)$ 和 $h(\tau_2, t)$ 是不相关的，于是有

$$R_h(\tau_1,\tau_2,\Delta t)=R_h(\tau_1,\Delta t)\delta(\tau_1-\tau_2) \tag{2-22}$$

若令 $\Delta t=0$，则得到的自相关函数为 $R_h(\tau,0)=p(\tau)$，它是信道的平均功率输出，是时延 τ 的函数。因此，通常把 $p(\tau)$ 称为信道的时延功率谱、功率延迟线或多径强度分布。

如果将 $h(\tau, t)$ 建模为一个以 t 为自变量的零均值复高斯随机过程，那么其频域变换 $H(f,t)$ 也具有相同的统计特性，在假设信道广义平稳（wide sense stationary，WSS）的条件下，定义 $H(f,t)$ 的自相关函数为

$$R_H(f_1,f_2,\Delta t)=E\{H^*(f_1,t)\cdot H(f_2,t+\Delta t)\} \tag{2-23}$$

因为 $h(\tau, t)$ 与 $H(f,t)$ 之间的傅里叶变换关系，在广义平稳不相关散射（wide-sense stationary uncorrelated scattering，WSSUS）条件下，将式（2-18）、式（2-21）、式（2-22）代入式（2-23）可得

$$\begin{aligned}R_H(f_1,f_2,\Delta t)&=E\left\{\int_{-\infty}^{\infty}h^*(\tau_1,t)\mathrm{e}^{\mathrm{j}2\pi f_1\tau_1}\mathrm{d}\tau_1\int_{-\infty}^{\infty}h(\tau_2,t)\mathrm{e}^{-\mathrm{j}2\pi f_2\tau_2}\mathrm{d}\tau_2\right\}\\&=\int_{-\infty}^{\infty}\int_{-\infty}^{\infty}E\{h^*(\tau_1,t)h(\tau_2,t+\Delta t)\}\mathrm{e}^{\mathrm{j}2\pi(f_1\tau_1-f_2\tau_2)}\mathrm{d}\tau_1\mathrm{d}\tau_2\\&=\int_{-\infty}^{\infty}\int_{-\infty}^{\infty}R_h(\tau,\Delta t)\delta(\tau_1-\tau_2)\mathrm{e}^{\mathrm{j}2\pi(f_1\tau_1-f_2\tau_2)}\mathrm{d}\tau_1\mathrm{d}\tau_2\\&=\int_{-\infty}^{\infty}R_h(\tau_1,\Delta t)\mathrm{e}^{\mathrm{j}2\pi(f_1-f_2)\tau_1}\mathrm{d}\tau_1\\&=\int_{-\infty}^{\infty}R_h(\tau_1,\Delta t)\mathrm{e}^{\mathrm{j}2\pi\Delta f\tau_1}\mathrm{d}\tau_1\\&\equiv R_H(\Delta f,\Delta t)\end{aligned} \tag{2-24}$$

式中，$\Delta f=f_2-f_1$。

可见，对于 WSSUS 信道，$R_H(\Delta f, \Delta t)$ 仅是频率间隔 $\Delta f=f_2-f_1$ 的函数，因此，可以将 $R_H(\Delta f, \Delta t)$ 称为信道频率间隔、时延的相关函数，简称信道相关函数，它描述的是两个相差 Δf 的正弦信号在时延 Δt 上复包络的相关函数。

在式（2-24）中，令 $\Delta t=0$，得到

$$R_H(\Delta f)=\int_{-\infty}^{\infty}R_h(\tau)\mathrm{e}^{-\mathrm{j}2\pi\Delta f\tau}\mathrm{d}\tau\equiv R(\Delta f) \tag{2-25}$$

可见，$R_H(\Delta f)$ 与信道的时延功率谱 $p(\tau)$是傅里叶变换对。$R_H(\Delta f)$ 是信道的频率相关函数，是间隔为Δf的两个接收载波的复包络之间的相关函数，提供了信道频率相干性的一种度量。

实际中，信道的时延功率谱 $p(\tau)$的测量方法是发送很窄的脉冲，借助于接收信号与其延时信号的互相关输出来测量；而信道的频率相关函数 $R_H(\Delta f)$ 的测量方法是发送一对间隔为Δf的正弦波，借助于两个相对时延为Δt 的接收信号的互相关输出来测量。$p(\tau)$和 $R_H(\Delta f)$ 之间的关系如图 2-5 所示。

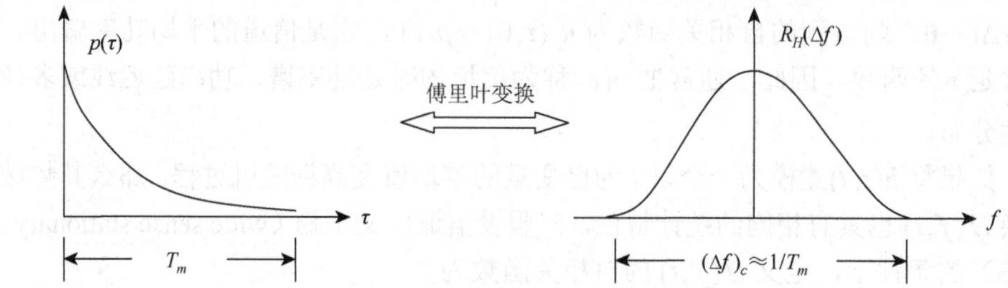

图 2-5　$p(\tau)$和 $R_H(\Delta f)$ 之间的关系（参见文献[3]中的图 3-1）

使得 $p(\tau)\geqslant 0$ 的最大 τ 值称为信道的最大多径时延 T_m，它表示在此时延值以外的接收功率 $p(\tau)$很小。而信道的相关带宽 $(\Delta f)_c$ 近似为多径时延 T_m 的倒数，即

$$(\Delta f)_c \approx 1/T_m \tag{2-26}$$

相关带宽 $(\Delta f)_c$ 表示信道传输特性相邻两个零点之间的频率间隔。由于信道的时变性，当一个等幅单频信号输入时，其输出波形的复包络会随时间变化。信道这种使输出信号复包络发生时变起伏的现象称为信道的时域衰落。不同频率的信号可能有不同的波形衰落，也就是说，信道的时域衰落具有频率选择性。由 $R_H(\Delta f)$ 与 $p(\tau)$之间的关系可知，当 $p(\tau)$为冲激函数时，$R_H(\Delta f)=1$，即信道对所有的频率都是相关的；也就是说，当信道中没有多径扩展时，信道中就没有频率选择性衰落。

在 $R_H(\Delta f, \Delta t)$中，令$\Delta f = 0$，得到

$$R_H(\Delta t) = E\{H^*(f,t)\cdot H(f,t+\Delta t)\} \equiv R(\Delta t) \tag{2-27}$$

式中，$R_H(\Delta t)$ 称为信道的时间相关函数，它是信道的复正弦响应的自相关函数。

对 $R_H(\Delta f, \Delta t)$进一步做关于Δt 的傅里叶变换，得到$H(f,t)$ 的功率谱函数：

$$\sigma(\Delta f,\lambda) = \int_{-\infty}^{\infty} R_H(\Delta f,\Delta t)\mathrm{e}^{\mathrm{j}2\pi\Delta t\lambda}\mathrm{d}\Delta t \tag{2-28}$$

令$\Delta f = 0$，得到

$$\sigma(0,\lambda) = \int_{-\infty}^{\infty} R_H(\Delta t)\mathrm{e}^{\mathrm{j}2\pi\Delta t\lambda}\mathrm{d}\Delta t \equiv \sigma(\lambda) \tag{2-29}$$

式中，$\sigma(\lambda)$是信道的复包络功率谱，它给出信号平均功率与多普勒频率 λ 之间的关系，因此，$\sigma(\lambda)$也称为信道的多普勒功率谱。由式（2-29）可知，$\sigma(\lambda)$与信道的时间相关函数 $R(\Delta t)$互为傅里叶变换对，其关系如图 2-6 所示。

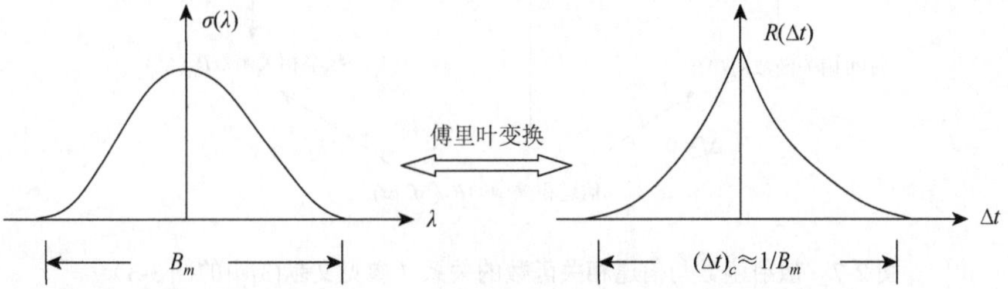

图 2-6　$R(\Delta t)$和 $\sigma(\lambda)$之间的关系（参见文献[3]中的图 3-2）

使 $\sigma(\lambda)\geqslant 0$ 的 λ 取值范围称为信道的最大多普勒扩展 B_m，由于 $\sigma(\lambda)$与 $R(\Delta t)$具有傅里叶变换关系，信道相干时间$(\Delta t)_c$ 近似为多普勒扩展 B_m 的倒数，即

$$(\Delta t)_c \approx 1/B_m \tag{2-30}$$

由 $\sigma(\lambda)$与 $R(\Delta t)$的关系可知，若信道是时不变的，即 $R(\Delta t)=1$，则 $\sigma(\lambda)$为冲激函数，在信道中观察不到频率扩展。

进一步对 $R_H(\Delta f, \Delta t)$做双重傅里叶变换，得到

$$\sigma(\tau,\lambda)=\int_{-\infty}^{\infty}\int_{-\infty}^{\infty} R_H(\Delta f,\Delta t)\mathrm{e}^{\mathrm{j}2\pi\Delta t\lambda}\mathrm{e}^{\mathrm{j}2\pi\Delta f\tau}\mathrm{d}\Delta t\mathrm{d}\Delta f \tag{2-31}$$

$\sigma(\tau, \lambda)$称为信道的散射函数。将式（2-24）代入可得

$$\sigma(\tau,\lambda)=\int_{-\infty}^{\infty} R_h(\tau,\Delta t)\mathrm{e}^{-\mathrm{j}2\pi\Delta t\lambda}\mathrm{d}\Delta t \tag{2-32}$$

可见，散射函数 $\sigma(\tau, \lambda)$是信道冲激响应 $h(\tau, t)$的功率谱函数，是时延 τ 和多普勒频率 λ 的函数，表示能量在时间轴和频率轴上的分布。可以把它理解为单位时间、单位频带内的信道输出功率与输入功率之比。它在 τ 平面、λ 平面上所包围的区域表示信道的输出在时间和频率上扩展的程度。散射函数在时间轴上的分布即为时延功率谱 $p(\tau)$，它们之间的关系为

$$p(\tau)=\int_{-\infty}^{\infty}\sigma(\tau,\lambda)\mathrm{d}\lambda \tag{2-33}$$

散射函数在频率轴上的分布即为多普勒功率谱 $\sigma(\lambda)$，它给出信号功率谱与多普勒频率 λ 之间的关系，表示为

$$\sigma(\lambda)=\int_{-\infty}^{\infty}\sigma(\tau,\lambda)\mathrm{d}\tau \tag{2-34}$$

上述各量之间的关系可以用图 2-7 表示。

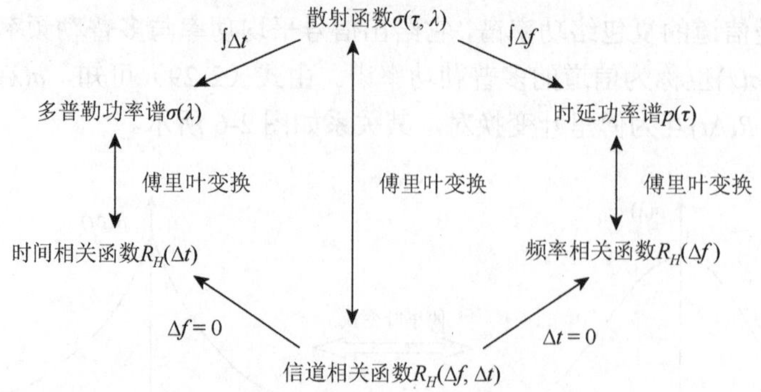

图 2-7　散射函数与信道相关函数的关系（参见文献[3]中的图 3-3）

2.2.3　信道的扩展与相关性

1. 信道的扩展

散射函数、时延功率谱和多普勒功率谱从时间、频率不同方面描述了衰落信道的特性。要完整地分析时变多径信道对数字通信的影响，应该研究与测量信道相关函数和散射函数；且测量时要求信道的统计特性不随时间改变。显然这在工程实现上难度较大。在实际研究中，信道的质量完全可以用表征信道扩展和相关性的参量来描述，其中，多径扩展和多普勒扩展是两个常用的、重要的参数。

时延功率谱 $p(\tau)$表示的是信道能量在时间轴上的分布，通常用最大多径时延 T_m 和均方根多径扩展 T_d 来反映信道时延扩展的程度。

多普勒功率谱 $\sigma(\lambda)$表示信道能量在频率轴上的分布，可以用最大多普勒扩展 B_m 或均方根多普勒扩展 B_d 来反映信道多普勒扩展的程度。

均方根多径扩展和多普勒扩展的定义在准广义平稳不相干散射信道的概念上给出。WSSUS 信道是指当且仅当 $R_H(\Delta f,\Delta t)$ 不依赖于测量的时间间隔和频带位置时的信道；而准广义平稳不相干散射信道是指 $R_H(\Delta f,\Delta t)$ 随 f 和 t 的变化而缓慢变化的信道。实际的海洋水声信道通常为广义平稳不相关散射信道，只能在窄带、远场条件下才有可能认为是广义平稳不相关散射的，但可以用准广义平稳不相干散射信道来近似。

按照文献[6]，在准广义平稳不相干散射条件下，均方根多径扩展和均方根多普勒扩展分别定义为

$$T_d = 2\sqrt{\frac{\int \tau^2 p(\tau)\mathrm{d}\tau}{\int p(\tau)\mathrm{d}\tau} - \left[\frac{\int \tau p(\tau)\mathrm{d}\tau}{\int p(\tau)\mathrm{d}\tau}\right]^2} \qquad (2\text{-}35)$$

$$B_d = 2\sqrt{\frac{\int \lambda^2 \sigma(\lambda)\mathrm{d}\lambda}{\int \sigma(\lambda)\mathrm{d}\lambda} - \left[\frac{\int \lambda\sigma(\lambda)\mathrm{d}\lambda}{\int \sigma(\lambda)\mathrm{d}\lambda}\right]^2} \tag{2-36}$$

2. 信道的时延扩展与相关带宽

当多径扩展与通信信号的码元宽度在同一数量级或大于它时，延迟的多径分量将在不同的码元时间内到达并引起码间干扰。由时延功率谱 $p(\tau)$与信道频率相关函数 $R(\Delta f)$ 的关系可知，这等价于信道的相关带宽小于信号带宽。在这种情况下，信道具有带通滤波器的特性。因此，将这种信道称为频率选择性信道。当信道没有频率选择性时，信道中最大的多径扩展要远小于码元宽度。在无频率选择性的信道中，所有多径分量到达的时段仅占一个码元时间的一小部分。在这种情况下，信道可以用单一路径来建模，输入输出信号为乘法关系。对于频率选择性信道，输入输出信号为卷积关系。

信道的频率选择性还可以用信道频率相关函数 $R(\Delta f)$ 的宽度，即信道的相关带宽 $(\Delta f)_c$ 来描述。信道的相关带宽 $(\Delta f)_c$ 意味着对于频率间隔小于 $(\Delta f)_c$ 的两个单频信号，信道所引起的波形衰落是相同的或者说是相关的，而频率间隔大于 $(\Delta f)_c$ 的两个信号，会受到信道不同的影响。相关带宽越窄，信道允许无失真通过的频带越窄，信道的频率选择性越严重。如果发送信号带宽大于 $(\Delta f)_c$，那么频率间隔大于 $(\Delta f)_c$ 的两个信号分量将受到信道不同的影响，接收信号将产生失真；反之，如果发送信号带宽小于 $(\Delta f)_c$，那么该信道称为非频率选择性信道。

如上面所述，当信道的时延功率谱 $p(\tau)$为冲激函数时，信道的频率相关函数 $R(\Delta f)=1$，即信道对所有的频率都是相关的。也就是说，当信道中没有多径扩展时，信道中就没有频率选择性衰落。

3. 信道的多普勒扩展与相关时间

多普勒扩展反映信道特性随时间变化（衰落）快慢的程度。如果 B_d 与信号带宽（约等于码元宽度的倒数）在同一数量级上，那么信道特性变化（衰落）的速率与码元速率相当，信道称为快衰落，否则，信道称为慢衰落。

信道的时变性除了可以用多普勒扩展 B_d 表示，还可以用时间相关函数 $R(\Delta t)$ 表示。时间相关函数 $R(\Delta t)$的宽度称为信道的相关时间，用$(\Delta t)_c$表示。衰落越快，相关时间越短，多普勒扩展就越大。显然，一个慢时变的信道具有大的相干时间，或等效为具有小的多普勒扩展。

由信道的多普勒功率谱 $\sigma(\lambda)$与时间相关函数 $R(\Delta t)$的关系可知，若信道是时不变的，即 $R(\Delta t)=1$，则 $\sigma(\lambda)$为冲激函数，信道中没有频率扩展。

综上所述，多径扩展是时变信道的时间扩展，是反映信道频率选择性的参量。

多普勒扩展是时变信道的频率扩展，是反映信道时间选择性的参量。信道的相关时间$(\Delta t)_c$和相关带宽$(\Delta f)_c$可以用来近似描述信道衰落的相关范围，例如，对频率间隔$\Delta f < (\Delta f)_c$的两个单频信号，信道引起的波形衰落可以认为是相关的；但当$\Delta f > (\Delta f)_c$时，两个单频信号的衰落认为是不相关的。同样，输入时间相隔$\Delta t < (\Delta t)_c$的两个δ脉冲信号引起的输出瞬时衰落响应可以认为是相关的，但当$\Delta t > (\Delta t)_c$时，则认为是不相关的。

通常定义$\mathrm{SD} = T_m B_d$为信道的扩展因子，称SD>1的信道为过扩展信道，而SD<1的信道为弱扩展信道。要使信号经过信道后不失真，信道必须满足$\mathrm{SD} \ll 1$。大多数无线电信道可以认为是弱扩展信道，而大多数水声信道是过扩展信道。信道的扩展因子直接决定了信道的信息传输能力。

2.2.4 时变多径信道的信号传输与衰落

水声信道的时变多径特性将会影响通信信号的传输，使得接收信号出现幅度、频率和相位的变化（衰落），从而影响通信系统的性能。首先分析通信信号经过时变多径信道后的变化。

1. 数字信号通过衰落信道后的变化

假设信道中有L条路径，各路径具有时变的幅度衰减和传播时延，且从各路径到达接收端的信号相互独立，则信道的输出可以表示为

$$y(t) = \sum_{i=1}^{L} \mu_i(t) x[t - \tau_i(t)] \tag{2-37}$$

式中，$\mu_i(t)$为第i条从声源到达接收机的路径上信号的幅度衰减系数；$\tau_i(t)$为第i条从声源到达接收机的路径上信号的传播时延。在时变信道中，$\mu_i(t)$和$\tau_i(t)$都是时间的函数。

为了分析一个参数完全确定的数字信号通过衰落信道后的变化，首先将发射的有限频带的数字信号进行频率正交展开：

$$x(t) = \sum_{k=k_1}^{k_2} A_k \cos(k\omega_0 t + \varphi_k) \tag{2-38}$$

式中，$\omega_0 = 2\pi/T$为信号角频率，T为信号码元时间；φ_k为信号随机相位；k_1、k_2为与信号最低和最高频率相对应的比例系数。

不失一般性，可令$\varphi_k = 0$。信号所占的频带为

$$W = \frac{k_2 - k_1 + 1}{T} \tag{2-39}$$

则接收机收到的合成信号为

$$y(t)=\sum_{i=1}^{L}\mu_i(t)\sum_{k=k_1}^{k_2}A_k\cos\{k\omega_0[t-\tau_i(t)]\}$$
$$=\sum_{i=1}^{L}\mu_i(t)\sum_{k=k_1}^{k_2}A_k\cos\{k\omega_0[t-\tau_1(t)]+\psi_{ik}(t)\} \tag{2-40}$$

式中，$\tau_1(t)$为最先到达路径的传播时延；$\psi_{ik}(t)=k\omega_0(\tau_i(t)-\tau_1(t))=2\pi k\Delta\tau_i/T$ 为第 i 条路径中由传播时延差引入的相位，$\Delta\tau_i(t)=\tau_i(t)-\tau_1(t)$为第 i 条路径与最先到达路径的传播时延差。

设$\Delta\tau_{\max}$ 为最大传播时延，按$\Delta\tau_{\max}\ll 1/W$ 和不满足$\Delta\tau_{\max}\ll 1/W$ 两种情况对式（2-40）进行分析。当$\Delta\tau_{\max}\ll 1/W$时，信道的多径扩展远远小于信号的码元时间。按照 2.2.3 节的介绍，这意味着信道中没有频率选择性衰落，信号频谱较窄，所有多径分量到达的时段占信号码元时间 T 的一小部分，可以近似认为传播时延差引入的相位 ψ_{ik} 与频率无关，即 $\psi_{ik}\approx\psi_i$，从而可以将式（2-40）改写为

$$y(t)=\sum_{i=1}^{L}\mu_i\sum_{k=k_1}^{k_2}A_k\cos(k\omega_0t'+\psi_{ik})$$
$$=\sum_{i=1}^{L}\mu_i\cos\psi_i\sum_{k=k_1}^{k_2}A_k\cos(k\omega_0t')-\sum_{i=1}^{L}\mu_i\sin\psi_i\sum_{k=k_1}^{k_2}A_k\cos(k\omega_0t')$$
$$=\mu_c\sum_{k=k_1}^{k_2}A_k\cos(k\omega_0t')+\mu_s\sum_{k=k_1}^{k_2}A_k\sin(k\omega_0t')$$
$$=\mu\sum_{k=k_1}^{k_2}A_k\cos(k\omega_0t'+\theta) \tag{2-41}$$

式中，$t'=t-\tau_1$；$\mu_c=\sum_{i=1}^{L}\mu_i\cos\psi_i$ 为接收信号的同相分量；$\mu_s=-\sum_{i=1}^{L}\mu_i\sin\psi_i$ 为接收信号的正交分量；

$$\begin{cases}\mu=\sqrt{\mu_c^2+\mu_s^2}\\ \theta=\arctan(\mu_s/\mu_c)\end{cases} \tag{2-42}$$

分别表示接收信号的包络和相位。

比较式（2-38）和式（2-41）可以发现，接收信号 $y(t)$与发射信号 $x(t)$的不同在于接收信号出现了随机包络 μ 和随机相位 θ。但对每一频率分量而言，具有同样的信号包络 μ 和相位 θ。具有这样特征的衰落称为包络衰落、平坦衰落或非选择性衰落。由于 μ_c、μ_s 都是相互独立的随机变量之和，根据随机信号理论，式(2-42)表示的接收信号的包络 μ 服从瑞利分布，随机相位 θ 服从均匀分布，且 μ 的频谱是中心在 f_0 的窄带谱，这说明多径传播引起了频率弥散。

若同时满足$\Delta\tau_{\max}\ll 1/W$ 和$\Delta\tau_i\ll T$，它相当于信号码元时间 T 很长，信号的频谱很窄。这时在时间间隔$(0, T)$内，μ_i 和 τ_i 不再是某一值，而是一个随时间变化的

随机过程。于是接收到的合成信号是一个复杂的时间函数，其包络和相位也是随机过程。在观察时间$(0, T)$内，由介质的随机变化而引起的接收信号的包络变化，通常称为时间选择性衰落或称信道时变。当信道时变时，接收信号的包络、相位和频率均随时间而变化，变化的快慢常用衰落率来衡量。

当$\Delta\tau_{\max}$可与$1/W$相比时，相当于$\Delta\tau_{\max}$较大或信号频谱较宽的情况，多径分量将在不同的码元时间内到达。这时接收信号为

$$\begin{aligned} y(t) &= \sum_{k=k_1}^{k_2} A_k \sum_{i=1}^{L} \mu_i \cos(k\omega_0 t' + \psi_{ik}) \\ &= \sum_{k=k_1}^{k_2} A_k \sum_{i=1}^{L} (\mu_i \cos\psi_{ik} \cos k\omega_0 t' - \mu_i \sin\psi_{ik} \sin k\omega_0 t') \\ &= \sum_{k=k_1}^{k_2} A_k \mu_k \cos(k\omega_0 t' + \theta_k) \end{aligned} \tag{2-43}$$

式中

$$\begin{aligned} \mu_k &= \sqrt{\left(\sum_{i=1}^{L} \mu_i \cos\psi_{ik}\right)^2 + \left(\sum_{i=1}^{L} \mu_i \sin\psi_{ik}\right)^2} \\ \theta_k &= \arctan\left(\sum_{i=1}^{L} \mu_i \sin\psi_{ik} \Big/ \sum_{i=1}^{L} \mu_i \cos\psi_{ik}\right) \end{aligned} \tag{2-44}$$

由式（2-44）不难看出，由于$\psi_{ik} = 2\pi k\Delta\tau_i/T$，接收信号的包络$\mu_k$和相位$\theta_k$对不同的$k$有不同的值，也就是说接收信号的各频率分量具有不同的包络μ_k和相位θ_k。通常称这种特性的衰落为频率选择性衰落，接收信号频谱内不同频率分量受到的衰减不同，甚至会产生严重的频谱失真，造成前后数字信号间发生重叠，即出现了码间干扰。

频率选择性和衰落被视为两种不同形式的失真。频率选择性取决于多径扩展，或等价地取决于信道相关带宽$(\Delta f)_c$。当信号带宽$W > (\Delta f)_c$时，信号中不同的频率分量受到不同的衰减和相移，产生频谱失真。而衰落是由信道响应的时间变化引起的附加失真，表现为接收信号强度的变化。它取决于信道的时变性，由信道的相干时间$(\Delta t)_c$或等效的信道的多普勒扩展B_d决定。

综上所述，数字信号通过多径信道时，在给定最大多径时延$\Delta\tau_{\max}$的条件下，随着码元时间的减少，信号会遇到信道时变、平坦衰落、频率选择性衰落甚至出现码间干扰等可能情况；并且，当给定信号码元时间时，会受到以某一种衰落为主的影响。

2. 衰落类型及其统计模型

衰落是时变多径信道所共有的现象。一般来说，信道衰落可以按照选择性来划分。

根据信道的频率选择性，衰落信道可以分为平坦衰落信道和频率选择性信道。一般来说，多路信号到达接收机的时间有先有后，即有相对时延。如果这些相对时延远小于一个码元时间，那么可以认为多路信号几乎是同时到达接收端的。这种情况下多径不会造成码间干扰；所形成衰落称为平坦衰落，因为信道的频率响应在所用的频段内是平坦的。相反地，如果多路信号的相对时延与一个码元时间相比不可忽略，那么当多路信号叠加时，不同时延的码元就会重叠在一起，造成码间干扰。所形成的衰落称为频率选择性衰落，因为信道对不同的频率分量有不同的影响。

平坦衰落信道只包含一个可分辨路径，它可能包括多个不可分辨的路径。而频率选择性衰落信道是由多个可分辨路径组合而成的。其中每个可分辨的路径可以看成一个平坦衰落信道。因此，在信道建模时，频率选择性衰落信道可以将多个具有不同时延的平坦衰落信道进行组合而成。

根据时间选择性或时变性，衰落信道可以分为快衰落信道和慢衰落信道。慢衰落与快衰落一般是根据码元时间来划分的，具有相对性。快衰落通常是指在一个码元时间内接收信号的强度有显著的改变，而慢衰落则是指在一个或多个码元时间内信号幅度保持不变。因此，快衰落和慢衰落信道的定义主要依赖于码元时间。

根据空间选择性，衰落信道可以分为标量信道和矢量信道。通常不同空间位置上的接收信号具有不同随机起伏的现象，称为空间选择性衰落。矢量信道需要考虑信道的空间特性，如接收信号的波达方向等。

从数字通信的角度来看，信道衰落对接收信号的影响可概括地分为包络衰落、时延扩展、随机调频。

1）包络衰落

信号包络的衰落或起伏主要是由信道中介质小尺度非均匀性引起的。接收信号通常由时变的、微小的多径分量叠加而成，这些多径分量的振幅和相位都是随机变化、相互干涉的，使得接收信号的包络出现快而深的起伏。实际上，只在信道发生很大的动态变化时，多径分量的振幅才会出现明显的变化；而传输时延只要发生少许变化，多径分量的相位就可能变化 2π 弧度。因而使合成信号时而幅度相长，时而幅度相消，形成包络衰落。所以包络的快衰落主要是由信道的时变特性引起的。

按照中心极限定理，当信道中传送到接收机的信号是大量散射分量之和时，信道冲激响应的复包络是一个高斯过程。如果该过程是零均值的，那么任何时刻信道响应的包络 $\mu(t)$ 服从瑞利分布，而相位 $\theta(t)$ 在 $(0, 2\pi)$ 区间内是均匀分布的。信道响应的包络 $\mu(t)$ 的概率密度函数（probability density function，PDF）为

$$f(\mu)=\frac{\mu}{\sigma_\mu}\exp\left(-\frac{\mu^2}{2\sigma_\mu^2}\right),\quad \mu>0 \tag{2-45}$$

式中，σ_μ^2 为随机变量 $\mu(t)$ 的方差。

相位 $\theta(t)$的概率密度函数为

$$f(\theta)=\frac{1}{2\pi},\quad 0\leqslant\theta\leqslant 2\pi \tag{2-46}$$

因此，这样的信道又称为瑞利衰落信道。如果除了随机运动的散射体，信道中还有固定的散射体或信号反射，当接收信号中有直达分量（镜像分量）时，那么接收信号的包络 $\mu(t)$不再是零均值的，可模化为赖斯分布，信道因此称为赖斯衰落信道。赖斯分布的概率密度函数为

$$f(\mu)=\frac{\mu}{\sigma_\mu^2}\exp\left(-\frac{\mu^2+s^2}{2\sigma_\mu^2}\right)I_0\left(\frac{\mu s}{\sigma_\mu^2}\right),\quad \mu>0 \tag{2-47}$$

式中，s 为 $\mu(t)$的非零均值；$I_0(z)$为第一类零阶修正贝塞尔函数，定义为

$$I_0(z)=\frac{1}{2\pi}\int_0^{2\pi}\exp(z\cos u)\mathrm{d}u \tag{2-48}$$

在等效 χ^2 分布中，s^2 称为非中心参数，表示接收信号中非衰落信号分量的功率，而比值 $K=s^2/\sigma_\mu^2$ 表示接收信号中非衰落信号分量功率与衰落分量功率的比值，$K\gg 1$ 表示衰落不严重，而 $K\ll 1$ 表示存在严重的衰落。

另一种用来描述衰落信号包络的是 Nakagami-*m* 分布。Nakagami-*m* 分布提出的本意是用曲线拟合来描述信道的特性，因为当多径数目较少时，如果信道环境中散射体空间分布严重不对称，若用瑞利分布拟合实际信道的情况将相当粗糙，但是用 Nakagami-*m* 分布可以得到与测量值较好的近似。由于 Nakagami-*m* 分布是基于曲线拟合的方法得到的，所以并没有相应的物理模型对应。它的特点是具有可调参数 *m*，不同的 *m* 值对应不同的分布情况。Nakagami-*m* 分布的使用将使信道的描述更加一般化和标准化。Nakagami-*m* 分布的概率密度函数为

$$f(\mu)=\frac{2}{\Gamma(m)}\left(\frac{m}{2\sigma^2}\right)^m\mu^{2m-1}\exp\left(-\frac{m\mu^2}{2\sigma^2}\right),\quad \mu>0 \tag{2-49}$$

式中，$\Gamma(m)$为伽马（Gamma）函数；m 为衰落指数。

当 $m=1$ 时，Nakagami-*m* 分布变成瑞利分布。Nakagami-*m* 通常用来对比赖斯分布更严重的衰落信道进行建模。

2）时延扩展

在多径信道中，接收信号会发生时延扩展。例如，如果发射一个极短的脉冲，经过时变多径水声信道后，接收端会收到一串脉冲，如图 2-8 所示。脉冲的个数、各脉冲的幅度及脉冲之间的相对时延（图 2-8 中的 τ_{11}、τ_{12}）都随时间变化。对于不同的传输信道，这种接收信号可能是离散的，也可能相互连成一片。时延扩展会引起码间干扰，严重影响通信的质量。

图 2-9 为利用射线模型仿真的水声信道中的本征声线，即从发射端到接收端的传播路径，以及其时延功率谱 $p(\tau)$。图 2-9 同时给出了信道、发射深度、通信距离、信号频率等其他条件相同，只有接收深度 Z_r 不同条件下的时延功率谱 $p(\tau)$。

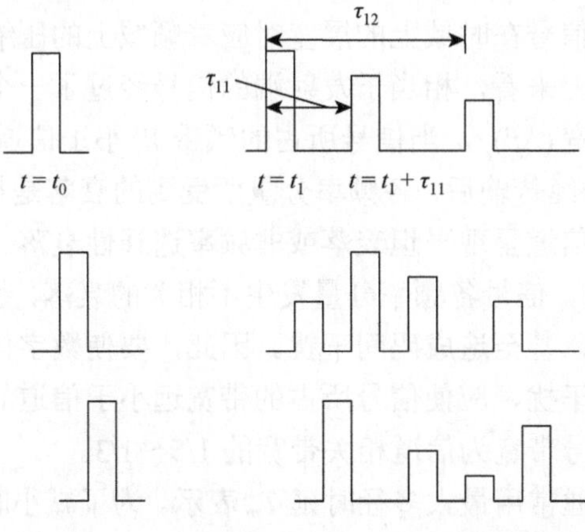

图 2-8　经过多径信道的发射与接收信号

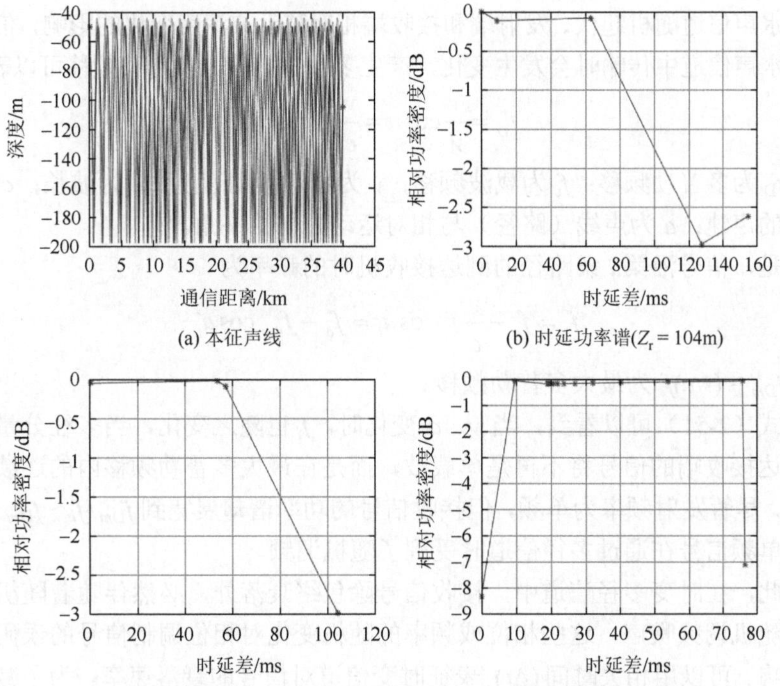

(a) 本征声线　　　　(b) 时延功率谱(Z_r = 104m)

(c) 时延功率谱(Z_r = 84m)　　　　(d) 时延功率谱(Z_r = 62m)

图 2-9　水声信道中的本征声线及时延功率谱（彩图扫封底二维码）

由图 2-9 可知，如果用一个统一数学模型来描述时延功率谱有些困难。实际上，通信系统收发之间的水声信道与信道中的声速、发射/接收深度、通信距离、信号频率，甚至测量的时间都有密切的关系。要得到一个适用于大多数水声信道中时延扩展的数学模型需要大量的测量和计算。

众所周知，一个信号在时域上的展宽对应着频域上的压缩。多径传播所引起的时延扩展，从频域上来看，相当于发射端的信号经过了一个带通滤波器，其带宽就是信道的相关带宽 $(\Delta f)_c$。当信号所占的频带 W 小于信道的相关带宽 $(\Delta f)_c$，即 $W<(\Delta f)_c$ 时，信号经传输后，各频率分量所受到的衰落是相关的，信号波形不失真，无码间干扰，信道呈现平坦衰落或非频率选择性衰落。当信号所占的频带很宽，即 $W>(\Delta f)_c$ 时，信号各频率分量发生不相关的衰落，引起波形失真，信道呈现频率选择性衰落，甚至造成码间干扰。因此，要使数字信号经传输后波形不失真或无明显的码间干扰，应使信号所占的带宽远小于信道的相关带宽。在工程设计上，通常选择信号带宽为信道相关带宽的 1/5～1/3。

时延扩展的大小通常用最大多径时延 T_m 表示。为了减小时延扩展的影响，信号的码元时间应大于最大多径时延 T_m。

3）随机调频

受水声信道随机起伏、发射端和接收端相对移动或深度变化的影响，信号频率在时变水声信道中传输时会发生变化，产生多普勒频移。多普勒频移可以表示为

$$f_{\mathrm{D}}=\frac{v}{\lambda}\cos a=\frac{v}{c}f_c\cos a \tag{2-50}$$

式中，f_{D} 为多普勒频移；f_c 为载波频移；v 为相对运动速度；λ 为波长；c 为水声信道中的声速；a 为声线（路径）与相对运动方向的夹角。

于是，信号沿第 i 条路径的到达接收机时的频率为

$$f_i=f_c-\frac{v}{c}f_c\cos a_i=f_c-f_{\mathrm{D}m}\cos a_i \tag{2-51}$$

式中，$f_{\mathrm{D}m}=(v/c)f_c$ 为最大多普勒频移。

由式（2-51）可以看到，当 v、a_i 变化时，f_i 也随之变化，当多径分量足够多时，到达接收端的信号将不再是单载波，而是在最大多普勒频移内的连续谱。由此可见，尽管发射频率为单频，但接收信号的功率谱却展宽到 $f_{\mathrm{D}m}-f_c$～$f_{\mathrm{D}m}+f_c$。这相当于单频信号在通过多径信道时受到了随机调频。

因此，在时变多径信道中，接收信号除包络衰落外，必然伴随着随机相位的变化或随机调频噪声，这些相位或频率的随机变化对相位调制信号的误码率有明显的影响。可以用相关时间 $(\Delta t)_c$ 表征时变信道对信号的衰落速率。为了减少信道时变的影响，应使信号的码元时间 $T<(\Delta t)_c$。

综上所述，对给定的信道，选择不同的码元时间或信息传输速率，其会受到

不同的信道影响：当信息速率低到使码元时间与衰落节拍相比拟时，其会受到信道时变的影响；当信息速率高到使码元时间小于多径扩展时，其会受到频率选择性衰落的影响，这些都会造成通信系统误码率的迅速增加。为了减小信道衰落对通信系统的影响，一方面需要根据信道的实际情况和通信系统的指标要求，对信号的参数进行仔细的设计；另一方面，系统需要采用有效的抗衰落技术措施，如自适应均衡技术、分集技术等。

2.3　时变多径水声信道的模型与仿真

借助于信道模型对通信性能进行仿真是水声通信系统设计和技术研究的一个重要步骤。对于水声信道仿真来说，要建立的仿真模型主要有两个：一是建立能够体现水声信道的传播损失、多径效应等传播特性的物理模型；二是能反映时变多径特性的统计模型。

在水声学中，通常用声场模型来描述声波的传播规律。其中，射线模型可以仿真信道中的传播路径，计算各路径的传播损失和传播时延，是水声信道仿真时常用的物理模型。由射线模型可以得到时不变水声信道的传递函数模型，即假设信道是静止的，信道具有时不变的冲激响应。由于信道中固有的延时，信道会产生特定的频率响应，包括平坦的（非选择性的）和频率选择性的响应。

而要仿真水声信道时变多径的传播特性，则需要时变信道的抽头延时线模型，模型中的抽头增益和时延都是随机过程。

时不变信道的传递函数模型是一种静态模型，可用在水声通信系统设计的初级阶段，用来计算信道的衰减及系统的接收 SNR，预报通信距离、达到系统性能指标所需的发射功率、最佳发射频率等参数。

当涉及抗信道衰落的通信技术与信号处理算法的设计时，则需要用到时变多径仿真模型，用来评估这些通信技术与算法在时变多径信道中的有效性和性能。对于那些采用自适应接收机的系统，特别是采用自适应均衡和其他自适应信号处理算法的系统，如果没有反映信道起伏的动态信道模型，那么这些自适应信号处理算法抵消信道起伏的性能分析只能在外场试验后进行，这无疑将严重影响水声通信系统的有效设计。因此，一个能反映信道动态起伏特性的传播模型，将能够对水声信道的物理限制有更深的理解，为通信系统应如何设计以克服这些限制提供帮助。

本节首先介绍描述水声信道传播路径的射线模型，由此给出水声信道的时不变信道的冲激响应；其次介绍抽头延时线模型，并给出时变抽头增益和时延的仿真方法。

2.3.1 射线模型

在水声学中，通常用声场模型来描述声波的传播规律。声波的传播过程是一种波动过程，这一波动过程可以用波动方程来描述，声场分析就是在给定定解条件下解波动方程，从而得到波动过程的一般规律。

在均匀理想流体介质中，小振幅声波的三维波动方程为

$$\nabla^2 p = \frac{1}{c^2}\frac{\partial^2 p}{\partial t^2} \tag{2-52}$$

式中，p 为声压；c 为声速；∇^2 为拉普拉斯算子。

在稳定的简谐声源产生的稳态声场中，式（2-52）简化为

$$\nabla^2 p + k^2 p = 0 \tag{2-53}$$

式中，$k = \omega/c$ 为波数，ω 为角频率。

式（2-53）称为亥姆霍兹方程。对于一般非均匀介质空间，严格求解式（2-53）的过程很复杂，甚至不可能得到方程的解，即使在某些特定条件下有解，也往往是高级超越函数形式，不能给出直观的物理图像。因此对于实际海洋信道，往往按其物理和几何特征分成几种特殊类型来讨论，以求得方程的近似解。不同的解的形式形成了不同的声场模型，一般常用的声场模型有以下五种：射线模型、简正波模型、多径扩展模型、快速场模型、抛物线方程模型。

在经典射线声学的范畴内，对声场的描述是由声线来传递声能量的，从声源出发的声线按一定的路径到达接收点，接收到的声能是所有到达声线的叠加结果。由于声线都有一定的路径，相应地有一定的到达时间和相位。每根声线管携带的能量守恒，声线的强度（简称声强）由声线管的截面变化而确定。由此在射线声学的范围内有两个基本的方程：一个是用于确定声线行走规律的程函（eikonal）方程，另一个是用于确定单根声线强度的强度方程，这两个方程可以在一定的近似条件下得到。

在射线理论中，波动方程的近似解为声压幅度函数 $A(x,y,z)$ 和相位函数 $P(x,y,z)$ 指数项的乘积，即

$$\psi(x,y,z) = A(x,y,z)\mathrm{e}^{\mathrm{j}P(x,y,z)} \tag{2-54}$$

将式（2-54）代入式（2-53），并将实部和虚部分开，可得

$$\frac{1}{A}\nabla^2 A - [\nabla P]^2 + k^2 = 0 \tag{2-55}$$

和

$$2[\nabla A \cdot \nabla P] + -A\nabla^2 P = 0 \tag{2-56}$$

对于高频声源，满足

$$\frac{1}{A}\nabla^2 A \ll k^2 \tag{2-57}$$

即 $A(x, y, z)$在一个波长的空间范围内近似为常数，这时式（2-55）可以简化为

$$[\nabla P]^2 = k^2 \tag{2-58}$$

即为程函方程，由它可以确定射线的轨迹；式（2-56）为强度方程，由它可以确定声强。

文献[1]中给出了在分层介质中的射线声场的表达式为

$$\psi(x,z) = \sqrt{\frac{W\cos\theta_0}{R\left(\frac{\partial R}{\partial \theta}\right)_{\theta_0}\sin\theta_z}}\mathrm{e}^{\mathrm{j}kx+\mathrm{j}k\int_0^z\sqrt{n^2(z)-\xi^2}\mathrm{d}z} \tag{2-59}$$

式中，W 为单位立体角辐射功率；θ_0 为声源处声线的掠射角；θ_z 为任意深度 z 处的掠射角；$n(z)$为折射率；ξ 为分离常数；R 为距离。

射线理论是几何声学的近似理论，不考虑传输中声能的衰减，声线图可以给声场以直观、形象的理解，是解算声场的一种重要方法。但若声线在一个波长的范围内发生弯曲或声强发生变化，这种方法就不能给出可信赖的声场图像，因此只适应高频声传输情况。Etter[7]给出了判断高频的近似方法为

$$f > 10H/c \tag{2-60}$$

式中，f 为频率；H 为层高。

由射线模型计算的传播路径，可以得到水声信道的冲激响应和传递函数，但无法描述信道的时变性。因为一旦信道中的参数，如声速、水深、收发深度、传播距离，以及信号频率给定，则由射线模型计算的多径结构及传播特性是固定的。因此，可以用射线模型建立水声信道的时不变信道模型，而要描述水声信道的时变性，还需要其他信道模型。

2.3.2　抽头延时线模型

在通信信道仿真中，抽头延时线模型常用来表示多径信道。按照信道中可分辨多径的数量的不同，多径信道可以分为散射多径信道和离散多径信道。若接收信号视为由多径分量的连续体组成，这种信道称为散射多径信道；若接收信号为一组离散的多径分量，则信道为离散多径信道。多径信道类型不同，相应的抽头延时线模型也有所不同。

水声信道的多径结构通常是稀疏的，因此，可以离散多径信道中的抽头延时线来建模水声信道。

离散多径信道的输出可以表示为

$$y(t)=\sum_{k=1}^{L}a_k(t)x[t-\tau_k(t)]=\sum_{k=1}^{L}a_k(t)x(t-\tau_k) \tag{2-61}$$

式中，$a_k(t)$为第 k 条路径的复幅度衰减；τ_k 为第 k 条路径的传播时延；L 为信道中可分辨的路径数。

在式（2-61）中，假设多径分量的数量和延迟结构的变化比 $a_k(t)$的变化缓慢。因此，时延 τ_k 可以视为常数。离散多径信道的抽头延时线模型如图 2-10 所示。图中，第 k 个抽头的增益为 $a_k(t)$，初始时延 $\Delta_1=\tau_1$，其余的时延 Δ_l 是时延差，定义为

$$\Delta_l=\tau_l-\tau_{l-1}\text{，}2\leqslant l\leqslant L \tag{2-62}$$

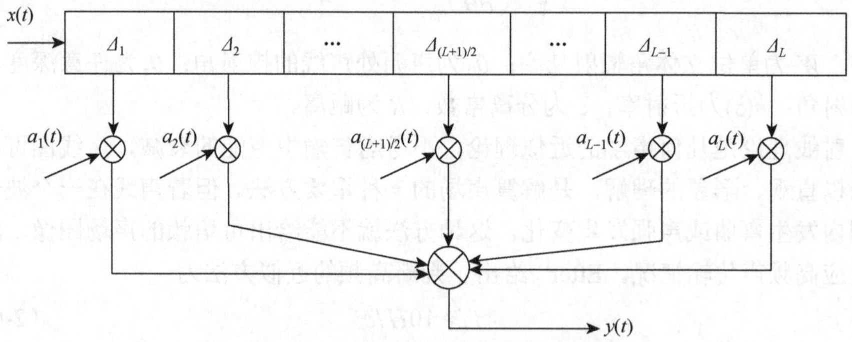

图 2-10　离散多径信道的抽头延时线模型

离散信道模型仿真的基本方法是假设离散分量的个数为 L，给定时延及其概率分布，得到信道模型的基本步骤如下：

（1）产生一个随机数 L 作为时延的个数。

（2）根据时延值的分布产生 L 个随机数。

（3）基于时延值产生 L 个衰减值。

这 $3L$ 个随机数的集合代表了信道的一个瞬时值。

但对于实际的时变多径信道，抽头数 N、抽头时延 Δ_l，以及抽头增益 $a_k(t)$具有一定的统计规律。在抽头延时线模型中，抽头增益的产生是信道仿真的关键。最简单的模型假设各抽头增益都是不相关的复高斯过程，并具有零均值、相同功率谱密度和不同方差，其功率谱密度由多普勒频率谱决定，方差可由时延功率谱 $p(\tau)$的采样值获得。在这种情况下，抽头增益可以通过对白高斯过程进行滤波来产生，如图 2-11 所示[8]。输入 $w(t)$为单位方差的复高斯过程。滤波器的作用是仿真信道的多普勒功率谱密度，即选择 $H(f)$，使

$$S_{gg}(f)=S_d(f)=S_{ww}(f)|H(f)|^2=|H(f)|^2 \tag{2-63}$$

式中，$S_{ww}(f)$为输入白噪声过程的功率谱密度，可以将其设置为 1；$S_{gg}(f)$为给定的抽头增益过程的多普勒功率谱密度。

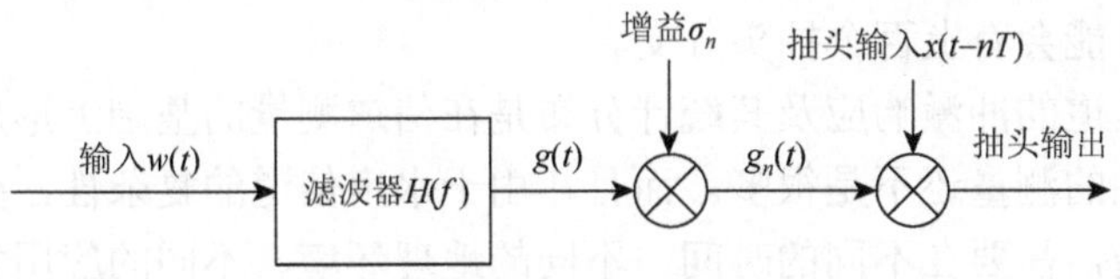

图 2-11　第 n 个抽头增益过程的产生

选择滤波器增益使 $g(t)$具有归一化功率。图 2-11 中的增益 σ_n 表明不同抽头可以具有不同的功率级或方差。对于瑞利衰落信道，抽头增益 $g_n(t)$是具有零均值的复高斯过程。由广义平稳不相关散射假设，它们是不相关的。每个抽头增益的功率谱密度都由多普勒频谱决定。于是第 n 个抽头增益的方差σ_n^2为

$$\sigma_n^2 \approx E\{|g_n(t)|^2\}=(1/B^2)E\{|h(n/B,t)|^2\}=(1/B^2)p(n/B) \tag{2-64}$$

如果抽头增益的功率谱密度不同，那么需要使用不同的滤波器来实现不同的抽头。

在仿真时，抽头间隔（即时延差 $\Delta_1=\tau_l-\tau_{l-1}$）必须表示为采样周期的整数倍，因此，当时延差很小时，采样周期必须非常小，这可能导致过高的采样率而带来计算负担。可以用均匀抽头间隔的抽头延时线模型来建模，如图 2-12 所示。抽头数 $l=[\tau_l/T]$，$[\cdot]$表示取整运算。对于离散多径信道，某个或某几个抽头的抽头系数可能为零。

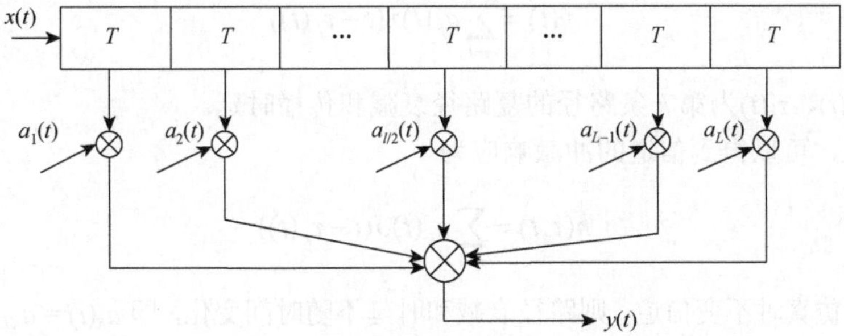

图 2-12　均匀抽头间隔的抽头延时线模型

2.3.3　时变多径水声信道的仿真

与常见的无线时变多径信道相比，水声信道具有一些特殊性。首先，水声信道的多径结构通常是稀疏的。多数水声信道的多径结构呈现宏多径和微多径的形式，信道测量和借助于射线模型的仿真表明，这些多径的时延是不均匀的。如果

用均匀的延时抽头线模型仿真水声信道的话，有些抽头的增益将为零。对于中、远距离的水声信道来说，多径扩展通常在几十到上百毫秒之间，因此，水声信道的抽头延时线模型的抽头分支数将会很多，特别对于高速率传输的信道，其抽头延时线模型可能会有上百个抽头分支。

其次，信道的冲激响应及其统计分布是在信道测量的基础上形成的。但目前水声信道特性的测量还不是很多。而且，由于水声信道的复杂性，要形成通用的信道衰落模型，需要在不同的时间、不同的地理环境、不同的应用背景下进行大量的测量，目前来看，这类的信道测量远远不够。因此，水声信道的冲激响应呈现怎样的统计分布尚未完全形成共识。虽然形成水声信道时变多径特性的因素与无线电信道中的有些不同，但都是基于反射、折射等物理现象，更主要的是它们对通信信号的影响是一致的。文献[9]在综述水声信道的统计模型时指出，瑞利分布出现在两种类型的信道中：近距离传播的浅海信道，以及包含较多折射传播的远距离自由场信道。随着接收端直达分量的增加，信道将会呈现赖斯分布。

虽然目前对水声信道统计分布的研究尚未成熟，但研究表明，通信系统的性能主要取决于信道扩展的时延和多普勒频移参数，而非散射函数的具体形状。因此，只要仿真出信道中的主要特征，即多径扩展、多普勒扩展及信道的时变，信道模型仍能为通信系统的设计提供参考，为系统性能的评估提供工具。

如何将射线模型、冲激响应的统计模型有效地结合在抽头延时线模型中是水声多径信道仿真的关键。

假设信道中有 L 条传播路径，信道的输出表示为

$$y(t)=\sum_{k=1}^{L}a_k(t)x(t-\tau_k(t)) \tag{2-65}$$

式中，$a_k(t)$、$\tau_k(t)$为第 k 条路径的复路径衰减和传播时延。

于是，可以得到信道的冲激响应为

$$h(\tau,t)=\sum_{k=1}^{L}a_k(t)\delta(t-\tau_k(t)) \tag{2-66}$$

若仅仿真时不变信道，则路径衰减和时延不随时间变化，即 $a_k(t)=a_k$，$\tau_k(t)=\tau_k$。若仿真慢变信道，即信道在码元时间内不变，在码元和码元间变化，则有 $\tau_k(t)=\tau_k$。对于时变信道，路径衰减和时延将随时间变化，按照信道的不同，$a_k(t)$和 $\tau_k(t)$将分别满足一定的统计规律。

水声时变多径信道仿真的基本步骤如下所示。

（1）根据给定的信道和环境参数，如声速曲线、海况、海底底质参数、信道水深、发射端与接收端的深度等，以及信号参数，如信号频率等，用射线模型计算信道的本征声线，确定式（2-66）中的 $a_k(t)$和 $\tau_k(t)$。当信道和信号参数给定时，

由射线模型计算的多径结构是固定的，由此可以得到水声信道的时不变模型。

（2）根据本征声线的数量、时延和衰减系数，建立如图 2-10 或图 2-12 所示的抽头延时线模型。

（3）根据信道冲激响应的测量或统计模型，确定信道冲激响应的分布，即 $a_k(t)$ 和 $\tau_k(t)$的统计分布。

（4）按照统计分布，产生 L 个 $a_k(t)$和 $\tau_k(t)$的随机数；按照式（2-66），得到信道的时变冲激响应。

下面通过实例说明时变多径水声信道仿真的基本方法和步骤。

1. 信道冲激响应的测量与统计分布估计

【例 2-1】　图 2-13 为湖试采集的水声通信信号，分析水声通信信号幅度，以及信道冲激响应的统计分布。

解： 图 2-13 所示的数据由一组线性调频（linear frequency modulation，LFM）信号和 5 组伪噪声（pseudo noise，PN）序列通信信号组成，用来探测信道。试验场地为水库，平均水深为 9m。传输该段数据时，发射深度、接收深度分别为 2m 和 4m，传输距离为 670m。由于传输距离近，接收 SNR 较高。

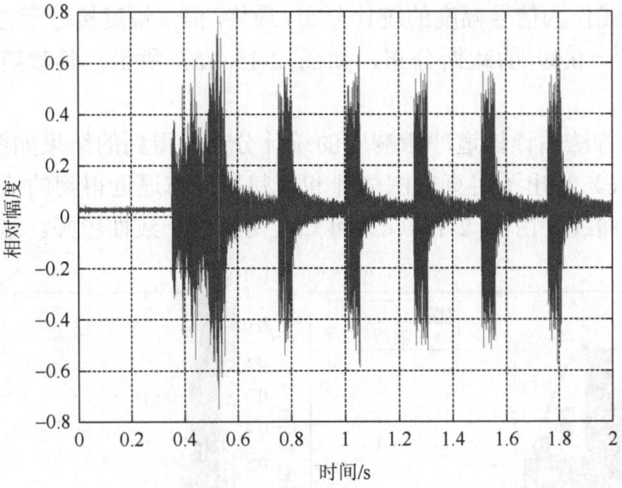

图 2-13　湖试采集的水声通信信号

对图 2-13 的信号进行相关接收和归一化处理后，得到信道的时延功率谱，如图 2-14 所示。由图 2-14 可见，测试的信道应为单径信道，按照衰落信道的特性，这种信道的统计分布比较接近赖斯分布。

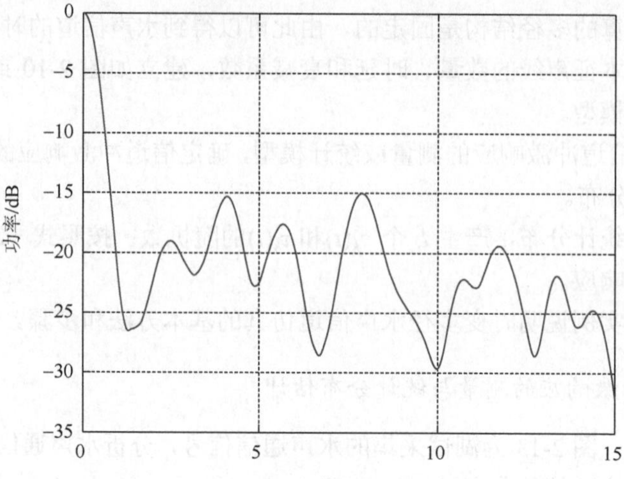

图 2-14　信道冲激响应

下面以接收信号为例，给出估计接收信号幅度的统计分布的主要步骤。

（1）以接收信号为随机变量，做出其直方图，其中，样条数 $b=30$。

（2）用赖斯分布的概率密度函数曲线去拟合直方图，选择最接近直方图的概率密度函数曲线作为信号幅度的统计分布，最终，信号幅度接近于方差 $\sigma^2=0.175$，非中心参数 $s^2=0.89$ 的赖斯分布，如图 2-15（a）所示，其赖斯衰落因子 $K=s^2/\sigma^2=5.086$。

用同样的方法估计信道冲激响应的统计分布，得到的结果如图 2-15（b）所示。图 2-15（c）给出了用直方图估计和用赖斯分布逼近得到的信道冲激响应的概率密度函数曲线。由图 2-15（c）可知，两者的一致性较好。这表明，测试信

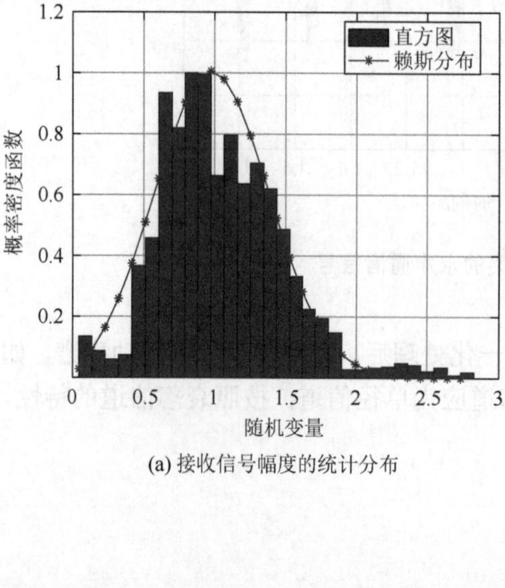

(a) 接收信号幅度的统计分布

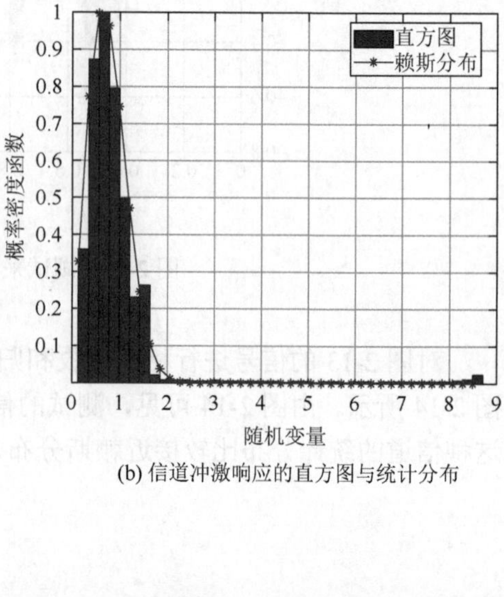

(b) 信道冲激响应的直方图与统计分布

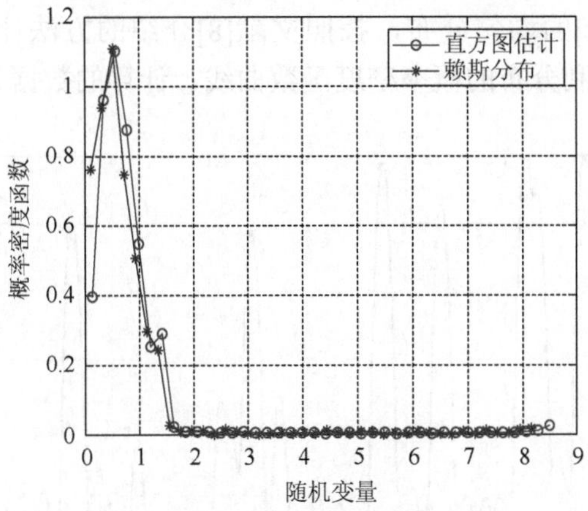

(c) 直方图估计和赖斯分布的概率密度函数曲线

图 2-15　信道冲激响应及接收信号的统计分布

道的信道冲激响应接近于方差 $\sigma^2 = 0.25$，非中心参数 $s^2 = 0.47$ 的赖斯分布，其赖斯衰落因子 $K = s^2/\sigma^2 = 1.88$。

2. 时变多径水声信道的仿真

【例 2-2】　对时变多径信道进行仿真。仿真的信道参数：水深 200m，发射深度为 81m，接收深度为 92.5m，传播距离为 70km，海况为 3 级。由射线模型给出的宏多径信道参数如表 2-1 所示，表中的数据用最先到达路径的参数进行了归一化。

表 2-1　由射线模型给出的宏多径信道参数

路径	归一化信道衰减系数	归一化路径时延/ms
1	1	0
2	0.999	102.0
3	0.964	30.1
4	0.385	72.3
5	0.325	260.9
6	0.437	24.2
7	0.229	168.9

解：以码长为 256 的 *m* 序列为信道探测信号，*m* 序列的码片宽度为 5ms，信号频率为 2kHz，对信道探测信号进行相关接收，得到信道的时延功率谱，由表 2-1 数据得到的信道的时延功率谱如图 2-16 所示。

假设每条路径的信道冲激响应服从复高斯分布，即信道衰减系数服从瑞利分布，相位服从[0, 2π]的均匀分布，按照文献[8]介绍的方法计算瑞利随机变量，图 2-17 为估计的瑞利分布的概率密度函数曲线，计算的数据为 10000 个。

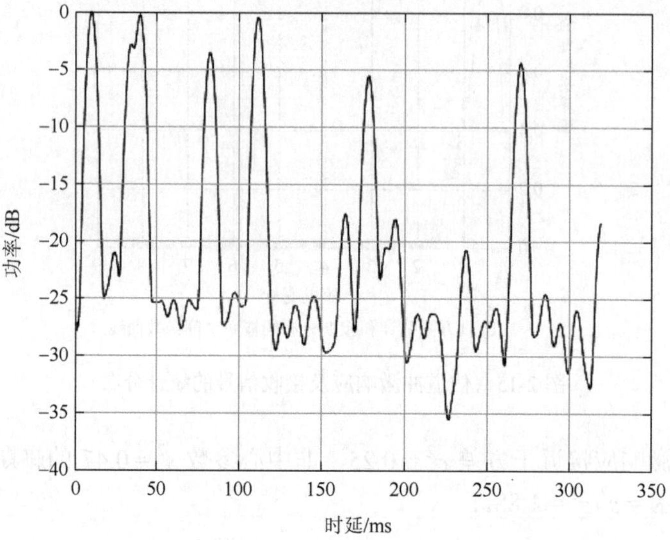

图 2-16　信道的时延功率谱

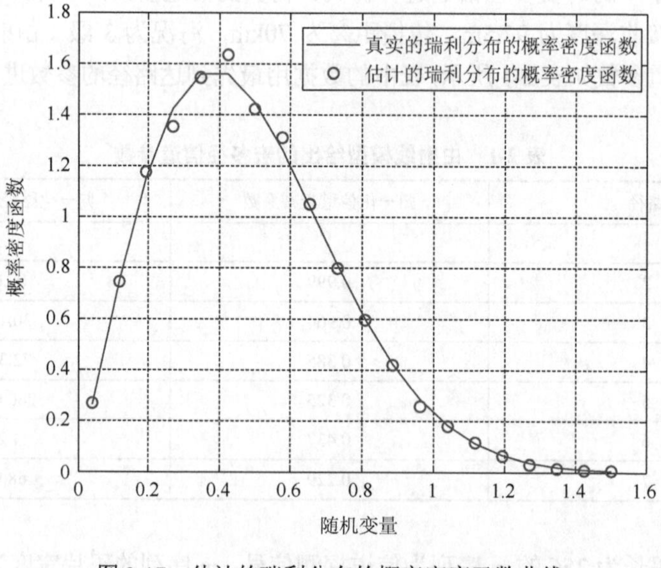

图 2-17　估计的瑞利分布的概率密度函数曲线

时变信道冲激响应的 Mesh 图如图 2-18 所示，图中数据由 200 组数据汇集而成。

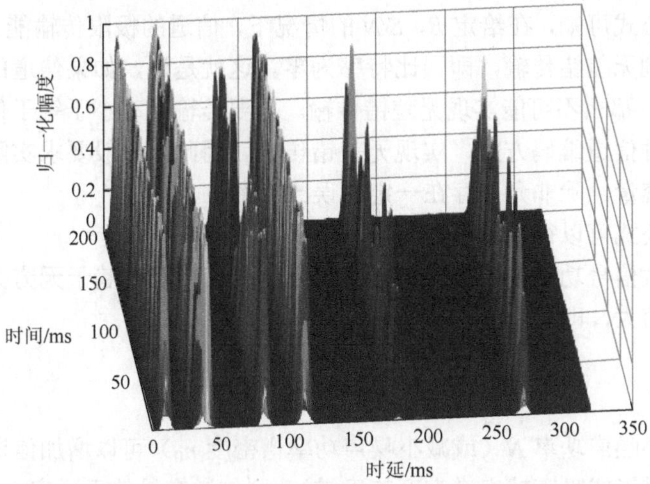

图 2-18　时变信道冲激响应的 Mesh 图（彩图扫封底二维码）

2.4　水声信道容量的分析

2.4.1　信道容量的概念

信道容量是指信道中信息无差错传输的最大速率。根据不同的信道模型，可以给出不同的信道容量定义。例如，调制信道是一种连续信道，可以用连续信道的信道容量来表征。编码信道是一种离散信道，可以用离散信道的信道容量来表征。

水声信道是连续信道，因此，我们着重讨论连续信道容量的概念。

1. 连续信道容量

设在连续信道的输入端加入单边功率谱密度为 n_0(W/Hz)的加性高斯白噪声，信道的带宽为 B(Hz)，信号平均功率为 S(W)，通过这种信道进行无差错传输的最大信息速率 C 为

$$C = B\log_2\left(1+\frac{S}{n_0 B}\right) \tag{2-67}$$

令 $N = n_0B$，则有

$$C = B\log_2\left(1+\frac{S}{N}\right) \tag{2-68}$$

式（2-68）就是著名的香农信道容量公式，简称香农公式。香农公式表明的是在具有一定频带宽度的信道上，当信号与信道加性高斯白噪声的平均功率给定时，理论上单位时间内可能传输的信息量的极限数值。

由香农公式可知，在给定 B、S/N 的情况下，信道的极限传输能力为 C，而且此时能够做到无差错传输，即误比特率为零。这就是说，如果信道的实际传输速率大于 C 值，那么不可能实现无差错传输。只要传输速率小于等于信道容量，总可以找到一种信道编码方式，实现无差错传输。因此，一般要求实际传输速率不能大于信道容量，除非允许存在一定的误比特率。

由香农公式可以得到以下结论。

（1）增大信号功率 S 可以增加信道容量，若信号功率趋于无穷大，则信道容量也趋于无穷大，即

$$\lim_{S\to\infty} C = \lim_{S\to\infty} B\log_2\left(1+\frac{S}{n_0 B}\right)\to\infty$$

（2）减小噪声功率 N（或减小噪声功率谱密度 n_0）可以增加信道容量。若噪声功率趋于零（或噪声功率谱密度趋于零），则信道容量趋于无穷大，即

$$\lim_{N\to 0} C = \lim_{N\to 0} B\log_2\left(1+\frac{S}{N}\right)\to\infty$$

（3）增大信道带宽 B 可以增加信道容量，但不能使信道容量无限制增大。信道带宽 B 趋于无穷大时，信道容量的极限值为

$$\lim_{B\to\infty} C = \lim_{B\to\infty} B\log_2\left(1+\frac{S}{n_0 B}\right) = \frac{S}{n_0}\lim_{B\to\infty}\frac{n_0 B}{S}\log_2\left(1+\frac{S}{n_0 B}\right) = \frac{S}{n_0}\log_2 \mathrm{e} \approx 1.44\frac{S}{n_0}$$

香农公式给出了通信系统所能达到的极限信息传输速率，达到极限信息速率的通信系统称为理想通信系统。

2. 香农公式的应用

由式（2-68）可以看出，当信道容量 C 一定时，信道带宽 B、SNR S/N 及传输时间三者之间可以互相转换。若增加信道带宽，则可以换来 SNR 的降低，反之亦然。如果 SNR 不变，那么增加信道带宽可以换取传输时间的减少。

如果信道容量 C 给定，互换前的带宽与 SNR 分别为 B_1 和 S_1/N_1，互换后的带宽和 SNR 分别为 B_2 和 S_2/N_2，那么有

$$B_1\log_2(1+S_1/N_1) = B_2\log_2(1+S_2/N_2)$$

例如，如果 $S/N=7$，$B=4\text{kHz}$，那么可得 $C=12\times10^3\text{bit/s}$；但是，如果 $S/N=15$，$B=3\text{kHz}$，那么可得同样的 C 值。这就提示我们，为了达到某个实际传输速率，在系统设计时可以利用香农公式中的互换原理，确定合适的系统带宽和 SNR。

【例 2-3】 设信道带宽 $B_1=2\text{kHz}$，希望传输的信息速率为 $2\times10^3\text{bit/s}$，试问所需的 SNR 为多少？若将信道带宽增加到 $B_2=10\text{kHz}$，要保证同样的数据率，所需的 SNR 为多少？

解：希望传输的信息速率为 2×10^3bit/s，为了保证信息的无误传输，则信道容量至少应为 $C=2\times10^3$bit/s。按照式（2-68），可得

$$2\times10^3=2\times10^3\times\log_2\left[1+\left(\frac{S}{N}\right)_1\right]$$

$$\left(\frac{S}{N}\right)_1=1$$

即要求 $\mathrm{SNR}(S/N)_1=1$。当信道带宽增加为 $B_2=10\mathrm{kHz}$ 时，有

$$2\times10^3=10\times10^3\times\log_2\left[1+\left(\frac{S}{N}\right)_2\right]$$

$$\left(\frac{S}{N}\right)_2=0.15$$

则所需 SNR $(S/N)_2=0.15$。

可见，信道带宽 B 的变化可使输出 SNR 也随之变化，而同时保持信息传输速率不变。这种 SNR 和带宽的互换性在通信工程中有很大的用处。例如，在发射功率受限的通信系统中，可用增大带宽的方法来换取对 SNR 要求的降低；相反，如果信道频带比较紧张，这时主要考虑频带利用率，可用增加 SNR 或用多进制调制的方法来降低系统对信道带宽的占用。此外，带宽或 SNR 与传输时间也存在着互换关系。

值得一提的是，香农公式定义的是在加性高斯白噪声信道中的信道容量，即通信系统所能达到的极限信息传输速率。实际的信道容量与很多因素有关，如当信道中存在多径干扰、多路传输时，信道的容量定义将不同于香农容量。

2.4.2 水声信道容量及其分析

1. 时变多径信道的信道容量

对于时变多径衰落的水声信道，信道冲激响应将包含多径信道的信息，信道不能用加性高斯白噪声信道来简单模化，除了信道带宽和 SNR，信道容量与许多因素有关，如发射/接收天线之间的空间相关性、信道状态信息（channel state information，CSI）等。最重要的影响因素是信道的传播特性，如多径结构、衰落类型等。

若设 $\boldsymbol{H}$ 为时变多径信道的冲激响应，则 $\boldsymbol{H}$ 可以表示为 $\boldsymbol{H}=[h_1,h_2,\cdots,h_L]$，式中，$h_i$ 为第 i 条传播路径的信道衰减系数，L 为信道中的路径数。对于时变信道，h_i 为随机变量。假设接收端可以正确估计信道系数，而发射端不了解 CSI。假定信道矩阵的元素是零均值复高斯随机变量，按照文献[10]，当信道是慢衰落信道，即信道 $\boldsymbol{H}$ 的元素在一个码元时间内保持不变，而在不同码元之间变化时，信道容量（单位为 bit/(s·Hz)）定义为

$$C = \log_2 \det\left(\boldsymbol{I}_N + \frac{\rho}{M}\boldsymbol{H}\boldsymbol{H}^{\mathrm{H}}\right) \tag{2-69}$$

式中，ρ 为信道中的 SNR；$\boldsymbol{I}_N$ 为与 $\boldsymbol{H}\boldsymbol{H}^{\mathrm{H}}$ 同阶的单位阵。

当信道系数是随机变量时，信道所对应的最大信息速率也是一个随机变量。当发射信号的码元时间 T 远大于信道的相干时间 T_c 时，信道冲激响应是一个遍历性过程，信道容量为遍历性容量，表示为

$$\overline{C} = \varepsilon\{C\} = \varepsilon\left\{\log_2 \det\left(\boldsymbol{I}_N + \frac{\rho}{M}\boldsymbol{H}\boldsymbol{H}^{\mathrm{H}}\right)\right\} \tag{2-70}$$

当实际的衰落信道不满足遍历性条件 $T \gg T_c$ 时，这时不存在香农意义上的信道容量，信道容量可以看成一个随机量，它取决于瞬时信道参数，有可能取值为零。在这种情况下，引入中断容量的概念。

中断容量与信道的中断概率有关。相应于某一传输速率的中断概率 P_{out} 定义为

$$P_{\mathrm{out}} = \Pr\left\{C \geqslant \log_2 \det\left(\boldsymbol{I}_N + \frac{\rho}{M}\boldsymbol{H}\boldsymbol{H}^{\mathrm{H}}\right)\right\} \tag{2-71}$$

P_{out} 表示信道不支持给定速率的概率。

中断概率的计算与信道容量的累积分布函数有关。用 P_c 表示达到特定容量的概率，它等于互补累积分布函数（complementary cumulative distribution function，CCDF），中断概率 P_{out} 等于容量累积分布函数（cumulative distribution function，CDF）或 $1-P_c$。

对于时变多径信道，信道系数$|h|^2$ 是一个 χ^2 分布的随机变量，用 χ_2^2 表示，信道容量为

$$\tilde{C} = \varepsilon\left\{\log_2\left(1+\chi_2^2\rho\right)\right\} \tag{2-72}$$

是信道中能量的函数。

当信道中存在多径扩展时，信道矩阵 $\boldsymbol{H}$ 的秩仍为 1，信道的遍历性容量仍然只是信道总能量的函数。也就是说，有多径扩展的信道相比平坦信道没有容量增益。而中断容量是由信道中分集的自由度决定的。因此，多径扩展都会带来中断容量增益。

2. 水声信道的信道容量的分析

下面通过仿真分析来介绍水声信道容量的分析方法。

【例 2-4】 时变水声信道容量的分析。

解：（1）时变水声信道冲激响应。首先采用声场模型与瑞利衰落统计模型相结合的方法来模化时变水声信道，并借助于射线模型计算水声信道的冲激响应，

然后将各确定系数的信道转化为时变的复高斯信道，即信道冲激响应的幅度服从瑞利分布，相位服从[0, 2π]上的均匀分布。用 10^4 个样点产生了概率密度函数为瑞利分布的信道系数。

表 2-2、表 2-3 为单径和多径水声信道的参数，每类信道都同时给出了 4 条信道的参数，每对发射和接收之间形成单输入单输出（single-input single-output，SISO）信道；不同发射和接收的组合可以形成 MIMO 信道。表 2-2 和表 2-3 中数据用 4 条路径中最先到达路径的参数进行了归一化。仿真的信道参数：水深 50m，传输距离为 3km，声速是海试实测的声速值，信号频率为 20kHz。表 2-2 和表 2-3 中 SD、RD 分别表示发射、接收阵元深度。

表 2-2　3km 单径水声信道的参数

发射/接收阵元深度	归一化信道衰减系数	相对时延/ms
SD = 27m，RD = 30m	1.679	1.1
SD = 27m，RD = 31.5m	1.535	4.1
SD = 28m，RD = 30m	1	0
SD = 28m，RD = 31.5m	1.440	2.7

表 2-3　3km 多径水声信道的参数

发射/接收阵元深度	归一化信道衰减系数				相对时延/ms			
SD = 31.5m，RD = 37m	0.815				6.8			
SD = 31.5m，RD = 39.5m	0.757	0.658	0.486		7.0	2.0	7.8	
SD = 33.5m，RD = 37m	0.817	0.818	0.542	0.564	0.8	7.7	5.1	7.5
SD = 33.5m，RD = 39.5m	1	0.405			0	13.0		

（2）信道容量的仿真分析。假设发射端不知道信道信息，接收端通过信道估计来了解信道信息。采用 256 位码长的 m 序列扩频码作为测试信号，通过对扩频序列的相关接收来估计信道的参数，并由此计算信道矩阵及信道容量。为了在相同的条件下进行性能比较，在各种仿真条件下都规定信道的总能量 $P = 1$，采用蒙特卡罗仿真，仿真次数为 1000。

图 2-19、图 2-20 分别是表 2-2 和表 2-3 所示单径和多径 MIMO 信道中遍历性容量的直方图[11]。对比两图可见，多径扩展使得信道容量更集中于均值（7.92bit/(s·Hz)）附近；相比单径 MIMO 信道 5.98bit/(s·Hz)的遍历性容量，多径扩展使得获得了约 2bit/(s·Hz)遍历性信道容量的改善。

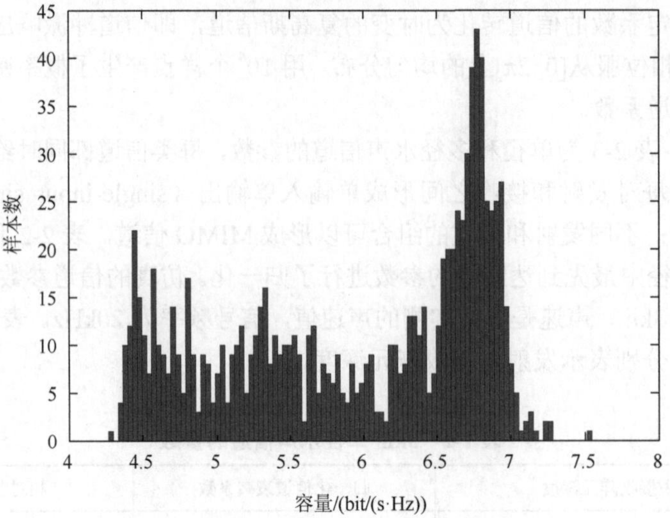

图 2-19 单径 MIMO 信道中的遍历性容量直方图

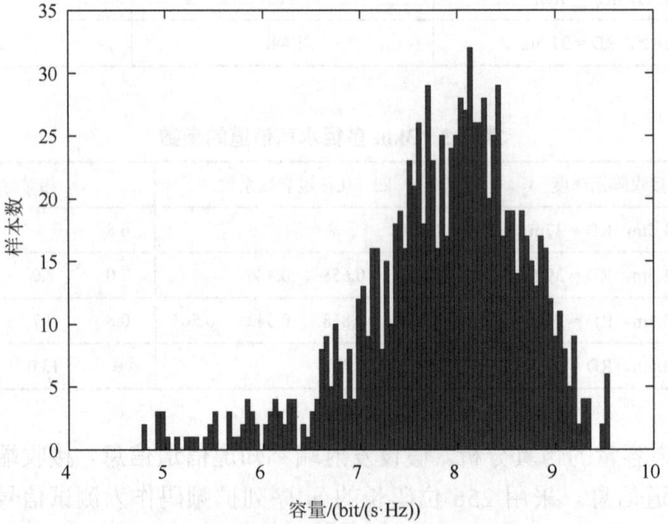

图 2-20 多径 MIMO 信道中的遍历性容量直方图

图 2-21 是单径和多径对中断容量的影响[11]，图中同时还给出了 SISO 信道的中断容量（CDF-SISO）。对比两图可以看到，多径扩展不仅改善了 MIMO 信道的中断容量，也改善了 SISO 信道的中断容量。这是因为多径扩展可以为信道提供更多的空间自由度。

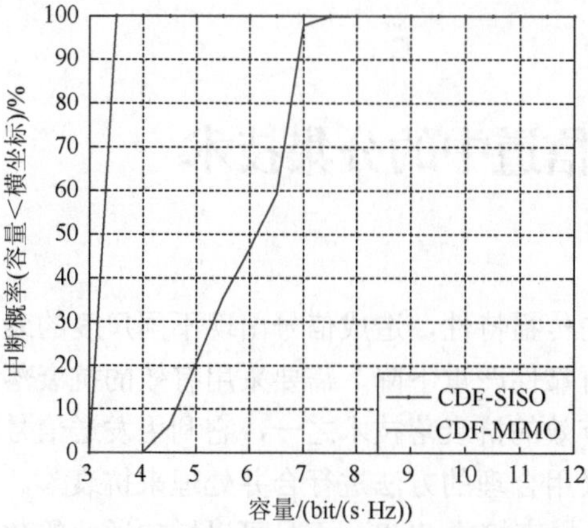

(a) 单径信道中的中断容量

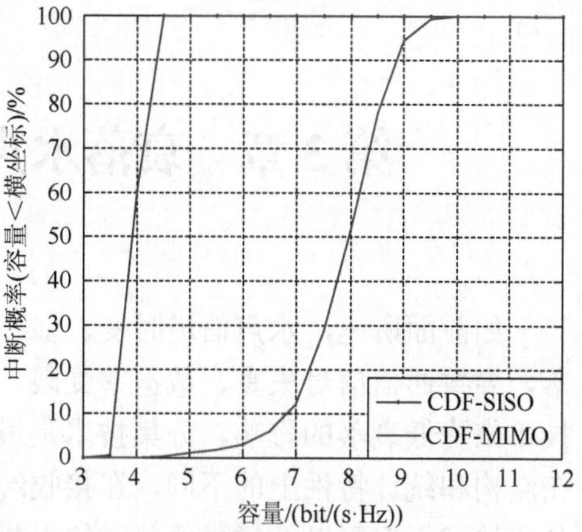

(b) 多径信道中的中断容量

图 2-21　单径和多径对中断容量的影响（彩图扫封底二维码）

参 考 文 献

[1] 汪德昭，尚尔昌. 水声学[M]. 北京：科学出版社，1981.

[2] Urick R J. 水声原理 [M]. 洪申，译. 哈尔滨：哈尔滨船舶工程学院出版社，1990.

[3] 张歆，张小蓟. 水声通信理论与应用[M]. 西安：西北工业大学出版社，2012.

[4] 朱埜. 主动声纳检测信息原理[M]. 北京：海洋出版社，1990.

[5] Kilfoyle D B，Baggeroer A B. The state of the art in underwater acoustic telemetry[J]. IEEE Journal of Oceanic Engineering，2000，25（1）：4-27.

[6] 戴耀森. 高频时变信道[M]. 北京：人民邮电出版社，1985.

[7] Etter P C. Underwater Acoustic Modeling：Principles，Techniques and Applications[M]. Rockville：Elsevier Science Publisher LTD，1991.

[8] Willam H，Tranter K，Shanmugan S，et al. 通信系统仿真原理与无线应用[M]. 肖明凌，杨光松，许芳，等译. 北京：机械工业出版社，2005.

[9] Bjerrum-Niese C，Lützen R. Stochastic simulation of acoustic communication in turbulent shallow water[J]. IEEE Journal of Oceanic Engineering，2000，25（4）：523-532.

[10] Paulraj A，Nabar R，Gore D. 空时无线通信导论[M]. 刘威鑫，译. 北京：清华大学出版社，2007.

[11] 张歆，张小蓟，乔宏乐. 水声 MIMO 信道模型和容量分析[J]. 西北工业大学学报，2011，29（2）：234-238.

第 3 章　衰落水声信道中的分集技术

如前面所述，水声信道时变、多径的传播特性，造成信号出现不同尺度的衰落，导致通信信号失真、数据率受限、可靠性严重下降，需要采用有效的抗衰落技术来降低衰落的影响。分集技术是最有效的抗衰落技术之一，它利用发送信号在结构和统计特性上的不同，在接收端采用合理的方法进行合并处理来抗衰落。分集技术不仅可以补偿衰落信道的损耗，提高接收 SNR，而且可以增加通信的数据率。因此，分集技术在衰落水声信道中得到广泛应用。

本章将介绍水声通信中常用的分集技术的概念及其性能分析。

3.1　分集技术的概述

在无线通信中广泛采用分集技术来减少多径衰落的影响，在不增加发射功率或牺牲通信带宽的条件下提高传输的可靠性。分集的基本原理是通过多个独立衰落的信道接收到承载相同信息的发射信号副本，由于多个信道的传输特性不同，所有信号分量同时衰落的概率将大大减少。接收机采用合理的方式合并这些副本，能比较正确地恢复出原发送信号，相应地提高传输的可靠性。

分集有两方面的含义：一是分散传输，使接收端能获得多个统计独立的、携带同一信息的衰落信号；二是集中处理，把收到的多个统计独立的衰落信号进行合并以降低衰落的影响。

按照分散传输方法的不同，水声通信中通常采用的分集技术分为时间分集、频率分集和空间分集；按照集中处理方式的不同，分集处理有选择合并、切换合并、等增益合并、最大比合并等。

3.1.1　分集的基本概念

分集技术的关键在于提供独立衰落的子信道以供分散传输。通常可以从时间、频率和空间上为接收机提供独立衰落的子信道，从而可将分集技术分为时间分集、频率分集和空间分集。

1. 时间分集

在不同的时隙上重复发送相同的信息可以实现时间分集。只要各次发送的时间间隔足够大，通常要求相邻时隙的最小间隔要大于等于信道的相干时间$(\Delta t)_c$或衰落速率的倒数，那么，各次发送信号所呈现的衰落将是彼此独立的。接收机将重复收到的同一信号进行合并，就能减少衰落的影响。

在时间分集中，发射信息的副本是以时间冗余的形式到达接收机的，一般采用重复发射、差错控制编码和交织技术等方式来实现时间分集。差错控制编码带来的时间冗余可以提供发射信号的副本，而时间交织可以增加发射信号副本之间的时间间隔，从而得到时间上独立衰落的信号副本。

时间分集无须额外增加发射、接收设备，易于实现。但由于时间交织会产生译码延迟，而且交织越大，时间间隔越长，延迟越大，这使得时间分集技术不适合对时延比较敏感的通信系统。时间分集一般在信道相干时间小的快衰落环境中比较有效，对于慢衰落环境，时间分集可能无法减少衰落，而且由于在时间域上引入了冗余，使得带宽利用率受到损失。

2. 频率分集

频率分集依据的是频率间隔大于相关带宽$(\Delta f)_c$的两个信号的衰落是不相关的，因此，可以采用两个或两个以上间隔大于相关带宽$(\Delta f)_c$的频率同时发送同一信息，然后进行合成或选择，以实现频率分集。

在频率分集中，发射信号的副本是以频域冗余的形式到达接收端的。这种频率冗余可由 FSK 调制、DSSS、FHSS、多载波调制技术等引入。FSK 调制技术用不同的频率来发送相同的信息，是水声通信中最早也是最常采用的频率分集技术，在多径衰落信道中有着稳健的性能。DSSS 方法是采用带宽 W 远大于信道相关带宽$(\Delta f)_c$的信号，这种宽带信号可以分辨出$[W/(\Delta f)_c]$（$[x]$表示取 x 的整数）个多径分量，从而将若干独立衰落的多径信号提供给接收机。借助于 Rake 接收机可以将这些多径分量进行相干组合。这种宽带信号可以提供$[W/(\Delta f)_c]$阶频率分集。由于这种频率分集方法没有采用冗余的载波，因此，也被称为隐频率分集。

频率分集抗频率选择性衰落特别有效，但付出的代价是多占用成倍的频带，降低了频谱利用率。

3. 空间分集

在空间分集中，发射信号副本是以空间域冗余的形式到达接收机的。当信号通过发射换能器向不同的方向、不同的路径在信道中传输时，在空间任意两个不同的位置上接收同一信号，只要两个位置的距离足够大，一般要求换能器间隔在几个信号波长以上，则两处所收到的信号衰落是不相关的，具有空间独立性。

按照在发射端或接收端是否使用换能器阵，可以把空间分集分成两类：发射分集和接收分集。接收分集是在接收机使用多个接收换能器，接收发射信号的独立副本，通过合并信号降低衰落的影响，并且提高总的接收 SNR。发射分集则是在发射机使用多个发射换能器，多路发射信号通过多个换能器同时发射，在接收端通过一个或多个换能器接收并组合这些信号。若发射换能器阵发射同一信号，则接收机经分集合并后获得分集增益，提高接收 SNR；若发射不同的信号，形成并行发射，则接收机获得空间复用，提高传输的数据率。

长期以来，接收分集技术一直在通信系统中得到广泛应用，其技术发展比较成熟。而发射分集由于需要复杂的信号处理，其发展受到限制。近年来，随着信息理论中对 MIMO 信道容量的研究，MIMO 系统及发射分集对无线信道容量的改善引起众多研究者的兴趣，发射分集技术的研究受到广泛重视。

与时间分集、频率分集不同，空间分集不会带来带宽利用率上的损失，这一特性对高速率水声通信很有吸引力。

在实际的通信系统中，为了满足系统的性能要求，经常将多个常规的分集方法结合起来使用，以实现多维分集。

4. 显分集与隐分集

按照是否构成明显的分集信号传输方式，分集技术还可以分成显分集和隐分集。显分集采用了明显的分集方式，具有不少优点，但它们也存在着两个缺陷。首先，对于频率分集和空间分集来说，采用几种分集就需要几套设备，使整个系统变得很复杂；其次，不管分集阶数有多少，由于传播信道并未改变，多径时延不能减小，因而对信号中的码间干扰无能为力，串扰到其他码元中的信号能量，既不能消除又不能利用。

隐分集的分集作用隐含在信号中，在接收端通过信号处理来实现分集。例如，隐频率分集是通过扩展被传送信号的带宽来获得分集效果的，由于其实现分集的技术途径是隐蔽在信号波形内部的，并不需要增加设备套数来实现分集。

常用的隐频率分集技术包括时频编码分集、时频相编码技术、扩频技术及多径分离技术等。信道编码、时间交织是通过在信号中加入冗余位，或对信号的传送顺序进行改变来获得时间分集的，而不是简单的重复发射，因此，可看成隐时间分集。

3.1.2 合并的基本概念

合并就是根据某种方式把接收到的各个独立衰落信号相加后合并输出，从而获得分集增益。假设 N 个独立衰落信号分别为 $r_1(t), r_2(t), \cdots, r_N(t)$，则合并器的输出通常可以表示为

$$r(t)=k_1r_1(t)+k_2r_2(t)+\cdots+k_Nr_N(t)=\sum_{i=1}^{N}k_ir_i(t) \tag{3-1}$$

式中，k_i 为第 i 个子信道接收信号的加权；r_i 为第 i 个子信道的接收信号。

通信系统的分集性能通常取决于接收机如何合并多个信号副本，即加权系数的选择。因此，可以按照接收端所采用的合并方法对分集进行分类。根据实现合并的复杂性和合并方法所需的信道状态信息，可以将合并方法主要分为四种：选择合并、切换合并、等增益合并和最大比合并[1]。下面以空间接收分集为例来说明各合并方法。

1. 选择合并

选择合并是所有合并方式中最简单的一种，其原理是检测所有接收分支输出的 SNR，选择其中 SNR 最大的分支作为合并器的输出。也就是说，对接收换能器个数为 N 的接收分集系统，在每个码元判决时，都选择具有最大瞬时 SNR 的分支作为输出，选择合并方法的原理框图如图 3-1 所示。在实际使用中，由于 SNR 很难测量，一般采用信号和噪声功率之比最大的信号。

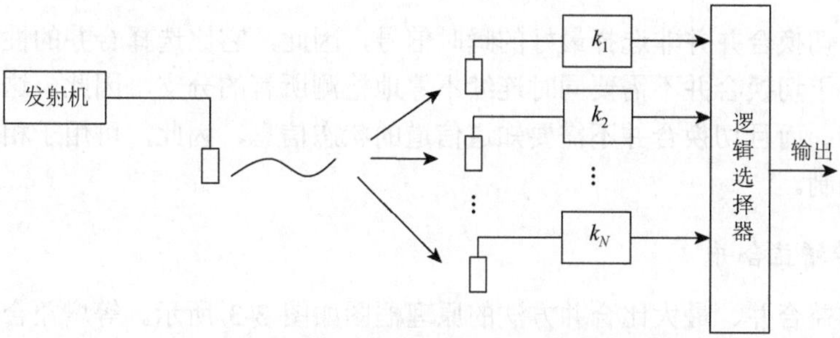

图 3-1　选择合并方法的原理框图

按照文献[2]，选择合并的平均输出 SNR 为

$$\bar{\gamma}=\bar{\gamma}_{\max}\sum_{k=1}^{N}\frac{1}{k} \tag{3-2}$$

式中，$\bar{\gamma}$ 为合并器平均输出 SNR；$\bar{\gamma}_{\max}$ 为分支信号中最大平均 SNR。

合并增益为

$$\mathrm{GM}=\frac{\bar{r}}{\bar{r}_{\max}}=\sum_{k=1}^{N}\frac{1}{k} \tag{3-3}$$

当接收机采用选择合并时，需要对所有的分支进行连续的跟踪、检测，以选择具有最好的瞬时信号的分支。

2. 切换合并

在图 3-2 所示的切换合并方法的原理框图中，接收机扫描所有的分集支路，并选择 SNR 在特定的预设门限之上的特定分支，在该支路的 SNR 降到所设的门限值之下之前，一直选择该支路的信号作为输出信号。当该支路的 SNR 低于设定的门限值时，接收机开始重新检测各分支并切换到 SNR 在门限值以上的新的分支，这种合并方法称扫描合并。

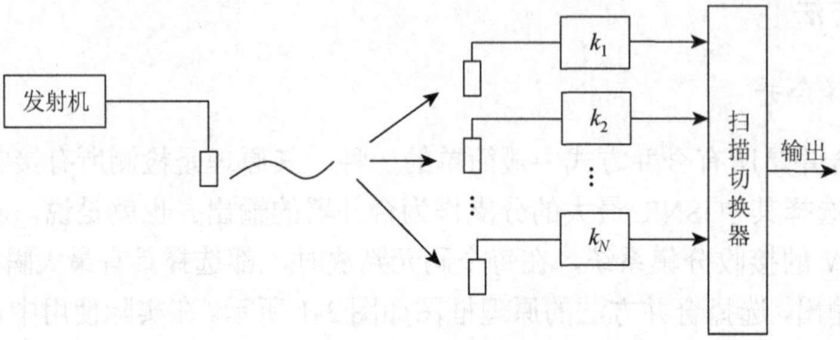

图 3-2　切换合并方法的原理框图

由于切换合并并非选择最好的瞬时信号，因此，它比选择合并的性能要差一些。但由于切换合并不需要同时连续不停地检测所有的分支，因此，这种方法要简单得多。而且切换合并不需要知道信道的状态信息，因此，可用于相干调制和非相干调制。

3. 等增益合并

等增益合并、最大比合并方法的原理框图如图 3-3 所示。等增益合并是一种次优但比较简单的线性合并方法，它不需要估计各个分支的衰落幅度，而是使加权系数的幅度相等，即 $k_1 = k_2 = \cdots = k_N$。采用等增益合并，就是所有的接收信号经同相后用等增益相加。

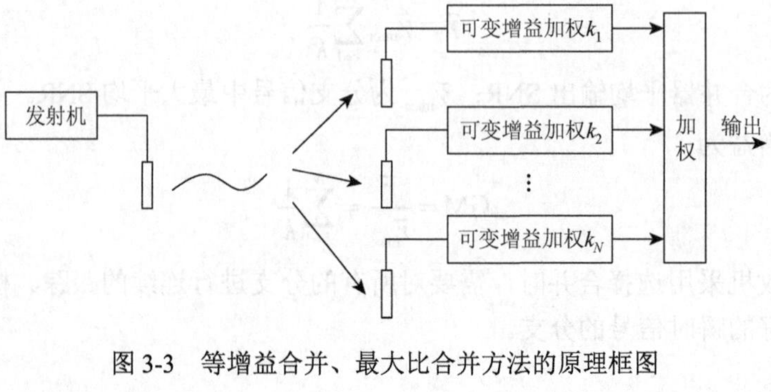

图 3-3　等增益合并、最大比合并方法的原理框图

假设每条分支的平均噪声功率是相等的，按照文献[2]，等增益合并的平均输出 SNR 为

$$\overline{\gamma} = \overline{\gamma}_0\left[1 + (N-1)\frac{\pi}{4}\right] \tag{3-4}$$

式中，$\overline{\gamma}_0$ 为合并前每条分支的平均 SNR。

合并增益为

$$\mathrm{GM} = \frac{\overline{\gamma}}{\overline{\gamma}_0} = 1 + (N-1)\frac{\pi}{4} \tag{3-5}$$

4. 最大比合并

最大比合并是一种线性合并方法，其原理框图如图 3-3 所示。与等增益合并不同的是，最大比合并中各条支路加权系数与该支路的 SNR 成正比。SNR 越大，加权系数越大，对合并后信号贡献也越大。

设 A_i 与 φ_i 分别代表各分支接收信号的幅度和相位，可以得到相应的加权因子

$$k_i = A_i \mathrm{e}^{-\mathrm{j}\varphi_i} \tag{3-6}$$

可以证明，当各分支的加权系数为

$$k_i = \frac{A_i^2}{\sigma_n^2} \tag{3-7}$$

时，分集合并后的平均输出 SNR 最大。式中，σ_n^2 为每条支路的噪声平均功率。由于此方法能达到最大的输出 SNR，因此，也称为最优合并。最大比合并的平均输出 SNR 为

$$\overline{\gamma} = N\overline{\gamma}_0 \tag{3-8}$$

合并增益为

$$\mathrm{GM} = \frac{\overline{\gamma}}{\overline{\gamma}_0} = N \tag{3-9}$$

可见，合并增益与分集支路数 N 成正比。

在最大比合并中，各信号必须同相，并且用各自相应的幅度加权后求和。由于此方法需要知道各分支信号的衰落幅度和相位的信息，因此只能用于相干检测的场合，而不能用于非相干检测。

3.1.3　衰落信道中分集的误码率性能

下面将借助于误码率来分析分集技术的抗衰落性能。首先以瑞利衰落信道为例，分析在衰落信道下二进制通信系统中误码率性能。

假设有 L 条分集信道，每条信道为平坦、慢衰落的，其包络统计特性为瑞利

分布，并假设 L 条分集信道之间的衰落过程是相互统计独立的。每条信道受到零均值加性高斯白噪声过程的影响，各条信道的噪声过程是相互统计独立的，且具有相同的自相关函数。于是，第 k 条信道上等效的低通接收信号为[3]

$$r_{lk}(t) = a_k \mathrm{e}^{-\mathrm{j}\varphi_k} s_{km}(t) + z_k(t), \quad k = 1,2,\cdots,L \quad m = 1,2 \tag{3-10}$$

式中，$r_{lk}(t)$为第 k 条信道上等效的低通接收信号；a_k 为第 k 条信道上的衰减系数；φ_k 为第 k 条信道上的相移；$s_{km}(t)$为发送到第 k 条信道上的基带信号；$z_k(t)$为第 k 条信道上的加性高斯白噪声，其双边功率谱密度为 $N_0/2$。

假设信道衰落得足够慢，使得相移能够从接收信号中无误地估计出来，在这种情况下可以对信号进行相干检测。第 k 条信道上接收信号的最佳接收机是 $s_{km}(t)$ 信号的匹配滤波器。接收信号经匹配滤波后，通过分集组合得到判决变量。当信道衰减系数 a_k 和相移 φ_k 已知时，合并器可以采用最大比合并，完成上述过程的二进制数字通信模型如图 3-4 所示。

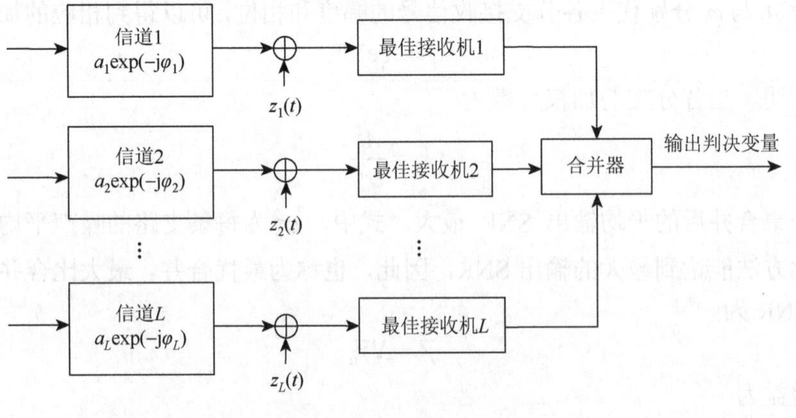

图 3-4　具有分集的二进制数字通信模型（参见文献[3]中的图 14-4-1）

采用最大比合并时，输出的判决变量为[3]

$$\begin{aligned} V &= \mathrm{Re}\left[2E_b\sum_{k=1}^{L} a_k^2 + \sum_{k=1}^{L} a_k \eta_k\right] \\ &= 2E_b\sum_{k=1}^{L} a_k^2 + \sum_{k=1}^{L} a_k \eta_{kr} \end{aligned} \tag{3-11}$$

式中，$E_b = \int_0^T s_k(t) s_k^*(t) \mathrm{d}t$ 为匹配滤波器输出的信号能量；η_{kr} 为匹配滤波器输出的噪声变量 η_k 的实部，η_k 表示为

$$\eta_k = \mathrm{e}^{\mathrm{j}\varphi_k} \int_0^T z_k(t) s_k^*(t) \mathrm{d}t \tag{3-12}$$

将判决变量送入判决器并用来判定发送的信息。信道衰落会引起信号失真，从而造成误判。下面将根据判决变量来分析衰落信道中的误码率。

在 AWGN 信道中，采用相干检测的二进制 PSK 信号的误比特率为

$$P_{\mathrm{ePSK}}=Q\left(\sqrt{\frac{2E_b}{N_0}}\right)$$

式中，$Q(\cdot)$为误差函数；$N_0/2$ 为高斯白噪声的双边功率谱密度。

当衰落信道的衰减系数为固定值 a 时，相干二进制 PSK 信号的条件误比特率为

$$P_{\mathrm{PSK}}(e/a)=Q\left(\sqrt{2\gamma_b}\right) \tag{3-13}$$

式中，$\gamma_b=a^2E_b/N_0$ 为每比特接收的 SNR。

对于相干检测的二进制 FSK 信号，按照文献[3]，误比特率为

$$P_{\mathrm{FSK}}(e/a)=Q\left(\sqrt{\gamma_b}\right) \tag{3-14}$$

当 a 随机变化时，平均误比特率可以通过将式（3-13）和式（3-14）中的 $P(e/a)$ 对 $P(\gamma_b)$ 求平均得到，即

$$P_{\mathrm{e}}=\int_{0}^{b}P(e/a)P(\gamma_b)\mathrm{d}\gamma_b \tag{3-15}$$

式中，$P(\gamma_b)$ 为随机变量时 γ_b 的概率密度函数。

1. 瑞利衰落信道中无分集信道的误比特率

当信道衰减系数 a 服从瑞利分布时，a^2 服从具有两个自由度的 χ^2 分布，因此，γ_b 服从 χ^2 分布。按照文献[3]，有

$$P(\gamma_b)=\frac{1}{\gamma_b}\mathrm{e}^{-\gamma_b\overline{\gamma}_b}，\gamma_b\geqslant 0 \tag{3-16}$$

式中，$\overline{\gamma}_b$ 为平均 SNR，定义为

$$\overline{\gamma_b}=\frac{E_b}{N_0}E(a^2) \tag{3-17}$$

式中，$E(a^2)$为 a^2 的期望值。

将式（3-13）代入式（3-15），对 $P_b(\gamma_b)$ 求积分得到二进制 PSK 信号的误比特率为

$$P_{\mathrm{ePSK}}=\frac{1}{2}\left(1-\sqrt{\frac{\overline{\gamma}_b}{1+\overline{\gamma}_b}}\right) \tag{3-18}$$

将式（3-14）代入式（3-15），对 $P_b(\gamma_b)$ 求积分得到二进制相干检测的 FSK 信号的误比特率为

$$P_{\mathrm{eFSK}}=\frac{1}{2}\left(1-\sqrt{\frac{\overline{\gamma}_b}{2+\overline{\gamma}_b}}\right) \tag{3-19}$$

式（3-18）和式（3-19）在信道上呈现慢衰落，是能够对相移 φ 进行准确估计的条件下得到的，可以看成瑞利衰落时差错率的上限。

当信道呈现快衰落，无法通过在多个信号间隔上对接收信号的相位平均得到稳定的相位估计时，通信系统可以采用非相干检测的 FSK 调制或 DPSK 调制。由文献[3]可知，在瑞利衰落信道中，二进制 DPSK 的误比特率为

$$P_{\mathrm{eDPSK}}=\frac{1}{2(1+\overline{\gamma}_b)} \tag{3-20}$$

而采用包络检波的二进制 FSK 的误比特率为

$$P_{\mathrm{eFSK}}=\frac{1}{2+\overline{\gamma}_b} \tag{3-21}$$

2. 瑞利衰落信道中 L 阶分集信道的误比特率

对于某一固定集合$\{a_k\}$，式（3-11）给定的判决变量 V 是高斯分布的，其均值和误差分别为

$$E(V)=2E_b\sum_{i=1}^{L}a_k^2 \tag{3-22}$$

$$\delta^2(V)=2E_bN_0\sum_{k=1}^{L}a_k^2 \tag{3-23}$$

于是当信道衰减系数$\{a_k\}$为固定值时，可得采用 L 阶分集时二进制 PSK 的误比特率为

$$P_{\mathrm{ePSK}}=Q\left(\sqrt{2\gamma_b}\right) \tag{3-24}$$

式中，γ_b 为比特 SNR，表示为

$$\gamma_b=\frac{E_b}{N_0}\sum_{k=1}^{L}a_k^2=\sum_{k=1}^{L}\gamma_k \tag{3-25}$$

式中，$\gamma_k=a_k^2E_b/N_0$ 为第 k 条信道的瞬时比特 SNR。

当信道衰减系数$\{a_k\}$随机变化时，需要按照式（3-15）在 $P(\gamma_b)$ 的概率密度函数 $P(\gamma_b)$ 上求平均，定义信道的平均 SNR $\overline{\gamma}_c$ 为

$$\overline{\gamma}_c=\frac{E_b}{N_0}E\left(a_k^2\right) \tag{3-26}$$

式中，$E(\cdot)$为期望函数。

假设所有信道的平均 SNR 都相同，则在瑞利信道上，二进制 PSK 信号的平均误比特率为

$$P_{\text{ePSK}}=\left[\frac{1}{2}\left(1-\sqrt{\frac{\overline{\gamma}_b}{1+\overline{\gamma}_c}}\right)\right]^L\sum_{k=0}^{L-1}\binom{L-1+k}{k}\left[\frac{1}{2}\left(1+\sqrt{\frac{\overline{\gamma}_c}{1+\overline{\gamma}_c}}\right)\right]^k \tag{3-27}$$

当每个分集信道上的平均 SNR 较高时，式（3-27）可以近似为

$$P_{\text{ePSK}}=\left(\frac{1}{4\overline{\gamma}_c}\right)^L\binom{2L-1}{-L} \tag{3-28}$$

由式（3-28）可见，误比特率随$1/\overline{\gamma}_c$的 L 次幂变化。

由文献[3]可知，在随机变化的 L 阶瑞利信道上，相干检测的二进制 FSK 的误比特率为

$$P_{\text{eFSK}}=\left[\frac{1}{2}\left(1-\sqrt{\frac{\overline{\gamma}_c}{2+\overline{\gamma}_c}}\right)\right]^L\sum_{k=0}^{L-1}\binom{L-1+k}{k}\left[\frac{1}{2}\left(1+\sqrt{\frac{\overline{\gamma}_c}{2+\overline{\gamma}_c}}\right)\right]^k \tag{3-29}$$

当$\overline{\gamma}_c\gg 1$时，式（3-29）可以近似为

$$P_{\text{eFSK}}\approx\left(\frac{1}{2\overline{\gamma}_c}\right)^L\binom{2L-1}{L} \tag{3-30}$$

当信道是慢衰落，即在连续两个信号符号内信道相移不发生明显变化时，差分检测的二进制 DPSK 的误比特率为

$$P_{\text{eDPSK}}=\left[\frac{1}{2}\left(1-\frac{\overline{\gamma}_c}{1+\overline{\gamma}_c}\right)\right]^L\sum_{k=0}^{L-1}\binom{L-1+k}{k}\left[\frac{1}{2}\left(1+\frac{\overline{\gamma}_c}{1+\overline{\gamma}_c}\right)\right]^k \tag{3-31}$$

当$\overline{\gamma}_c\gg 1$时，式（3-31）近似为

$$P_{\text{eDPSK}}\approx\left(\frac{1}{2\overline{\gamma}_c}\right)^L\binom{2L-1}{L} \tag{3-32}$$

平方律检测的二进制 FSK 的误比特率为

$$P_{\text{eFSK}}=\left[\frac{1}{2}\left(1-\frac{\overline{\gamma}_c}{2+\overline{\gamma}_c}\right)\right]^L\sum_{k=0}^{L-1}\binom{L-1+k}{k}\left[\frac{1}{2}\left(1+\frac{\overline{\gamma}_c}{2+\overline{\gamma}_c}\right)\right]^k \tag{3-33}$$

当$\overline{\gamma}_c\gg 1$时，式（3-33）近似为

$$P_{\text{eFSK}}\approx\left(\frac{1}{\gamma_c}\right)^L\binom{2L-1}{L} \tag{3-34}$$

【例 3-1】　图 3-5 给出了不同分集阶数 L 时二进制数字调制信号在瑞利衰落信道中的误比特率（bit error rate，BER）曲线。二进制 PSK、差分检测 DPSK 和非相干检测 FSK 的误比特率分别由式（3-27）、式（3-31）和式（3-33）表示。计算时，利用表达式

$$\gamma_b = L\overline{\gamma}_c$$

将信道平均 SNR $\overline{\gamma}_c$ 转化为比特 SNR γ_b。

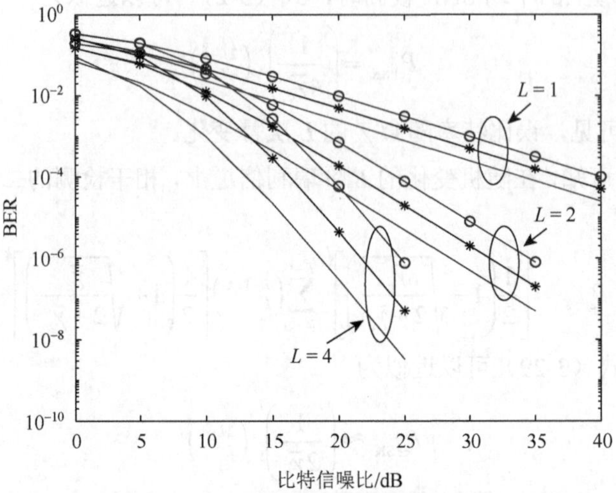

图 3-5　不同分集阶数 L 时二进制数字调制信号在瑞利衰落信道中的 BER 曲线

由图 3-5 可见，与 $L=1$ 没有分集的情况相比，分集明显地提高了系统的误码性能。同样地，要达到 10^{-4} 的误比特率，当分集阶数 L 从 1 增加到 2 时，BPSK 信号所需的 SNR 从 34dB 降低为 18dB；当分集阶数 $L=4$ 时，所需的 SNR 为 13dB。对于非相干检测的 FSK 信号，当分集阶数 L 从 1 增加到 4 时，所需的 SNR 可以降低约 20dB。

由此可见，分集是减少或消除衰落引起的 SNR 下降。

3.2　应用于水声通信中的分集技术

受时变、空变和多径传播等水声信道传播特性的影响，水声信道通常呈现频率、空间选择性衰落特性。因此，水声通信中常用频率分集、空间分集、时间分集技术等来抗水声信道的衰落特性。

3.2.1　频率分集

在频率分集技术中，FSK 调制是水声通信中常用的频率分集技术。FSK 调制采用不同的频率来发送相同的信息，利用频率冗余获得频率分集，具有良好的抗多径、抗频率选择性衰落的能力。FSK 调制还可以采用基于窄带滤波和包络检波的非相关解调方法，不易受水声信道随机起伏和相位旋转的影响，因而具有稳健的性能。但也正是由于采用了频率冗余，所以 FSK 调制的频谱利用率低、可实现数据率低，因此，多用在对数据率要求不高，但要求高可靠性的场合，如水声遥控系统中。

扩频技术包括 DSSS 和 FHSS，采用带宽远大于信道相关带宽的信号来提供频率冗余，具有良好的抗多径能力，在时变、多径水声信道中可以获得稳健的性能。若采用 Rake 接收，还可以将多径分量进行相干组合，获得隐频率分集增益。扩频技术和 Rake 接收技术同样也是水声通信，特别是远距离传输时常用的通信技术。

多载波调制技术把单个高速率数据流分成多个低速传输的数据流，用并行数据流去调制多个载波来并行传输数据，可以将频率选择性衰落信道转化为并行的平坦衰落子信道，因此，具有抗频率选择性衰落的能力。多载波调制将整个信号频带分割成 N 个不重叠的频率子信道，很好地避免了信道频带的重叠，减少了子信道之间的干扰。但由于各子信道之间要保留足够的保护频带，频谱利用率较低，而 OFDM 采用正交的重叠子载波，可以在高速通信的同时，节省近 50%的带宽。由于具有抗多径、频谱利用率高的优点，OFDM 技术在水声通信中吸引了大量的研究，得到广泛应用。

除此之外，均衡技术广泛地应用于多径信道中，其采用信号处理的方法来抗频率选择性衰落，可以看成一种隐频率分集技术。

3.2.2　空间分集

大多数频率分集，如 FSK 调制、扩频技术，以及多载波调制都会降低带宽效率，这在带宽受限的水声信道是个严重的问题。而采用换能器阵的空间分集由于不消耗额外的时频信号空间，因而对带宽受限的水声信道很有吸引力。

单个全向的换能器本质上可以激励全部可能的空间谱，因而可以同时实现方位分集和空间位置分集，用全向的单个接收换能器可以接收来自不同方位或到达角的多根声线，因而得到方位分集或到达角分集，而从单个发射换能器发出的信号可以扩展多个空间分量，可以得到空间位置分集。

采用多个接收换能器组成换能器阵，可以对空间谱进行采样，采用不同的阵处理方法可以得到不同的分集。采用自适应波束形成算法，接收机可以获得方位分集，而采用多信道的组合，可以得到空间位置分集。

目前，研究最多的空间分集是 MIMO 技术。信息理论的分析表明，通过增加发射和接收天线可以使无线通信系统的信息容量得到显著提高。在平坦衰落信道中，对于采用多根发射和接收天线的通信系统，当接收机已知信道状态信息时，信息容量将随收发天线数线性增长。

MIMO 技术包括接收分集和发射分集。接收分集采用多接收换能器，通过对多路接收信号的合并，获得分集增益，是空间分集的典型方式。发射分集则需要和空时编码结合，来获得分集增益。空时编码在发射换能器之间与各个时间周期的发射信号之间产生空域和时域的相关性，可以使接收机消除 MIMO 信道衰落的影响，减少发射误码，达到 MIMO 系统的容量。发射分集可以用来产生多个空间信道，使得多路信号可以同时发送，实现空间复用，从而提高传输数据率。而且，发射分集可以和接收分集结合使用，进一步提高系统的性能。MIMO 技术与空时编码可以在不牺牲带宽的情况下实现发射分集和空间复用，这对功率和带宽双受限的水声信道很有吸引力。

3.2.3　时间分集

由于水声信号的传播速度慢（标称值为 1500m/s），传播时延长，时间分集在水声信道中的应用不多。在多数水声信道中，除非有中等速度的平台运动，否则信道中的多普勒扩展都不大，也就是说，信道的相干时间很长。这对任何采用显时间分集的通信系统来说，等待的时间可能长得无法接受，因而限制了时间分集的应用。但在许多对通信可靠性有要求的水声通信系统中，通常采用交织、信道编码等隐时间分集来提高可靠性。随着水声通信应用的扩展和水声通信性能的提高，采用信道编码来提高水声通信可靠性的方法也将受到广泛的重视。

3.3　多径分离与 Rake 接收技术

如前面所述，大多数分集技术采用时间、频率或空间冗余的方式，通过回避多径衰落的方法来抗多径衰落。而多径分离和 Rake 接收技术则利用宽带信号，将接收信号中的多径分量分离出来，并加以组合，不仅可以抗多径衰落，而且可以获得多径分集增益，具有独特的抗多径衰落能力。因此，本节着重介绍多径分离与 Rake 接收技术。

3.3.1　多径分离技术

由于多径传播现象，接收信号是由不同路径传播的信号叠加而成的，当多径时延差较大而信号码元长度较短时，就会产生严重的码间干扰，使得通信系统的差错率增大。如果在接收端能将这些来自不同路径、具有不同时延的信号识别并分离出来，进行同相加，那么由信道多径传播而造成的频率选择性衰落对通信带来的危害可以大为降低。基于这种思路的分集技术，就称为多径分离技术。

多径分离技术与显分集技术不同，它通过信号设计使被传送的信号具有某种可分性，以便在接收端能把各路径的信号分离开来。在上面曾提到，对于多径扩展为 T_m 的信道，若信号的带宽 W 远大于信道相关带宽$(\Delta f)_c \approx 1/T_m$，则可以得到$[T_m W]$个可分辨的信号分量。多径分离技术在接收端将携带相同信息来自各路径的有不同时延、不同相位和不同幅度的信号分离后，通过相位校正、时间对齐等措施进行加权合并，从而获得多径分集增益。因此，多径分离技术是一种积极利用多径分量消除码间干扰影响的抗多径衰落技术。

由于多径分离技术是通过采用大带宽信号来获得分集的，因此也是一种隐频率分集。

在实现多径分离时，大带宽信号通常采用扩频信号，而处理宽带信号的最佳接收机通常称为 Rake 接收机或 Rake 匹配滤波器。

3.3.2　Rake 接收机

1. 抽头延时线模型

时变的频率选择性信道可以用抽头间隔为 $1/W$、抽头加权系数为$\{c_n(t)\}$的抽头延时线来模化。频率选择性信道的抽头延时线模型如图 3-6 所示。

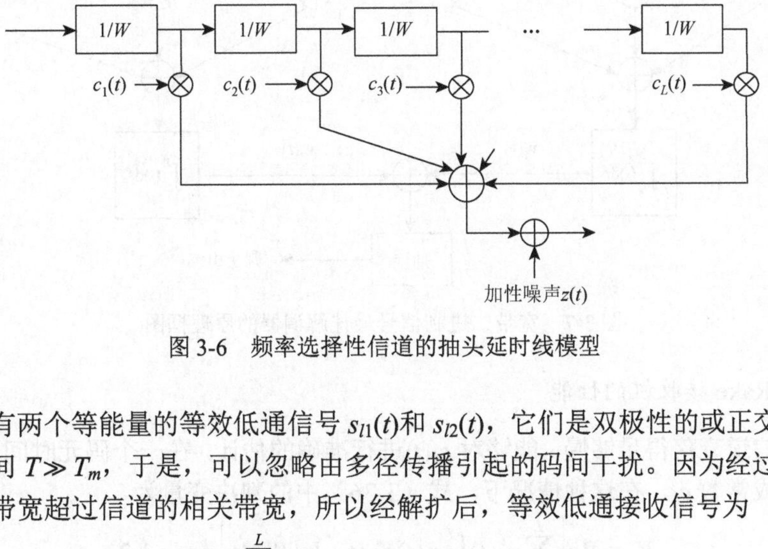

图 3-6　频率选择性信道的抽头延时线模型

设有两个等能量的等效低通信号 $s_{l1}(t)$和 $s_{l2}(t)$，它们是双极性的或正交的，其码元时间 $T \gg T_m$，于是，可以忽略由多径传播引起的码间干扰。因为经过扩频后信号的带宽超过信道的相关带宽，所以经解扩后，等效低通接收信号为

$$\begin{aligned} r_l(t) &= \sum_{k=1}^{L} c_k(t) s_{lm}(t - k/W) + z(t) \\ &= v_m(t) + z(t),\ 0 \leqslant t \leqslant T,\ m = 1,2 \end{aligned} \tag{3-35}$$

式中，$v_m(t)=\sum_{k=1}^{L}c_k(t)s_{lm}(t-k/W)$ 为信号分量；$z(t)$为零均值复高斯白噪声分量。

假设信道的抽头权值已知，则最佳接收机是由 $v_1(t)$和 $v_2(t)$的匹配滤波器或相关器组成的，解调器输出用码元速率取样，取样值通过判决电路选择对应于最大输出的信号。经最佳检测后形成的判决变量可以表示为[3]

$$\begin{aligned}V_m &= \mathrm{Re}\left[\int_0^T r_l(t)v_m^*(t)\mathrm{d}t\right]\\ &= \mathrm{Re}\left[\sum_{k=1}^{L}\int_0^T r_l(t)c_k^*(t)s_{lm}^*(t-k/W)\mathrm{d}t\right],\ m=1,2\end{aligned} \tag{3-36}$$

按照式（3-36）得到宽带二进制信号最佳解调器的原理框图如图 3-7 所示，接收信号 $r_l(t)$通过延时线后与 $c_k^*(t)s_{lm}^*$ 相关，$k=1,\cdots,L$，$m=1,2$，经合并、抽样后形成判决信号。

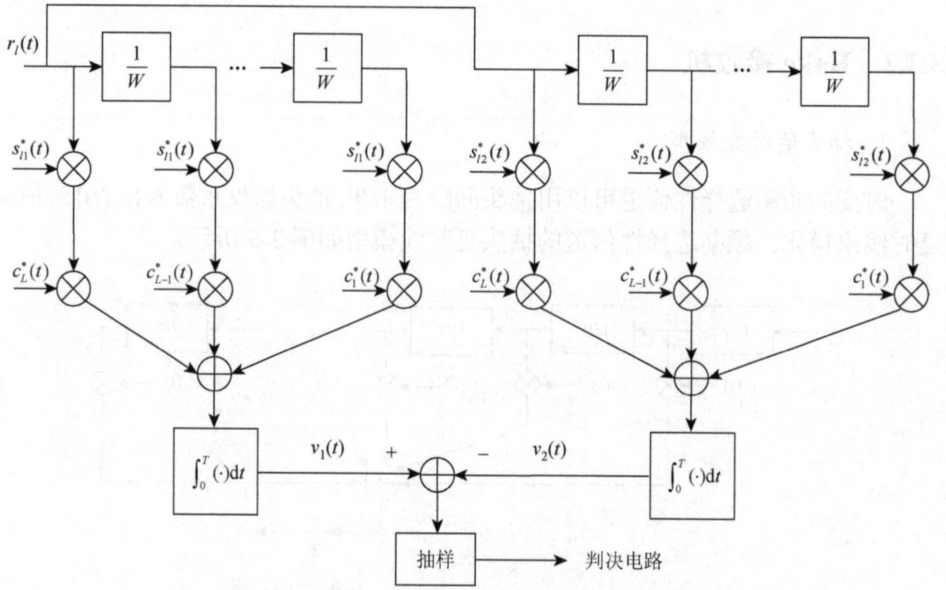

图 3-7　宽带二进制信号最佳解调器的原理框图

2. Rake 接收机的性能

设信道衰落得足够慢，能够对 $c_k(t)$进行准确的估计，在一个码元时间内，$c_k(t)$可以看成常数 c_k，在这种情况下，式（3-36）中的判决变量为

$$V_m = \mathrm{Re}\left[\sum_{k=1}^{L}c_k^*(t)\int_0^T r_l(t)s_{lm}^*(t-k/W)\mathrm{d}t\right],\ m=1,2 \tag{3-37}$$

假设发送的信号为 $s_{l1}(t)$，则有

$$V_m = \mathrm{Re}\left[\sum_{k=1}^{L} c_k^*(t) \sum_{n=1}^{L} c_n(t) \int_0^T r_l(t) s_{l1}(t-k/W) s_{lm}^*(t-k/W) \mathrm{d}t\right]$$
$$+ \mathrm{Re}\left[\sum_{k=1}^{L} c_k^*(t) \int_0^T z(t)(s_{lm}^*(t-k/W) \mathrm{d}t\right] \tag{3-38}$$

通常宽带信号 $s_{l1}(t)$和 $s_{l2}(t)$采用伪随机序列，具有良好的自相关特性，即

$$\int_0^T s_{lm}(t-n/w) s_{lm}^*(t-k/W) \mathrm{d}t \approx 0,\ k \neq n,\ m=1,2 \tag{3-39}$$

于是，在理想自相关特性假设条件下，式（3-38）可以简化为

$$V_m = \mathrm{Re}\left[\sum_{k=1}^{L} |c_k(t)|^2 \int_0^T s_{lm}(t-k/W) s_{lm}^*(t-k/W) \mathrm{d}t\right]$$
$$+ \mathrm{Re}\left[\sum_{k=1}^{L} c_k^*(t) \int_0^T z(t)(s_{lm}^*(t-k/W) \mathrm{d}t\right] \tag{3-40}$$

当二进制信号是双极性时，只需一个判决变量，式（3-40）可以简化为

$$V_1 = R_e\left(2E_b \sum_{k=1}^{L} a_k^2 + \sum_{k=1}^{L} a_k N_k\right) \tag{3-41}$$

式中，$a_k = |c_k|$；E_b 为信号能量，表示为

$$E_b = \int_0^T s_{l1}(t) s_{l1}^*(t) \mathrm{d}t$$

N_k 为第 k 条支路上经相关接收后的噪声分量，表示为

$$N_k = \mathrm{e}^{\mathrm{j}\varphi_k} \int_0^T z(t) s_{l1}^*(t-k/W) \mathrm{d}t \tag{3-42}$$

由式（3-41）和式（3-11）可知，Rake 接收机等效于 L 阶分集系统中的最大比合并器。于是，当所有抽头权值具有相同的期望值，即对所有 k，$E(a_k^2)$ 都相同时，Rake 接收机的平均误比特率由式（3-27）决定。当对所有 k，其期望值 $E(a_k^2)$ 不同时，需要重新推导误比特率的表达式。对于二进制双极性信号、正交信号，误比特率为

$$P(\gamma_b) = Q\left(\sqrt{\gamma_b(1-\rho_r)}\right) \tag{3-43}$$

式中，若为双极性信号，则 $\rho_r = 1$；若为正交信号，则 $\rho_r = 0$，且

$$\gamma_b = \frac{E_b}{N_0} \sum_{k=1}^{L} a_k^2$$
$$= \sum_{K=1}^{L} \gamma_k \tag{3-44}$$

γ_k 服从具有两个自由度的 χ^2 分布，于是有

$$P(\gamma_k) = \frac{1}{\overline{\gamma}_k} \mathrm{e}^{-\gamma_k/\overline{\gamma}_k} \tag{3-45}$$

式中，$\overline{\gamma}_k$ 为第 k 条路径的平均 SNR，定义为

$$\overline{\gamma}_k = \frac{E_b}{N_0} E\left(a_k^2\right) \tag{3-46}$$

按照文献[3]，γ_b 的概率密度函数为

$$P(\gamma_b) = \sum_{k=1}^{L} \frac{\pi_k}{\overline{\gamma}_k} \mathrm{e}^{-\gamma_b / \overline{\gamma}_b}, \ \gamma_b \geqslant 0 \tag{3-47}$$

式中，π_k 定义为

$$\pi_k = \prod_{\substack{i=1 \\ i \neq k}}^{L} \frac{\overline{\gamma}_k}{\overline{\gamma}_k - \overline{\gamma}_i} \tag{3-48}$$

将式（3-43）的条件误比特率在衰落信道求统计平均，可得

$$\begin{aligned} P_e &= \int_0^{\infty} P_2(\gamma_b) P(\gamma_b) \mathrm{d}\gamma_b \\ &= \frac{1}{2} \sum_{k=1}^{L} \pi_k \left[1 - \sqrt{\frac{\overline{\gamma}_k (1-\rho_r)}{2 + \overline{\gamma}_k (1-\rho_r)}} \right] \end{aligned} \tag{3-49}$$

当 $\overline{\gamma}_k \gg 1$时，

$$P_e \approx \binom{2L-1}{L} \prod_{k=1}^{L} \frac{1}{2\overline{\gamma}_k (1-\rho_r)} \tag{3-50}$$

综上所述，Rake 接收技术实现了多径信号的分离与加权合并，不仅抗多径，而且获得了多径分集增益，是一种非常有效的抗多径衰落技术。

3.3.3 多径分离与 Rake 接收的仿真分析

下面通过仿真分析说明水声通信中多径分离与 Rake 接收的性能。

【例 3-2】 仿真的水声信道参数如表 3-1 所示，表中参数用最先到达路径的幅度和时延进行了归一化。下面利用该信道参数，仿真分析采用多径分离和 Rake 接收时，水声通信系统的误比特率性能。

表 3-1 仿真的水声信道参数

路径	归一化信道衰减系数	归一化路径时延/ms
1	1	0
2	2.709	81
3	0.219	441
4	2.716	767
5	2.84	830

解：设信息码元有 100 个，采用 PSK 调制，载波频率为 2kHz。为了对比分析，发送信息分别用 64 位和 32 位的 *m* 序列扩频码进行带宽扩展，扩频码的码片宽度为 5ms。接收机采用两种检测方式：一是用相关接收方式；二是用 Rake 接收方式。采用蒙特卡罗仿真，用于仿真的信息数为 2000。

仿真时，本节采用长度为 1.5s、宽带为 600Hz 的线性调频信号作为信道探测信号进行信道估计。表 3-1 给出信道的路径数为 5 条，信道估计分离出的路径参数如表 3-2 所示。

表 3-2 信道估计分离出的路径参数

路径	归一化信道衰减系数	归一化路径时延/ms
1	0.354	0
2	0.939	81
3	1	441

图 3-8 为不同仿真条件下，采用相关接收和 Rake 接收时的误码率曲线。由图 3-8 可见，在同样的 SNR 条件下，相比相关接收，采用 Rake 接收有更低的误码率。例如，采用 32 位扩频码的宽带信号，当误码率为 10^{-2} 时，采用相关接收，需要输入 SNR 大于等于−11.5dB，而采用 Rake 接收所需 SNR 约为−18.5dB，相比相关接收有约 7dB 的 SNR 增益。这个 SNR 增益就是 Rake 接收获得的多径分集增益。

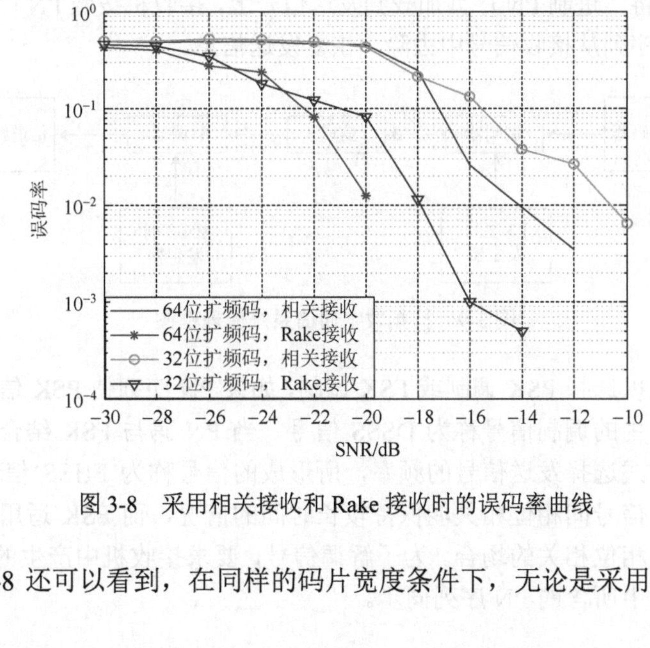

图 3-8 采用相关接收和 Rake 接收时的误码率曲线

由图 3-8 还可以看到，在同样的码片宽度条件下，无论是采用相关接收还是

Rake 接收，采用 64 位扩频码的信号误码率性能要好于采用 32 位扩频码的信号，也就是说，长的扩频码还可以获得更高的处理增益。

3.4 水声信道中的扩频技术

扩展频谱技术，简称扩频技术，是指将要发送的信息扩展到一个比要发送的信息带宽要宽得多的频带上，在接收机通过相关接收，将信息恢复到信息带宽的一种技术。

扩频技术不仅可以在多径分量技术中用来扩展信号带宽、获取多径分集增益，而且在水声通信中还有许多其他的应用。例如，在水声通信的某些应用中，希望通信技术不仅要有很强的抗干扰能力，而且还要具有隐蔽性。扩频接收就具有这种能力。扩频技术由于具有很强的抗人为干扰和多径干扰的能力，以及具有隐蔽通信、多址通信等功能，在远距离通信、隐蔽通信、水下网络通信中得到了广泛的应用。

水声通信中通常采用以伪噪声或伪随机编码为扩频函数的扩频技术，包括 DSSS 和 FHSS。

3.4.1 扩频通信的系统模型

图 3-9 是扩频数字通信系统原理框图，二进制信息序列经信道编码器编码后进行调制，调制器按照伪随机序列发生器输出的 PN 序列随机地选择信号调制的相位或频率，将二进制 PN 序列加载到发送信号上，接收机按照 PN 序列副本进行解调，将 PN 序列从接收信号中去除，恢复发送信息。

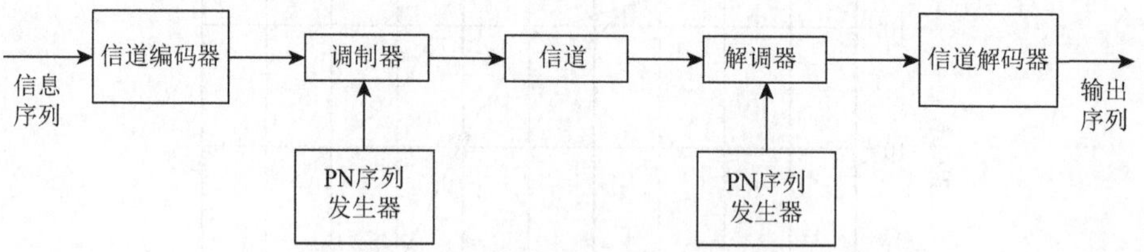

图 3-9 扩频数字通信系统原理框图

调制器可以选择 PSK 调制或 FSK 调制，如果 PN 序列使 PSK 信号的相位随机变化，所产生的调制信号称为 DSSS 信号。当 PN 码与 FSK 结合时，调制器按照伪随机方式选择发送信号的频率，所形成的信号称为 FHSS 信号。PSK 信号适用于收发信号间相位相关能保持较长时间的情况，而 FSK 适用于因信道时变而不能保持相位相关的场合。为了解调信号，要求接收机中产生的 PN 序列副本与接收信号中所含的 PN 序列同步。

扩频信号具有以下特点。

（1）抗干扰能力强。扩频信号的特征之一是传输带宽远大于信息带宽，这一特征可以用于消除信道中的干扰。信息信号利用频谱扩展技术扩展到很宽的频带上，接收机对扩频信号做相关处理，进行带宽压缩，恢复成窄带信号。而干扰信号由于与扩频信号不相关，在与扩频信号副本进行相关时被扩展到一个很宽的频带上，使得进入信号通带内的干扰功率显著降低，从而增加了相关器输出端的信号/干扰比，因而具有很强的抗干扰能力。

（2）抗多径能力强。多径干扰会使信号产生波形展宽，造成信号失真甚至码间干扰。对于 DSSS 信号，PN 码尖锐的相关性使得接收信号中的多径分量完全独立。当多径时延小于码片宽度时，多径分量只影响信号幅度，不产生波形的展宽，因而不影响信息传输。当多径时延大于码片宽度时，多径分量被当作干扰处理。而 FHSS 信号的瞬时宽带一般能满足相关带宽的要求，因而多径干扰不影响 FHSS 信号的接收。因此，扩频信号对多径干扰不敏感。

（3）隐蔽通信。由于扩频序列的伪随机性，传输信号看上去很像随机噪声，使得除指定接收机之外的其他接收机很难检测，因而扩频信号称为低检测概率（low probability of detection，LPD）信号。扩频信号用编码方法扩展带宽，并把信号用低平均功率发送出去，使得信号淹没在背景噪声中，很难被敌方发现或截获，因此，也称为低截获概率（low probability of interception，LPI）信号。由于具有 LPD 和 LPI 特性，扩频很适用于需要隐蔽通信或保密通信的情况。

（4）可进行多址通信。多址通信系统应该能够在给定频谱资源下同时允许多个用户进行通信，解决这个问题的技术称为多址技术。扩频技术本身就是一种多址技术，即扩频多址（spread spectrum multiple access，SSMA）技术。它用不同的扩频码构成不同的用户或网，构成码分多址（code division multiple access，CDMA）。虽然扩频系统占据了很宽的频带，但它允许多个用户在同一频带同时工作，因而保证了极高的频谱利用率，使其频谱利用率比单路单载波系统还要高得多。扩频多址方式组网灵活，适合于机动灵活的战术通信和移动通信。

（5）抗频率选择性衰落。由于扩频信号的频带很宽，当遇到频率选择性衰落时，它只影响扩频信号的一小部分，对整个信号的频谱影响不大。

扩频技术的理论基础是香农定理。按照香农定理，在高斯白噪声条件下，通信系统的最大传输速率，即信道容量为

$$C = B\log_2\left(1+\frac{S}{N}\right)$$

在信道容量一定的条件下，信号功率和带宽可以互换，也就是说，可以通过增加发送功率来减小信号带宽，也可以通过增加信号带宽来减小发送功率。依据香农定理的分析表明，编码系统的输出 SNR 与带宽呈指数关系，增加带宽，编码系统

可以显著地提高抗噪声性能，而且采用编码调制能更有效地实现 SNR 与带宽的互换。这一理论指出了提高通信系统抗干扰能力的方向，即增加信号的传输带宽。

扩频技术的抗多径、抗干扰、多址通信、LPD 和 LPI 的特点使得其在水声通信系统中受到广泛的重视，在隐蔽水声通信系统、水声网络系统中得到了应用。

下面将分别介绍在水声通信系统中常用的 DSSS 和 FHSS 的工作原理。

3.4.2 DSSS

DSSS 就是用高速率的伪随机码与信息序列进行模二加后形成的复合码序列去调制载波而获得的扩频信号。DSSS 信号通常与 PSK 调制结合在一起，使载波信号的相位按 PN 序列伪随机地变化。

图 3-10 为采用 BPSK 调制的 DSSS 系统调制原理框图。由信源输出的信息基带信号 $m(t)$与 PN 序列进行模二加或波形相乘，产生一个与 PN 码速率相同的扩频序列，然后用扩频序列去调制载波，得到已扩频调制的信号 $s(t)$。在接收端，接收到的扩频信号用 PN 序列的副本进行相关解扩，解调后恢复所发送的信息。

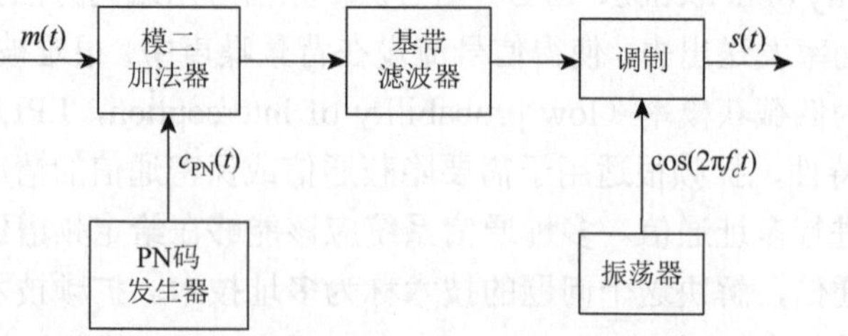

图 3-10 采用 BPSK 调制的 DSSS 系统调制原理框图

假设输入二进制基带信号 $m(t)$的码元宽度为 T_b，码元速率即信息比特速率 $R_b = 1/T_b$，所用的信道带宽为 W。PN 信号的时间宽度为 T_c，它也称为码片宽度，或称码片间隔，其倒数称为码片速率，即 $R_c = 1/T_c$。则 DSSS 信号的带宽扩展因子定义为

$$N_c = \frac{T_b}{T_c} = \frac{R_c}{R_b} \tag{3-51}$$

若采用 BPSK 调制，则带宽扩展因子 N_c 是每信息比特的码片数，即比特时间内信号相移的次数，通常 $N_c \gg 1$。为了利用整个可用的信道带宽，可取 $T_c = 1/W$，这时带宽扩展因子 N_c 为

$$N_c = \frac{T_b}{T_c} = \frac{W}{R} \tag{3-52}$$

设基带信号 $m(t)$为

$$m(t) = \sum_{n=-\infty}^{\infty} a_n g(t - nT_b) \tag{3-53}$$

式中，a_n为二进制信息码；$g(t)$为基带波形信号。

PN 码发生器产生的 PN 信号表示为

$$c_{\mathrm{PN}}(t) = \sum_{n=-\infty}^{\infty} c_n g(t - nT_c) \tag{3-54}$$

式中，c_n为二进制 PN 码。

扩展后的扩频序列 $d(t)$为

$$d(t) = m(t)c_{\mathrm{PN}}(t) = \sum_{n=\infty}^{\infty} d_n g(t - nT_c) \tag{3-55}$$

式中

$$d_n = \begin{cases} 1, & a_n = c_n \\ -1, & a_n \neq c_n \end{cases}$$

经 BPSK 调制后，输出的扩频信号为

$$s(t) = d(t)\cos 2\pi f_c t = m(t)c_{\mathrm{PN}}(t)\cos 2\pi f_c(t) \tag{3-56}$$

扩频信号的解调可以采用波形 $g(t)$的匹配滤波器或相关器来实现，图 3-11 是 DSSS 系统解调器原理框图。本节介绍两种基本的解调方法：第一种方法是先将

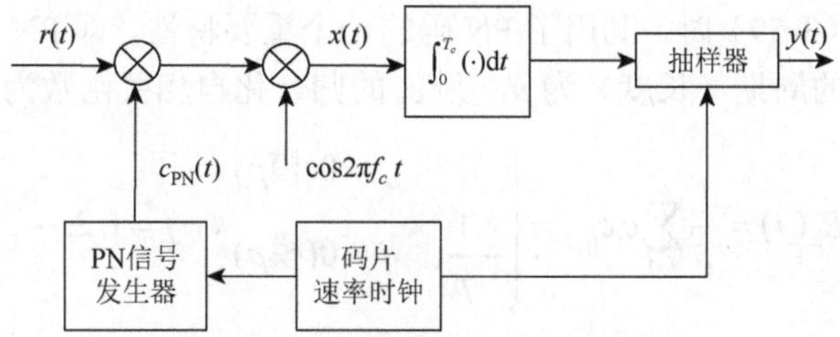

(a) 先解扩后解调

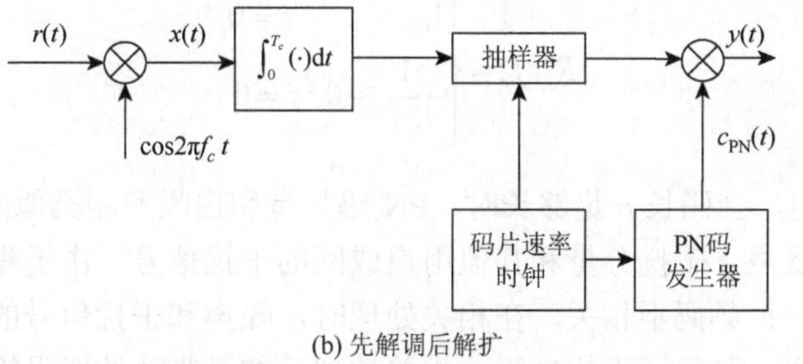

(b) 先解调后解扩

图 3-11　DSSS 系统解调器原理框图

接收信号 $r(t)$与 PN 信号的副本相乘并进行解扩，然后再与 $\cos 2\pi f_c t$ 互相关，进行 BPSK 解调，如图 3-11（a）所示；第二种方法是先将接收信号与 $g^*(t)$ 互相关，进行 BPSK 解调，然后与 PN 码副本互相关并进行解扩，如图 3-11（b）所示。为了正确恢复信号，两种方法中的 PN 码副本都必须与接收信号中的 PN 信号同步。下面以图 3-11（b）所示的解调器为例来说明解调过程。

设解调器输入为

$$r(t) = s(t) + n(t) = m(t)c_{\mathrm{PN}}(t)\cos 2\pi f_c(t) + n(t) \tag{3-57}$$

式中，$n(t)$为加性高斯噪声。

BPSK 解调器的输出为

$$x(t) = m(t)c_{\mathrm{PN}}(t) + n_c(t) \tag{3-58}$$

式中，$n_c(t)$为 $n(t)$中的同相部分。

经相关和积分后输出为

$$y(t) = \int_0^{T_c} x(t)c_{\mathrm{PN}}(t)\mathrm{d}t = \frac{1}{T_c}\int_0^{T_c}[c_{\mathrm{PN}}^2(t)m(t) + n_c(t)c_{\mathrm{PN}}(t)]\,\mathrm{d}t = P_c m(t) + n_0(t) \tag{3-59}$$

式中，$P_c = \dfrac{1}{T_c}\int_0^{T_c} c_{\mathrm{PN}}^2(t)\mathrm{d}t$ 为 $c_{\mathrm{PN}}(t)$ 的平均功率；$n_0(t) = \dfrac{1}{T_c} n_c(t)c_{\mathrm{PN}}(t)\,\mathrm{d}t$ 为相关和积分后的噪声输出。式（3-59）中等号右边的第一项为发送信息。

在求解式（3-59）时，利用了 PN 码的一个重要特性，即 PN 码具有良好的相关特性。设 c_n 的周期（长度）为 p，则 c_n 的归一化自相关函数为

$$R_c(j) = \frac{1}{p}\sum_{j=1}^{p} c_i c_{i+j} = \begin{cases} 1, & j = 0(\text{模}p) \\ -\dfrac{1}{p}, & j \neq 0(\text{模}p) \end{cases},\quad j = 1, 2, \cdots, p \tag{3-60}$$

当码长 p 取得足够长或 $p\to\infty$时，式（3-60）可以简化为

$$R_c(j) = \begin{cases} 1, & i = 0 \\ -\dfrac{1}{p} \approx 0, & i \neq 0 \end{cases} \tag{3-61}$$

式（3-61）表明，当码长 p 足够长时，PN 码具有和白噪声相类似的统计特性。

对于窄带噪声、干扰分量和其他用户或网的干扰信号，由于噪声和干扰信号与接收机的本地扩频码不相关，在相关处理时，噪声和干扰信号的能量被扩展到整个扩频带宽内，降低了干扰电平，相关处理后的基带滤波器只输出基带信号与滤波器通带内的部分干扰和噪声，这样就显著地改善了系统的输出 SNR。

3.4.3 FHSS

FHSS 系统中的载波频率受 PN 码的控制，随机地发生跳变。因此，FHSS 可以看成载频按一定规律变化的 MFSK。与 DSSS 系统相比，FHSS 系统中的 PN 码并不直接用于信号传输，而是用来选择信道。在 FHSS 系统中，把可用的信道带宽分成大量相邻的频率间隙（简称频隙），在任意信号传输时间内，发送信号占据一个或多个可用的频隙。在每个信号传输时间内，按照 PN 码发生器的输出选择一个或多个频隙。简单地说，就是用 PN 码构成跳频指令来控制频率合成器输出的频率。

FHSS 系统有两种跳频方式：改变载波的频偏实现跳频，以及改变载波频率实现单频跳频。改变频偏实现跳频的原理框图如图 3-12 所示。

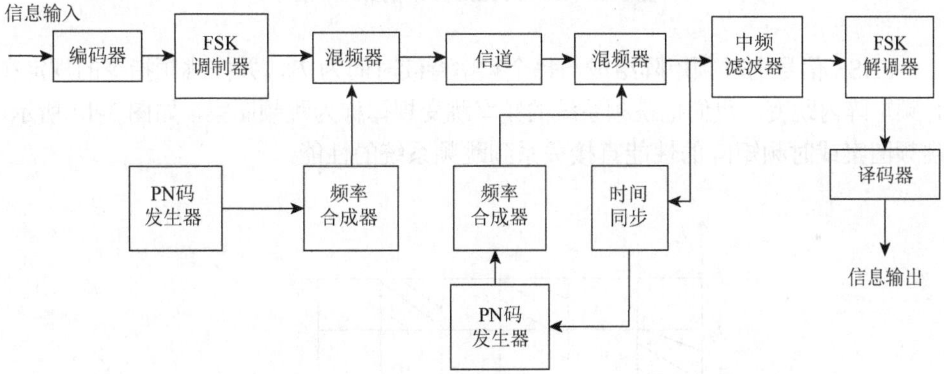

图 3-12　改变频偏实现跳频的原理框图（参考文献[3]中的图 13-3-2）

在图 3-12 所示的系统中，PN 码发生器控制频率合成器产生一个频率偏移量，加在 FSK 信号频率上，再将频率搬移后的信号发送到信道上。对于 BFSK 调制，其输出的 $m$bit 可以用来产生 2^m-1 个频率偏移。

在接收机中，有一个与发射端相同的本地 PN 码发生器，用来控制频率合成器的输出，产生与发射端相同的频率跳变，通过与接收信号混频，将伪随机频率偏移去除，得到一个固定频率的 FSK 信号。通过中频滤波器后，再进行 FSK 解调，恢复原信号。而对于干扰信号来说，由于不知道跳频频率变化的规律，与本地频率合成器的频率混频后，所得到的信号无法通过中频滤波器，因而不能对 FHSS 系统产生影响。

单频 FHSS 系统的原理框图如图 3-13 所示。在发射机，信息序列与 PN 序列调制后，按不同的跳频图案或指令去控制频率合成器，使其输出的频率随机变化；

在接收机，本地 PN 码发生器控制本地频率合成器输出信号的频率，在解调器与接收信号进行差频处理，输出频率固定的中频信号，对跳频信号进行解调。

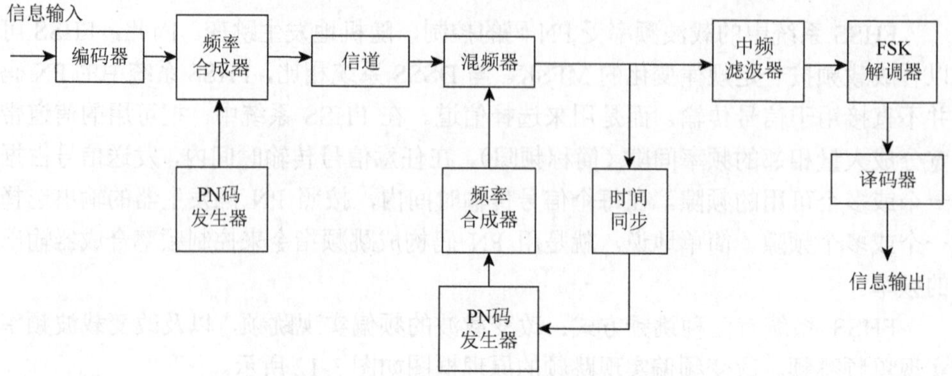

图 3-13　单频 FHSS 系统的原理框图

FHSS 信号由时频矩阵组成，每个频率持续时间为 T_c，并按跳频指令的规定在时频矩阵内跳变。我们把跳频系统的频率跳变规律称为跳频图案，如图 3-14 所示。跳频图案或时频矩阵的性能直接关系到跳频系统的性能。

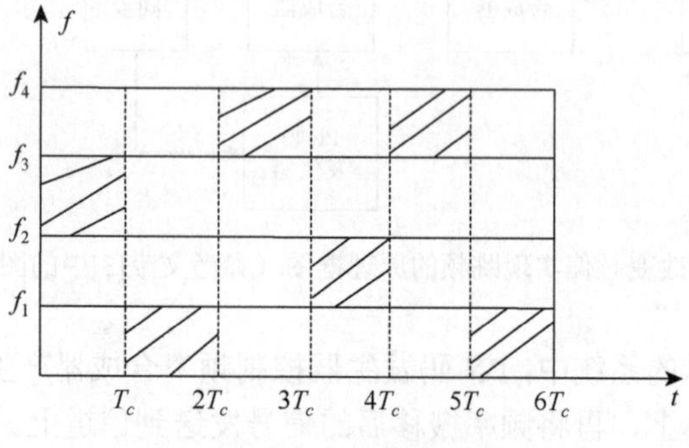

图 3-14　跳频图案

通常选择跳频速率等于或大于码元速率。若跳频速率大于码元速率，每个码元内多次跳频，就是快跳频信号；若按码元速率进行跳频，则为慢跳频信号。跳频速率不同，抗干扰性能不同，复杂程度与成本也不同。

跳频系统采用躲避干扰的方法来抗干扰，只有当干扰信号频率与跳频信号频率相同时，才能形成干扰，因而抗干扰能力较强。跳频频率数越多，跳频速率越快，抗干扰能力越强。目前，FHSS 信号主要用在需要抗人为干扰的数字通信系统中，特别适合战术通信系统。

利用 FHSS 信号也可以实现码分多址。利用不同的码可以得到不同的跳频图案，从而组成不同的网，且频谱利用率比 DSSS 系统略高。

在大多数情况下，FHSS 信号的性能优于 DSSS 信号。这是因为 DSSS 信号对同步的要求严格，其定时同步需要在码片间隔内建立。而 FHSS 信号的码片间隔远大于 DSSS 信号的码片间隔，因此，FHSS 系统的同步要求低。

3.5　DSSS-FSK 扩频技术

DSSS 技术由于其良好的抗多径、抗干扰、低截获概率及可以实现码分多址的性能，在水声通信中的应用越来越受到重视，尤其是在水声网络的研究中。

目前，大多数 DSSS 都采用相位调制。在进行相干检测时，接收机需要从接收信号中估计出载波信号的相位。这就要求在信道中存在一条稳定的、未衰落的信号分量，以便于接收机对载波相位恢复。但对于以多径衰落为主要特点的水声信道，由于信道中的信号相位随机起伏，要采用传统的接收机结构，从被噪声淹没的信号中恢复随机时变的相位比较困难。

Stojanovic 和 Freitag[4]提出了基于 PLL 和 DFE 的接收机结构，用 PLL 跟踪载波的相位变化，用 DFE 消除码片级的码间干扰。显然，这种接收机结构有较高的复杂度，而且要对码片级的多径干扰进行均衡，均衡器的参数调节及要保证均衡器性能的稳健性都有较大的困难。

为此，文献[5]、[6]提出一种混合扩频技术，即采用 FSK 调制和非相干检测的直接序列扩频技术，简称 DSSS-FSK 技术。虽然采用频率调制的 DSSS-FSK 的抗噪声性能不如采用相位调制的 DSSS-PSK，但 DSSS-FSK 的接收机简单、可靠，更能适应时间和频率双扩展的水声信道，在衰落的水声信道中有更稳健的性能。

3.5.1　DSSS-FSK 系统的模型

DSSS-FSK 系统的发射信号可以表示为

$$s(t)=\mathrm{Re}[u(t)\mathrm{e}^{\mathrm{j}2\pi f_c t}] \tag{3-62}$$

式中，$u(t)$为基带信号；f_c为载波频率。

对于二进制 FSK，$u(t)$可以表示为

$$u(t)=\sqrt{2}Ax(t)\mathrm{e}^{\mathrm{j}(2\pi b(t)\Delta f t+\theta(t))} \tag{3-63}$$

式中，A 为信号幅度；$x(t)$为二进制扩频波形，由 chip 波形对二进制信息序列扩频而成；$b(t)$为数据信号，表示为

$$b(t)=b_j=\begin{cases}1, & x(t)x_j=1\\ -1, & x(t)x_j=0\end{cases},\quad jT\leqslant t<(j+1)T$$

其中，Δf 为 FSK 载波频率间隔的 1/2；$\theta(t)$ 为 FSK 调制器引入的相位。

经水声信道传输后，接收信号可以表示为

$$r(t)=\sum_{i=1}^{L} r_i(t)+n(t) \tag{3-64}$$

式中，L 为信道中的路径数；$n(t)$ 为附加高斯白噪声，其双边谱密度为 $n_0/2$；$r_i(t)$ 为经第 i 条路径传输的接收信号，表示为

$$r_i(t)=\mathrm{Re}[a_i u(t)\mathrm{e}^{\mathrm{j}2\pi f_c(t-\tau_i)}] \tag{3-65}$$

其中，a_i 为第 i 条路径的增益系数；τ_i 为该路径的传播时延。

为了降低接收机信号处理的复杂度，我们采用先解调后解扩的处理方式，则 DSSS-FSK 系统的接收机原理框图如图 3-15 所示。

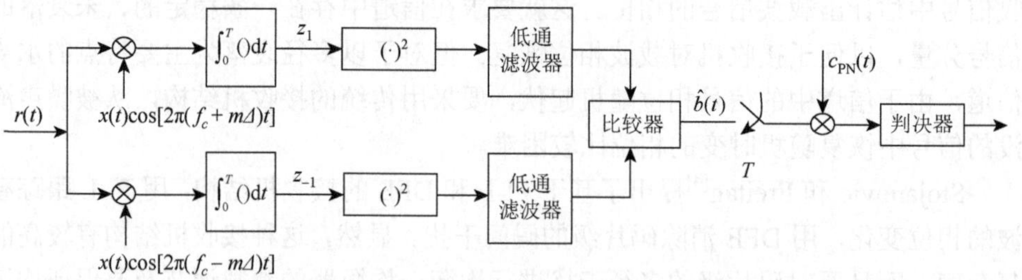

图 3-15　DSSS-FSK 系统的接收机原理框图

相关器的输出为

$$z_m=\int_0^T r(t)x(t)\cos[2\pi(f_c+m\Delta)t]\mathrm{d}t\text{，}m=1\text{ 或 }m=-1 \tag{3-66}$$

假定接收机与第一个到达信号分量同步，因而可设 $\tau_1=0$，并设 τ_i 表示第 i 条路径相对于第一条路径的时延，$1<i\leqslant L$，同时用第一条路径的幅度对其他路径进行归一化。

设 $f_c\gg T^{-1}$，式（3-66）中的双频分量可以忽略，则统计量 z_m 可以表示为

$$z_m=N_m+D_m+\frac{AT}{\sqrt{2}}\sum_{i=2}^{L} I_{m,i} \tag{3-67}$$

式中，N_m 为零均值、方差为 $N_0T/4$ 的高斯噪声；D_m 为期望的信号分量；$I_{m,i}$ 为对应于第 i 条路径的多径干扰分量，$m=1$ 或 $m=-1$。

DSSS 信号具有多分辨能力，还可以利用 Rake 解调对可分辨的多径信号分量进行组合，以获得分集增益。图 3-16 为 DSSS-FSK 系统的 Rake 接收机原理框图。来自水听器的接收信号经滤波后，输入到 Rake 接收机中。DSSS 信号的时间分辨力等于 chip 时间 T_c，因此，Rake 解调器由抽头间隔为 T_c 的抽头延迟线组成，延

迟线的长度选为覆盖信道最大多径范围。设信道最大多径时延为 T_m，则抽头数为 $L_R = [T_m/T_c] + 1$，其中，$[\cdot]$表示取整运算。

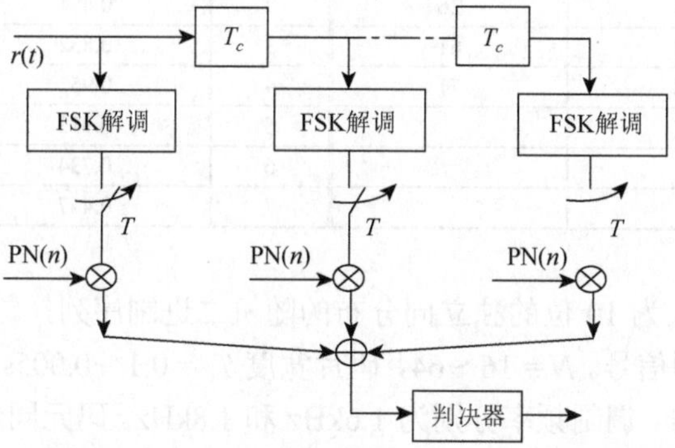

图 3-16　DSSS-FSK 系统的 Rake 接收机原理框图

在 Rake 解调器的每一分支，接收信号首先经 FSK 解调后合成一路，然后与发射 PN 码的副本相乘，进行相关解扩。各分支信号经最大增益组合后，送判决器进行码元比特的判决，最后恢复信息序列。

3.5.2　DSSS-FSK 系统的性能分析

1. DSSS-FSK 系统性能的仿真分析

首先对 DSSS-FSK 系统的性能进行仿真分析。由于水声信道的可用带宽受限，DSSS-FSK 信号的最大扩展带宽会受到影响。若扩频码长为 N，则采用相位调制的 DSSS 系统的最大可能带宽扩展因子为 N。而对于采用 BFSK 调制的 DSSS 系统，每个 FSK 频率的最大可能带宽扩展因子为 $N/2$。可见，若不考虑其他因素，在同样的系统可用带宽条件下，DSSS-FSK 系统的最大可能处理增益要比相位调制的 DSSS 系统少 3dB。

扩频码长 N 是决定扩频系统处理增益的重要因素。N 越长，处理增益越大。但 N 的取值还受信道稳定性的限制。若信道在一个符号周期内显著变化，则扩频增益将会减少。因此，扩频码长度的选择还与信道的时变性有关。

下面利用声场模型对 DSSS-FSK 系统的性能进行仿真分析。信道参数由射线模型产生，模型输入为实测的声速数据，信道水深 200m，传输距离为 100km。各路径传播损失和相对时延如表 3-3 所示。

表 3-3 各路径传播损失和相对时延

路径数	归一化信道衰减系数	归一化路径时延/ms	路径数	归一化信道衰减系数	归一化路径时延/ms
1	1	0	1	1	0
2	1.738	26	2	0.484	194
3	0.692	61	3	0.832	93
4	0.738	71	4	0.955	104
			5	0.912	84
			6	0.794	212
			7	0.447	448

信息码元是长为 10 位的独立同分布的随机二进制序列，与码长为 N 的 m 序列相乘，形成扩频信号。$N=16\sim64$，码片宽度 $T_c=0.1\sim0.005$s，扩频信号经 FSK 调制形成发射信号，调制频率分别为 1.6kHz 和 1.8kHz。码元同步采用 LFM 信号，其带宽为 500Hz，时间长度为 1.5s。LFM 同时进行信道探测，为 Rake 接收提供信道的幅度和时延估计。

图 3-17 为 DSSS-FSK 系统在表 3-3 给出的两种信道（路径数 $L=4$ 和 $L=7$）条件下仿真的误码率曲线[4]，分别采用扩频相关解调和 Rake 解调（标为 Rake），为了比较 DSSS-FSK 的性能，还对 FSK 系统误码率进行了分析（标为 FSK）。图 3-17 中，$T_c=0.02$s，$N=31$，FSK 信号的宽度 $T_d=N\times T_c$。

由图 3-17 可以看到，对于 $L=7$，采用相关解扩，当信道输出 SNR = −1dB 时，解调器输出的误码率达到 10^{-2}，经纠错编码后，可以达到无误输出；但对于 $L=4$ 的路径，最大多径时延超过 3 个码元宽度，ISI 使得解调器无法达到无误输出。相比之下，采用 Rake 解调，接收机能分辨出各传播路径，并将其组合，可以显著地改善系统的抗多径能力。所以对于两种路径，Rake 曲线相差不大，当 SNR = −10dB 时可以达到无误输出。

增加 T_c 或 N 都可以提高系统的性能。由于扩频信号对带内的加性高斯白噪声没有抑制能力，因此，当没有明显的码间干扰时，相比 FSK 信号，扩频信号并无性能优势。但当多径时延造成明显的码间干扰时，Rake 接收抗多径的优势就完全体现出来。图 3-17 中，码间干扰使得 FSK 信号无法正确解调，而采用 Rake 解调的信号可以达到无误输出。

2. DSSS-FSK 的湖试数据处理

2005 年 11 月，本书作者团队对 DSSS-FSK 系统进行了湖试。试验场地为一狭长水道，发射、接收换能器位于水下 7m 左右，传输距离约为 1km。信道中约有 10 条传播路径，前 5 条路径之间的传播时延差为 0～5ms，后 5 条路径之间的时延差为 995～1046.5ms。这 10 条路径形成两簇，两簇路径间的传播时延约为 1s。图 3-18 为某段数据的归一化信道探测信号相关输出。

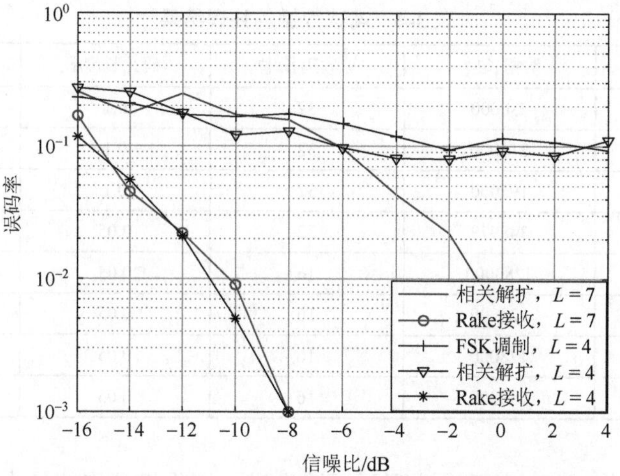

图 3-17　DSSS-FSK 系统与 FSK 系统的误码率曲线

试验过程中，信息码为 5 位，扩频序列码长分别为 15 和 31，码片宽度 T_c 为 0.05～1s。LFM 信号带宽为 500Hz，持续时间为 1.3s。DSSS-FSK 调制信号由发射换能器发射，经信道传输后，由接收水听器接收，经前置放大和滤波后，存入数据记录仪，由 MATLAB 程序进行后置处理。

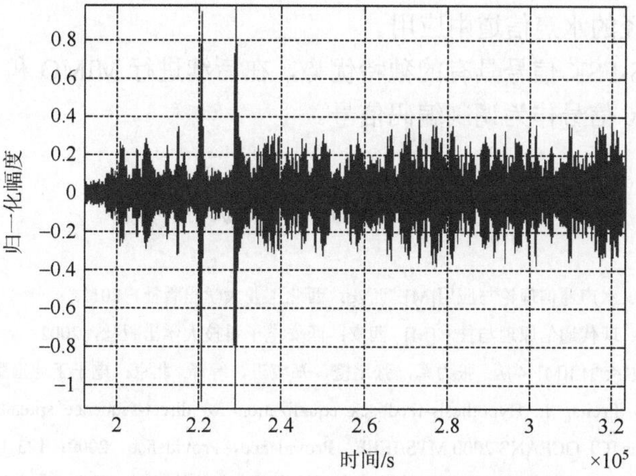

图 3-18　某段数据的归一化信道探测信号相关输出

为了测试 DSSS-FSK 的抗多径性能，着重对 $T_c \leqslant 0.1$s 的数据采用 Rake 解调进行了处理和分析。由于试验条件限制，没有得到低 SNR 下的试验数据。在做后置处理时，在数据上附加高斯白噪声，以检验低 SNR 环境中系统的性能。表 3-4 为湖试数据的处理结果。

表 3-4　湖试数据的处理结果

数据名	数据长度	扩频码长/位	码片长度/s	SNR/dB
S_{241}	230000	32	0.1	−18
S_{242}	210000	32	0.1	−14
S_{243}	195000	32	0.1	−18
S_{25}	348979	32	0.05	−15
S_{341}	1280000	16	0.05	−15
S_{342}	128000	16	0.05	−15
S_{343}	128000	16	0.05	−15
S_{35}	230000	16	0.05	−15

表 3-4 中的 SNR 表示当达到无误输出时，接收机允许的最小输入 SNR。当 SNR 继续减小时，由于探测信号无法提供准确的码元同步和信道探测，解调将会出现差错。

上述结果表明，当 SNR 大于等于−14dB 时，DSSS-FSK 系统都可以实现无误通信。

以上的仿真分析和湖试结果表明，DSSS-FSK 信号兼有扩频和非相干检测两方面的特点，以及具有抗多径能力强和实现简单的优势，更适合于在低 SNR、随机时变、强多径的水声信道中应用。

由于 DSSS-FSK 信号具有的独特优势，在后续进行 MIMO 和 STBC 研究中，也将 DSSS-FSK 信号作为调制编码信号。

参 考 文 献

[1] 张歆，张小蓟. 水声通信理论与应用[M]. 西安：西北工业大学出版社，2012.

[2] 张辉，曹丽娜. 现代通信原理与技术[M]. 西安：西安电子科技大学出版社，2002.

[3] Proakis J G. 数字通信[M]. 4 版. 张力军，张宇橙，郑宝玉，等译. 北京：电子工业出版社，2003.

[4] Stojanovic M，Freitag L. Hypothesis-feedback equalization for direct-sequence spread spectrum underwater communications [C]. OCEANS 2000 MTS/IEEE Providence，Providence，2000：123-128.

[5] 张歆，彭记肖，李国梁. 采用 FSK 调制的直接序列扩频水声通信技术[J]. 西北工业大学学报，2007，25（2）：177-180.

[6] 彭纪肖，张歆，程刚. 频移键控调制的直序列扩频技术在水声遥控引信中的应用研究[J]. 探测与控制学报，2006，28（3）：43-45.

第 4 章　水声通信中的自适应均衡技术

在多径衰落信道中，来自不同路径、具有不同时延的多径传播造成接收信号中不同码元的相互重叠，在高速传输时，会引起码间干扰。当发送信号的带宽与信道的相关带宽相当或大于信道的相关带宽时，会导致信道呈现频率选择性衰落，甚至出现码间干扰。码间干扰带来信号失真、频率偏移、相位抖动等，导致通信性能下降。随着对高速率、大带宽水声通信系统需求的增加，码间干扰造成的通信性能下降问题会越来越严重，必须要采用有效的技术措施来抵消码间干扰的影响，以实现高速率、高可靠的水声通信。

自适应均衡是无线通信系统中最常用的抗多径衰落、补偿码间干扰的方法，可以使通信系统更有效地利用信道带宽，实现高速率通信，因而，在水声通信中被广泛的研究。

本章将讨论水声通信中的时频域均衡技术并分析其性能。

4.1　高速率的水声通信与均衡技术

近二十年来，水声通信领域一直致力于扩大信道容量的研究，而信道容量就是在可靠传输的条件下可实现的最高数据率。按照香农的信息理论，增加带宽是提高信道容量的关键之一。为此，单载波高数据率传输、OFDM 等宽带通信技术得到大量研究。

然而，带宽的增加可能导致信号带宽与信道的相关带宽$(\Delta f)_c$相当，甚至远大于$(\Delta f)_c$。于是，信道会出现频率选择性衰落，甚至出现码间干扰，从而导致信道环境的恶化。特别是在浅海信道，由于动态海面、海底边界的反射与折射的共同作用，码间干扰失真尤为严重，极大地影响了水声通信系统的性能。

对于采用单载波传输的水声通信系统，通常采用自适应均衡技术来抗码间干扰。经典的自适应均衡器是采用内嵌 DPLL 的 DFE[1]，用 DFE 抵消码间干扰，用 PLL 锁相环跟踪相位的变化。时域均衡器的问题是最佳滤波器系数容易受到信道中多普勒频移及相位噪声的影响，其性能的稳健性受信道条件的限制。而且，时域均衡器采用高阶滤波器结构，滤波器的阶数随数据率的增加而线性增加。这使得在高数据率条件下，均衡器由于急剧增加的实现复杂度限制了其实际应用。除此之外，DFE 还存在低 SNR 下的错误传播和自适应均衡算法计算复杂度高的问题。

OFDM 是一种高带宽利用率的调制方式，它采用正交子载波，将高速串行的传输转换为低速并行传输，大大降低了码间干扰的影响。由于可以借助于 FFT 实现调制解调及采用单分支的频域均衡，与 DFE 相比，OFDM 是一种低复杂度的抗码间干扰技术。但 OFDM 也存在对载波频偏高度敏感及峰均功率比（peak to average power ratio，PAPR）较高的问题，频偏及相位噪声会破坏子载波之间的正交性，导致 OFDM 的性能严重下降；由多个子载波叠加所形成的高峰均功率比则大大提高了对发射电路放大器的线性范围的要求。在严重带限的水声信道，数据率的进一步增加将迫使子载波数随之增加，导致 OFDM 的频偏和高峰均功率比问题更趋严重。

除了通过提高带宽利用率来增加容量，提高频带效率即提高单位带宽内的数据率同样可以增加容量。近年来信息理论的研究表明，在发射端和接收端都采用多根天线的 MIMO 系统，可以使信道容量随发射天线数或接收天线数线性增加；若发射天线数少于接收天线数，则信道容量随发射天线数增加，反之亦然。与在发射端和接收端只采用单天线的 SISO 系统相比，MIMO 系统具有改善信道容量的巨大潜力。这种容量的增加可以通过空时编码转换为数据率的增加：将 MIMO 结构与 LST 编码结合，可以在同一频率上，利用多天线的并行发射形成独立的空间子信道，在不增加信号带宽的条件下，利用多发射技术提高单位带宽内的数据率，实现空间复用进而提高数据率。

采用分层空时码的 MIMO（MIMO-LST）通信需要采用先进的空时译码信号处理，将来自不同发射端的信号，在接收机中实现信号分离、分层检测和干扰抵消。在平坦衰落信道中，空时信号的检测可以借助于信道矩阵求逆完成，因而其实现相对简单。但在多径信道中，需要在信号检测与干扰抵消的同时抗码间干扰。为此，人们将 SISO 系统中的各种抗码间干扰技术扩展到 MIMO 系统中，如将 DFE 与串行干扰抵消算法结合。但由于采用传统的时域 DFE，接收机的复杂度问题仍然存在。对一个有 M 个发射、N 个接收的 MIMO-LST 系统，信号检测由 M 层检测组成，需要 M 个 DFE，其复杂度问题要比 SISO 系统严重得多[2]。文献[3]将 MIMO 与 OFDM 调制相结合，依靠 OFDM 抗码间干扰。但 OFDM 自身存在的对频偏敏感和高峰均功率比问题在 MIMO 系统中也会更加严重。

由此可见，在时变多径水声信道，低复杂度的联合信号检测、干扰抵消与抗码间干扰的接收机结构与空时信号处理算法是制约空间复用 MIMO 有效应用的关键所在。

综上所述，要提高水声通信的数据率，增加信道容量，必然会遇到信号带宽增加而导致的频率选择性衰落及码间干扰问题。除此之外，由于来自海面海底的反射和折射及不均匀水团的折射，信号将沿不同的传播路径到达接收机，具有不同时延的多路径传播也会造成信号的码间干扰[4]。码间干扰会带来信号失真、频率偏移、相位抖动等，是影响高速水声通信系统性能的主要问题。因此，必须采取相应的信号处理技术来消除码间干扰的影响，以实现可靠的通信。

自适应均衡技术是无线通信系统中常用的、有效的抗多径衰落和抵消码间干扰的方法，可以使通信系统更有效地利用信道带宽，因而在水声通信系统中得到广泛的研究。目前，在水声通信中常用的均衡技术包括自适应时域均衡和单载波频域均衡，它们有着不同的结构和自适应均衡算法。

均衡技术通过对多径信道响应的补偿来减少或消除码间干扰。因此，下面介绍具有码间干扰信道的等效离散时间模型。

4.2　有码间干扰信道的等效离散时间模型

假设等效基带发送信号为

$$v(t)=\sum_{n=0}^{\infty}d_n g(t-nT) \tag{4-1}$$

式中，d_n 为信息序列 $\{d_n\}$ 在 n 时的取值；$g(t)$ 为发送脉冲，且具有带限的频率响应特性 $G(f)$，其频带宽度为 W；T 为码元时间。

对于带限信道，设信道的频率响应 $H(f)$ 限于 $|f|\leqslant W$ 的范围内，则接收的等效基带信号可以表示为

$$r_l(t)=\sum_{n}d_n h(t-nT)+z(t) \tag{4-2}$$

式中，$h(t)$ 为信道对输入信号脉冲 $g(t)$ 的响应；$z(t)$ 为加性高斯噪声。

按照文献[5]，在非理想、带限且有加性高斯噪声的信道上，用于数字传输的最佳接收机由 $h(t)$ 的匹配滤波器、以码元速率 $1/T$ 抽样的抽样器，以及信息序列 $\{d_n\}$ 的最大似然序列估计（maximum likelihood sequence estimation，MLSE）算法组成。具有码间干扰的 AWGN 信道的最佳接收机结构如图 4-1 所示。

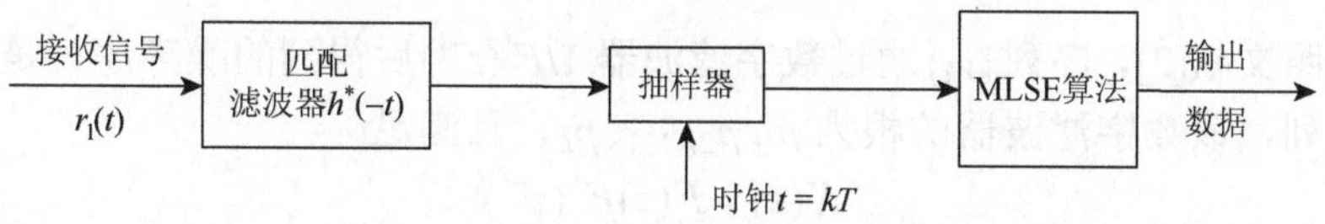

图 4-1　具有码间干扰的 AWGN 信道的最佳接收机结构

解调器（匹配滤波器）在抽样时刻 k 的输出可以表示为

$$y_k=\sum_{n}d_k x_{k-n}+n_k \tag{4-3}$$

式中，x_k 为匹配滤波器对 $h(t)$ 的响应，表示为 $h(t)$ 的自相关函数的抽样值，即

$$x_k=x(kT)=\int_{-\infty}^{\infty}h(t)h^*(t+kT)\mathrm{d}t \tag{4-4}$$

n_k为匹配滤波器输出的加性噪声序列，表示为

$$n_k = \int_{-\infty}^{\infty} z(t) h^*(t + kT) \mathrm{d}t \tag{4-5}$$

由式（4-3）可知，在 k 时刻的解调器输出不仅与 k 时刻的信号有关，而且与 k 时刻以前的信号有关。这说明解调器的输出受到码间干扰的影响。

在实际的水声通信系统中，受到码间干扰影响的码元数是有限的，设有 L 个干扰分量。这时，在解调器输出端观测的码间干扰可以看作有限状态机的输出，最大似然估计准则等价为一个离散时间有限状态机的状态估计问题。

如果将信道 $h(t)$、匹配滤波器 $h^*(-t)$、抽样器用等效的离散时间横向滤波器表示，那么码间干扰的信道可以用一个等效的离散时间信道表示[2]，如图 4-2 所示。横向滤波器的抽头数为 $2L+1$，其输入是序列$\{d_k\}$，输出是序列$\{y_k\}$。

图 4-2 中，匹配滤波器输出的噪声序列$\{n_k\}$具有相关性，为了便于计算差错性能，需要对序列$\{y_k\}$进行进一步滤波，以便噪声序列白化。

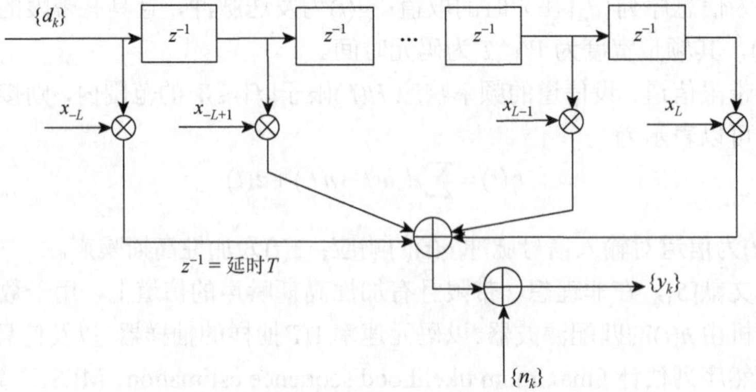

图 4-2　具有码间干扰信道的等效离散时间模型

按照文献[2]，序列$\{y_k\}$通过数字滤波器 $1/F^*(z^{-1})$后得到的噪声序列是高斯白噪声序列，该数字滤波器的根为 $\rho_1, \rho_2, \cdots, \rho_L$，且满足

$$X(z) = F(z) F^*(z^{-1}) \tag{4-6}$$

式中，$F^*(z^{-1})$是具有根$1/\rho_1^*, 1/\rho_2^*, \cdots, 1/\rho_L^*$的二次多项式。可以选择 $F^*(z^{-1})$使其与 $X(z)$的零点对应的极点在单位圆外，这样得到的信道响应 $F(z)$是最小相位。

于是，由信道 $h(t)$、匹配滤波器 $h^*(-t)$、抽样器和离散时间噪声白化滤波器 $F^*(z^{-1})$级联而成的等效离散时间信道模型如图 4-3 所示，其输出序列$\{v_k\}$在 k 时刻的值表示为

$$v_k = \sum_{n=0}^{L} f_n d_{k-n} + \eta_k \tag{4-7}$$

$\{f_k\}$为传递函数 $F(z)$的等效离散时间横向滤波器的一组抽头系数；$\{\eta_k\}$为均值为零、方差为 N_0 的加性高斯白噪声序列。

匹配滤波器、抽样器和噪声白化滤波器级联而成的滤波器称为白化匹配滤波器，其抽头系数为$\{f_k\}$。

当信道冲激响应随时间变化时，图 4-3 所示的离散时间滤波器的抽头系数也随时间变化。在任意时刻，信道滤波器的状态是由 L 个最近的输入确定的，即在 k 时刻的状态为

$$\boldsymbol{s}_k = (d_{k-1}, d_{k-2}, \cdots, d_{k-L}) \tag{4-8}$$

式中，当 $k \leqslant 0$ 时，$d_k = 0$。

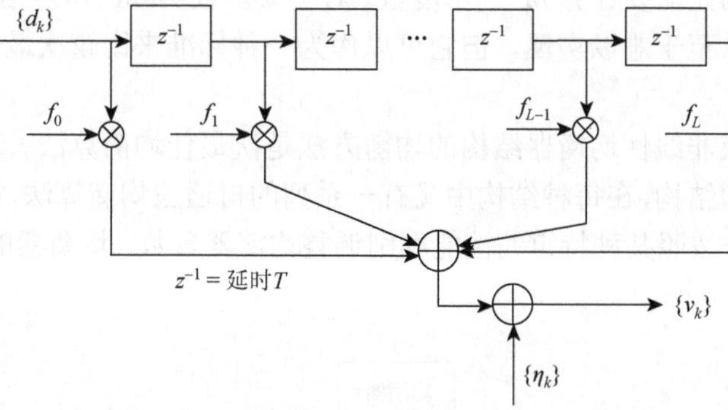

图 4-3　具有 AWGN 的码间干扰信道的等效离散时间信道模型

因此，如果信息码元是 M 元的，那么信道滤波器有 M^L 个状态，信道可以由 M^L 状态网描述。信息序列$(d_1, d_2, \cdots, d_p)$的最大似然估计值就是在给定解调器输出序列$\{v_k\}$的条件下，通过网格的最可能的路径，反推出最可能发射的序列。

4.3　自适应时域均衡

均衡技术通过对多径信道响应的补偿来减少或消除码间干扰。通常采用三种类型的均衡算法：第一类是概率检测算法，包括基于 MLSE 准则的序列检测算法和基于最大后验概率（maximum a posteriori probability，MAP）准则的逐符号检测算法；第二类是基于系数可调的线性滤波的线性均衡算法；第三类是利用已检测的码元来抑制当前检测码元中的码间干扰，即 DFE 算法。概率检测算法和 DFE 算法都属于非线性均衡方法。

从错误概率的角度来说，MLSE 算法和 MAP 算法是最佳的。MAP 算法使码元错误概率最小化。MLSE 算法采用 Viterbi 算法可以使检测序列差错概率最小化。

MAP 算法和 MLSE 算法需要知道有关信道特性的知识，以便计算用于判决的度量。若信道未知，则需要估计信道。估计的信道系数要反馈给解调器，用来进行 MAP 算法或基于 MLSE 的 Viterbi 算法的度量计算。信道估计可以采用 FIR 滤波器来自适应地完成，估计器的系数可以采用自适应算法进行调整。

除信道特性的知识外，MAP 算法和 MLSE 算法还需要知道信号中混杂噪声的统计分布。这些加性噪声的统计分布决定了度量的形式，以便对接收信号进行最佳检测。

但是，在码间干扰信道中，MLSE 算法的计算复杂度随信道中时间色散的长度而呈指数增长。如果信号码元是 M 元且码间干扰的码元数为 L，那么 MLSE 算法对每个新的码元需要计算 M^{L+1} 个度量。对于大多数实际的水声信道，这样的计算复杂度太大以至于难以实现。但它可以作为一种标准来比较次最佳均衡算法的性能。

采用线性或非线性均衡器结构的均衡方法是次最佳均衡算法。在每类均衡器中有多种不同的结构，在每种结构中又有一系列的自适应均衡算法，如 LMS 算法、RLS 算法，用来按照某种特定的性能准则调整均衡器参数，均衡器的类型、结构、算法如图 4-4 所示[2]。

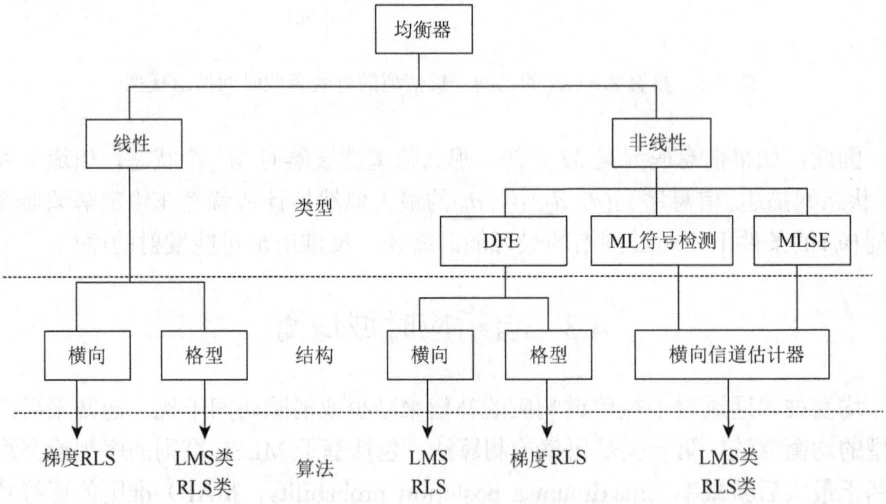

图 4-4　均衡器的类型、结构、算法

在水声通信中采用何种结构的均衡器以及采用什么样的算法来调整均衡器参数，不仅取决于信道中多径干扰的程度、均衡器及自适应均衡算法的补偿码间干扰的能力，还与通信系统要求的性能指标，以及均衡器及其参数调整实现的难易程度有关。

目前，在水声通信中最常用的均衡器是线性均衡器和 DFE，常用的自适应均衡算法是 LMS 算法和 RLS 算法，它们有着不同的抵消码间干扰的能力和实现的难易程度，因而应用环境也有很大不同。

4.3.1　线性均衡器

最常用的线性均衡器是用系数可调的有限冲激响应滤波器（也称横向滤波器）来实现的，图 4-5 是抽头数为 $2N+1$ 的线性均衡器的结构图[5]，这种结构的计算复杂度是信道长度 $L=N$ 的线性函数。

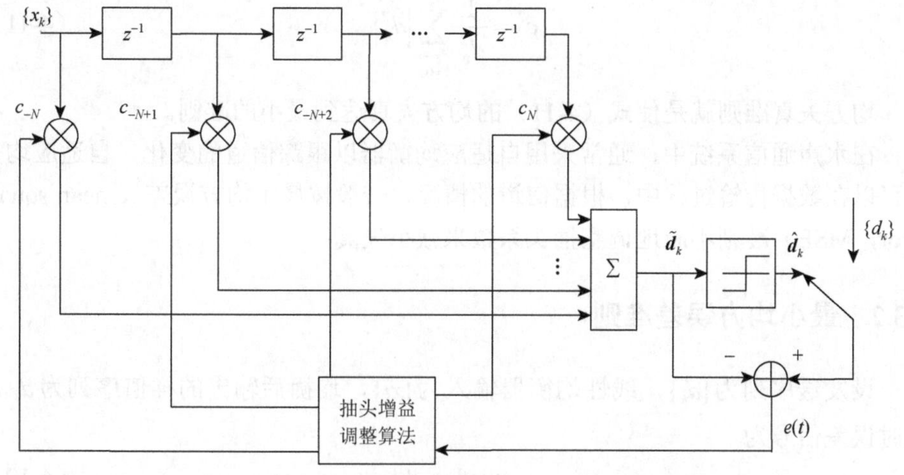

图 4-5　抽头数为 $2N+1$ 的线性均衡器的结构图

若线性滤波器的输入是 $\{x_k\}$，输出是信号序列 $\{d_k\}$ 的估计值，则第 k 个码元的估计值可以表示为

$$\tilde{d}_k = \sum_{j=-N}^{N} c_j x_{k-j} \tag{4-9}$$

式中，$\{c_j\}$ 为滤波器的复抽头增益，$\{\ \}$ 表示序列。

均衡器输出信息的估计值 $\tilde{d}_k$ 形成判决 $\hat{d}_k$。如果 $\hat{d}_k$ 与发送信息不同，那么出现判决错误。

线性均衡器均衡的效果取决于滤波器的长度和抽头增益 $\{c_j\}$ 的调整准确度。从理论上说，无限长的横向滤波器可以完全消除抽样时刻上的码间干扰，但实际上是不可实现的。因为线性均衡器的长度不仅受经济条件的限制，而且如果 $\{c_j\}$ 的调整准确度得不到保证，那么增加长度所带来的效果不会显示出来。

在抽头数有限的情况下，线性均衡器的输出有剩余失真，为了反映这些失真的大小，一般将峰值失真准则和均方失真准则作为衡量标准。峰值失真定义为

$$D=\frac{1}{\tilde{d}_0}\sum_{\substack{k=-\infty\\k\neq 0}}^{\infty}\left|\tilde{d}_k\right| \tag{4-10}$$

式中，$\tilde{d}_0$ 为 $k=0$ 时刻的线性均衡器输出，是有用信号样值，其余所有的 $\tilde{d}_k$ 都属于码间干扰。

所以，峰值失真 D 是码间干扰最大值与有用信号值之比，使这个性能指数最小化的准则称为峰值失真准则。

均方失真定义为

$$e^2=\frac{1}{\tilde{d}_0^2}\sum_{\substack{k=-\infty\\k\neq 0}}^{\infty}\left|\tilde{d}_k^2\right| \tag{4-11}$$

均方失真准则就是使式（4-11）的均方失真达到最小的准则。

在水声通信系统中，通常采用自适应均衡器以跟踪信道的变化。自适应均衡器可以在数据传输过程中，根据信道的情况，一般按最小均方误差（mean square error，MSE）准则不断地调整抽头系数来减小失真。

4.3.2 最小均方误差准则

设发送序列为$\{d_k\}$，线性均衡器输入为$\{x_k\}$，均衡后输出的样值序列为 $\tilde{d}_k$，此时误差信号为

$$e=d_k-\tilde{d}_k \tag{4-12}$$

均方误差定义为

$$J=E\left|e_k\right|^2=E\left|d_k-\tilde{d}_k\right|^2 \tag{4-13}$$

按照式（4-9），对于有 $2N+1$ 个抽头的均衡器，均衡器的输出为

$$\tilde{d}_k=\sum_{j=-N}^{N}c_j x_{k-j}$$

将 $\tilde{d}_k$ 代入式（4-13）可得

$$J=E\left|d_k-\sum_{j=-N}^{N}c_j x_{k-j}\right|^2 \tag{4-14}$$

可见，均方误差 J 是各抽头增益$\{c_j\}$的函数。MSE 准则就是选择线性均衡器的抽头增益$\{c_j\}$，使 J 逐渐达到最小，即使期望输出 d_k 和实际输出 $\tilde{d}_k$ 之间的均方误差最小化的准则。如果能实现这一过程，那么称线性均衡器收敛。

要对任意的 k 都使均方误差最小，可以将式（4-14）对 c_j 求偏导并令其为零，

得到

$$\frac{\partial J}{\partial c_j}=2E[e_k x_{k-j}]=0 \tag{4-15}$$

式（4-15）意味着要使均方误差最小化，等价于迫使误差 $e_k=d_k-\tilde{d}_k$ 正交于信号值 x_{k-j}。于是，可以借助误差 e_k 和信号值 x_{k-j} 乘积的统计平均值来调整抽头增益，通过抽头增益的调整使平均值向零值变化，直到其等于零。这时得到的抽头增益称为最佳抽头增益 $\{c_j\}_{\text{opt}}$，用来求解最佳抽头增益的算法称为自适应均衡算法。

在线性均衡器抽头增益 $\{c_j\}$ 的实际调整过程中，为了克服初始均衡的困难，在数据传输前通常先发送一段接收机已知的序列，用来对线性均衡器进行训练。当线性均衡器收敛后，再发送数据序列，这时式（4-13）中的期望输出变为 $\hat{d}_k$，已经确定的最佳抽头序列 $\{c_j\}_{\text{opt}}$ 再根据均方误差进行微调，跟踪信道变化。

由于自适应均衡器的抽头系数可以随信道特性的变化而自适应调节，故调整精度高。在高速率通信系统中，普遍采用自适应线性均衡器来克服码间干扰。

线性均衡器是一种次最佳的信道均衡方法，通常用于信道失真不是很严重的场合。当信道严重失真、造成的码间干扰无法用线性均衡器来处理时，可以采用非线性均衡器。

4.3.3 DFE

DFE 是最为常用的、有效的非线性均衡方法，常用在有严重码间干扰的场合。DFE 的基本思想是一旦码元被判决，那么它对下一个码元的码间干扰就能估计出来，就可以在下一个码元判决之前把码间干扰减去。DFE 既可以采用横向结构也可以采用格型结构，图 4-6 为 DFE 结构。

DFE 由两个滤波器组成：一个 FFF 和一个 FBF。FFF 的结构与线性均衡器相同，其输入是接收信号序列。FBF 的作用是从当前的估计值 $\{\tilde{d}_k\}$ 中除去先前判决码元所引起的码间干扰，因而其输入是已检测的判决序列 $\{\hat{d}_k\}$，由于 FFF 和 FBF 都是线性横向滤波器，因而其抽头系数都可以自适应地进行调整。

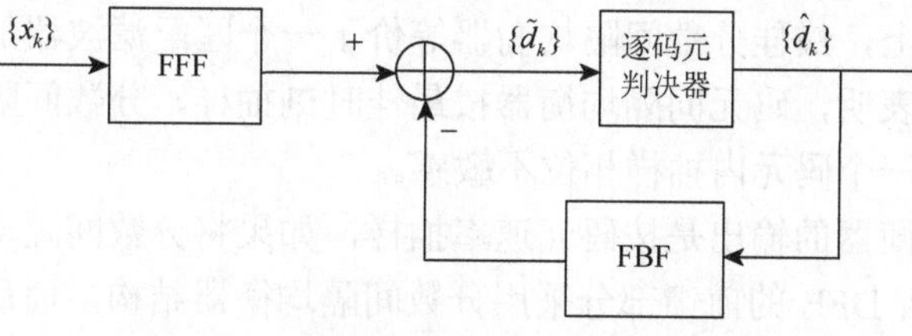

图 4-6　DFE 结构

假设 DFE 的前馈部分有 N_1+1 个抽头，而在反馈部分有 N_2 个抽头，FFF 的输出可以表示为

$$\tilde{d}_k=\sum_{j=-N_1}^{0}c_j x_{k-j}+\sum_{j=1}^{N_2}c_j\hat{d}_{k-j} \tag{4-16}$$

式中，$\tilde{d}_k$ 为 FFF 的输出，即第 k 个码元的估计值；$\{c_j\}$为滤波器的抽头系数；$\{\hat{d}_k\}$为已判决的码元，$k=1,2,\cdots,N_2$。

由于 FBF 包含已判决的符号$\{\hat{d}_k\}$，因而这种均衡器是非线性的。假设已判决的码元都是正确的，则均方误差为

$$J=E\left|\hat{d}_k-\tilde{d}_k\right|^2 \tag{4-17}$$

与线性均衡器一样，可以通过自适应算法来调整 DFE 的抽头系数，使均方误差达到最小。当 DFE 收敛时，得到最佳均衡器系数。

假若 DFE 的判决都是正确的且 FBF 的抽头系数 N_2 不小于信道长度 L，则 FBF 可以完全消除已判决码元引起的码间干扰。这时 DFE 的性能优于线性均衡器，这是由于反馈部分消除了已判决码元引起的码间干扰，因而加入判决反馈部分可以得到相当大的性能增益。但若信道严重失真，则 DFE 中存在不正确的判决，这种误差会被反馈到判决器的输入端，造成差错传播，使得 DFE 的性能显著下降。

在图 4-6 所示的均衡器中，抽样可以按码元速率进行，实际应用时需要精确的码元同步，以保证均衡器的性能，但这会使得均衡器性能对抽样时间的选择非常敏感。

为此，接收机也可以采用另一种抽样方式，即以至少 2 倍奈奎斯特（Nyquist）速率进行抽样，也就是说抽样间隔 T_s 小于码元间隔 T，表示为

$$T_s=\frac{M}{N}T,\ M/N<1 \tag{4-18}$$

这种抽样方式称为分数间隔抽样，通常取 $T_s=T/2$。

通常，将这种对输入信号按码元速率进行抽样的均衡器称为码元间隔均衡器（symbol-space equalizer，SSE）。按照分数间隔进行抽样的均衡器称为分数间隔均衡器（fractionary-space equalizer，FSE）。

对分数间隔均衡器的频域分析表明[2]，只要有粗同步，它就能以最佳时刻进行细同步。实际上，最佳分数间隔均衡器等价于一个匹配滤波器加一个码元间隔的均衡器。研究表明，码元间隔均衡器按最佳时刻抽样，分数间隔均衡器也具有更好的性能且对一个码元内抽样相位不敏感。

分数间隔均衡器的输出是按码元速率抽样，如果将分数间隔均衡器结构应用在 DFE 中，那么 DFE 的前馈部分采用分数间隔均衡器结构，而后馈部分采用码元间隔均衡器结构。

4.3.4 自适应均衡算法

由于水声信道是时变的，大多数情况下信道特性是未知的，因此，无论是最佳还是次最佳均衡器都需要自动地调整均衡器系数，自适应地补偿信道特性的变化。用来自动调整均衡器参数的算法称为自适应均衡算法。

1. 最佳均衡器系数

在自适应均衡器中，通常采用 MSE 准则来调节均衡器的抽头系数$\{c_j\}$，以使均方误差最小化。

对于具有 $2N+1$ 个抽头的线性均衡器，按照式（4-14），则 MSE 为

$$J = E\left|\boldsymbol{d}_k - \sum_{j=-N}^{N} c_j \boldsymbol{x}_{k-j}\right|^2$$

要使 J 关于抽头系数$\{c_j\}$最小化，等效于迫使误差 $\boldsymbol{e}_k = \boldsymbol{d}_k - \tilde{\boldsymbol{d}}_k$ 正交于信号样值 $\boldsymbol{x}_{k-j}$，即

$$\frac{\partial J}{\partial c_j} = 2E\left(\boldsymbol{e}_k \boldsymbol{x}_{k-j}^*\right) = 0$$

将 $\boldsymbol{e}_k = \boldsymbol{d}_k - \tilde{\boldsymbol{d}}_k$ 代入上式可得

$$E\left[\left(\boldsymbol{d}_k - \sum_{j=-N}^{N} c_j \boldsymbol{x}_{k-j}\right)\boldsymbol{x}_{k-l}^*\right] = 0, \quad -N \leqslant l \leqslant N \tag{4-19}$$

式（4-19）等价于

$$\sum_{j=-N}^{N} c_j E\left(\boldsymbol{x}_{k-j}\boldsymbol{x}_{k-l}^*\right) = E\left(\boldsymbol{d}_k \boldsymbol{x}_{k-l}^*\right), \quad -N \leqslant l \leqslant N \tag{4-20}$$

令 $\varGamma_{jl} = \boldsymbol{x}_{k-j}\boldsymbol{x}_{k-l}^*$，$\xi = \boldsymbol{d}_k \boldsymbol{x}_{k-l}^*$，则式（4-20）可以改写为

$$\sum_{j=-N}^{N} c_j \varGamma_{jl} = \xi_l, \quad -N \leqslant l \leqslant N \tag{4-21}$$

用矩阵形式表示为

$$\boldsymbol{\varGamma C} = \boldsymbol{\xi} \tag{4-22}$$

式中，$\boldsymbol{\varGamma}$ 为线性均衡器输入信号样值的 $2N+1$ 阶协方差矩阵；$\boldsymbol{\xi}$ 为期望信号序列与输入序列的 $2N+1$ 阶互相关列向量。

式（4-22）的解也称为最佳维纳（Wiener）滤波器解，表示为

$$\boldsymbol{C}_{\text{opt}} = \boldsymbol{\varGamma}^{-1}\boldsymbol{\xi} \tag{4-23}$$

即最佳线性均衡器系数 $\boldsymbol{C}_{\text{opt}}$ 要通过矩阵 $\boldsymbol{\varGamma}$ 的求逆来求解。

2. 线性均衡器中的 LMS 算法

按照式（4-23）求解最佳均衡器系数，需要求解 $2N+1$ 阶矩阵 $\boldsymbol{\Gamma}$ 的逆。这对于分支数较多的均衡器，计算复杂度会很高。为了避免直接求逆，自适应均衡算法通常采用迭代方法计算 $\boldsymbol{C}_{\text{opt}}$。

最简单的迭代过程是梯度下降法，常称最陡下降法，其迭代过程可以从任意选择的向量 $\boldsymbol{C}_0$ 开始，系数修正的方向取为代价函数的负梯度方向。设 $\boldsymbol{c}_k=[c_{-N}, c_{-N+1},\cdots,c_N]$ 表示第 k 次迭代时均衡器系数的列向量，则 k 时刻抽头系数的变化与 k 时刻梯度分量的大小成正比，表示为

$$\boldsymbol{c}_k=\boldsymbol{c}_{k-1}-\mu_k\Delta\boldsymbol{J}_k,\quad k=1,2,\cdots \tag{4-24}$$

式中，μ_k 为迭代步长，是一个正数，用来控制调整的速度；$\Delta\boldsymbol{J}_k$ 为梯度向量，表示为

$$\Delta\boldsymbol{J}_k=\frac{1}{2}\frac{\mathrm{d}\boldsymbol{J}}{\mathrm{d}\boldsymbol{c}_k}=\boldsymbol{\Gamma}\boldsymbol{c}_k-\boldsymbol{\xi}=-E\left(\boldsymbol{e}_k\boldsymbol{x}_k^*\right) \tag{4-25}$$

其中，$\boldsymbol{x}_k$ 为第 k 次迭代时均衡器输入信号的样值，表示为 $\boldsymbol{x}_k=[x_{-N},x_{-N+1},\cdots,x_N]$；$\boldsymbol{e}_k=\boldsymbol{d}_k-\hat{\boldsymbol{d}}_k$ 为第 k 次迭代时的误差信号。

用式（4-24）求最佳抽头系数的主要问题是梯度向量 $\Delta\boldsymbol{J}_k$ 未知。梯度向量取决于协方差矩阵 $\boldsymbol{\Gamma}$ 和互相关向量 $\boldsymbol{\xi}$，而这些量本身又取决于等效离散时间信道模型的系数、信息序列的协方差及加性噪声，所有这些在接收机中一般都是未知的。为此，可以采用梯度向量的估计值，即

$$\Delta\hat{\boldsymbol{J}}_k=-\boldsymbol{e}_k\boldsymbol{x}_k^* \tag{4-26}$$

于是，得到抽头系数的修正算法为

$$\boldsymbol{c}_k=\boldsymbol{c}_{k-1}+\mu_k\boldsymbol{e}_k\boldsymbol{x}_k^* \tag{4-27}$$

当 μ_k 为常数时，式（4-27）就是基本的 LMS 算法。

除了式（4-27）所示的基本算法，LMS 算法还有一些变形形式，其目的在于改善算法的性能，如改善算法的收敛性等。

在 LMS 算法中，误差信号是期望信号与其估计值之差，即 $\boldsymbol{e}_k=\boldsymbol{d}_k-\tilde{\boldsymbol{d}}_k$。实际中，期望信号是未知的。为此，可以首先发送确定的一个训练序列给接收机，用来调整均衡器的初始系数，信息序列的长度必须不小于均衡器的长度。在训练期间，均衡器输出误差 $\boldsymbol{e}_k=\boldsymbol{d}_k-\tilde{\boldsymbol{d}}_k$。当均衡器系数达到最佳后，由训练模式转向面向判决模式，用判决器输出的估计值 $\hat{\boldsymbol{d}}_k$ 代替期望值 $\boldsymbol{d}_k$，形成误差 $\boldsymbol{e}_k=\hat{\boldsymbol{d}}_k-\tilde{\boldsymbol{d}}_k$。当信道中的误码率小于 10^{-2} 时，判决器的判决误差对均衡器性能的影响可以忽略。

当信道特性随时间变化时，抽头系数也将按式（4-27）随之改变，以跟踪信道的变化。

3. LMS 算法的收敛性

LMS 算法的基本步骤如下所示。

（1）初始化抽头系数：$c_k = 0$，$k = 1$。

（2）计算均衡器输出：$\tilde{\boldsymbol{d}}_k = \boldsymbol{x}_k^{\mathrm{T}}\boldsymbol{c}_k$，$\boldsymbol{x}^{\mathrm{T}}$ 表示 $\boldsymbol{x}$ 的转置。

（3）计算误差：$\boldsymbol{e}_k = \boldsymbol{d}_k - \tilde{\boldsymbol{d}}_k = \boldsymbol{d}_k - \boldsymbol{x}_k^{\mathrm{T}}\boldsymbol{c}_k$。

（4）修正均衡器系数：$\boldsymbol{c}_k = \boldsymbol{c}_{k-1} + \mu_k \boldsymbol{e}_k \boldsymbol{x}_k^*$，$k = k+1$。

在基本 LMS 算法中，步长 μ 是一个常数，它控制着 LMS 算法的收敛特性，既决定收敛的速度，也决定算法的稳定性。为了保证算法的收敛性，应选择

$$0 < \mu < 2/\lambda_{\max} \tag{4-28}$$

式中，$\lambda_{\max}$ 为矩阵 $\boldsymbol{\Gamma}$ 的最大本征值。

较大的 μ 值，如选择 μ 接近上边界 $2/\lambda_{\max}$，会加快 LMS 算法的收敛速度，但会导致均衡器的系数在稳态时有大的起伏。这种起伏会形成一种自噪声，其方差随 μ 的增加而变大，使得 LMS 算法的性能不稳定。因此，步长 μ 的选择是收敛速度与稳定性的折中。

【例 4-1】　线性均衡器的仿真。

仿真时采用的水声信道参数如表 4-1 所示，表中参数采用最先到达路径的幅度和时延进行了归一化。信号频率 $f = 2\text{kHz}$，采用 QPSK 调制，数据率为 10bit/s、20bit/s，SNR 为 20dB。训练序列和信息序列都采用二进制随机序列，训练序列的长度为 150，信息序列的长度为 450。自适应均衡算法采用 LMS 算法。

表 4-1　仿真时采用的水声信道参数

信道	信道系数	传播时延/ms
1	1.0	0
	0.581	270
	1.453	610
	1.364	730
2	1.0	0
	0.802	57.6
	0.801	140.4
	0.816	196.6
	0.592	142.3

图 4-7、图 4-8 分别给出了信道 1 和信道 2 中，不同步长时，线性均衡器输出的 MSE 的曲线。由图 4-7 可见，在训练期间，与小步长（$\mu = 0.015$）相比，采用大的步长（$\mu = 0.15$）时，MSE 曲线具有更大的起伏，但收敛速度明显更快。另

外，当信号传输速率增大时，在同样的均衡器参数条件下，线性均衡器的收敛变慢且收敛后剩余的稳态误差更大。

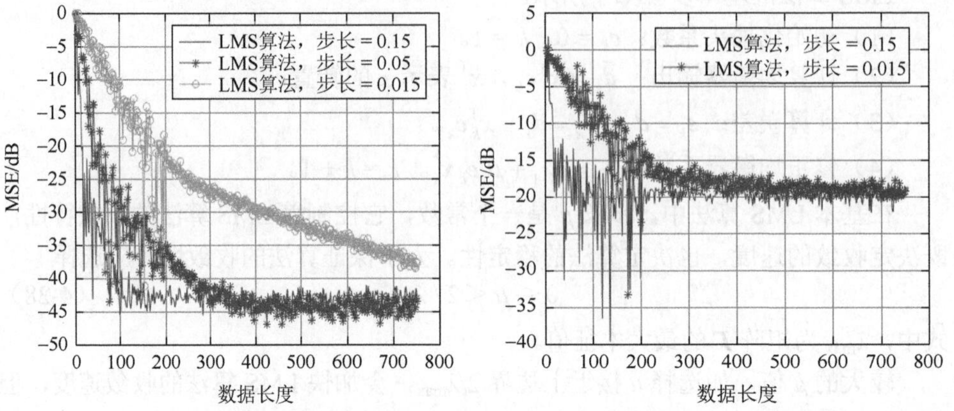

(a) 数据率$f_d = 10$bit/s　　(b) 数据率$f_d = 20$bit/s

图 4-7　不同步长时信道 1 中 LMS 算法的收敛性

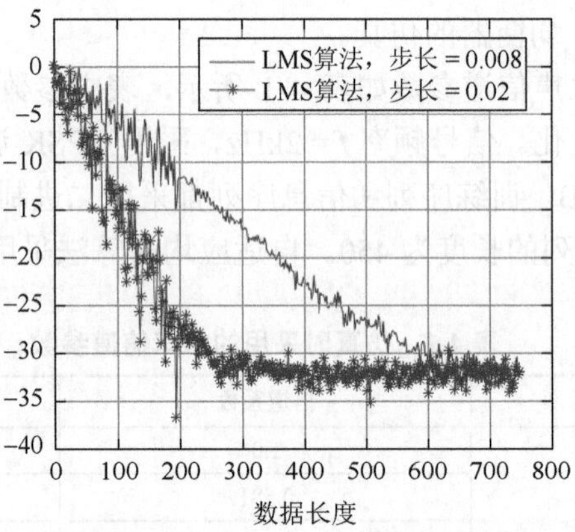

图 4-8　不同步长时信道 2 中 LMS 算法的收敛性

图 4-8 中也可以观察到同样的现象，即当采用大的步长（$\mu = 0.02$）时，MSE 曲线收敛更快，但起伏也更明显。

4. DFE 中的 LMS 算法

在有严重码间干扰的信道中，线性均衡器的收敛慢，不再适合用来补偿该信道中的码间干扰，需要采用 DFE。与线性均衡器一样，DFE 的 FFF 和 FBF 系数可以采用递推的算法进行调整，图 4-9 为自适应 DFE 的原理框图。

在图 4-9 中，$\{a_k\} = [a_0, a_1, \cdots, a_{N_1}]^{\mathrm{T}}$ 表示 k 时刻 FFF 的系数，$\{b_k\} = [b_1, b_2, \cdots,$

$b_{N_2}]^{\mathrm{T}}$ 表示 FBF 的系数，$\boldsymbol{c}_k=[a_0,a_1,\cdots,a_{N_1},b_1,b_2,\cdots,b_{N_2}]^{\mathrm{T}}$ 表示 DFE 的系数，则基于 MSE 的 DFE 的 LMS 算法为

$$\boldsymbol{c}_k=\boldsymbol{c}_{k-1}+\mu\boldsymbol{e}_k\boldsymbol{x}_k^* \tag{4-29}$$

式中，$\boldsymbol{x}_k=[x_{k+N_1},\cdots,x_k,d_{k-1},\cdots,d_{k-N_2}]^{\mathrm{T}}$ 为 k 时刻 FFF 和 FBF 中的信号序列。

与线性均衡器一样，DFE 可以用训练序列进行系数的初始调整，训练期间 $\boldsymbol{c}_k=\boldsymbol{d}_k-\tilde{\boldsymbol{d}}_k$。

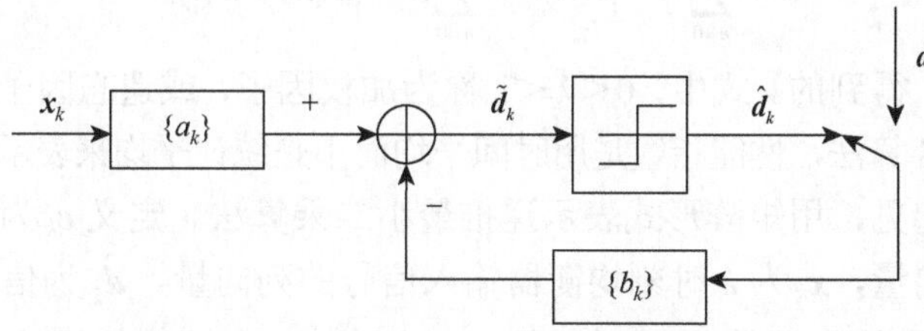

图 4-9　自适应 DFE 的原理框图

当均衡器系数收敛后，再切换到面向判决模式。这时用 $\hat{\boldsymbol{d}}_k$ 代替 $\boldsymbol{d}_k$，$\boldsymbol{e}_k=\hat{\boldsymbol{d}}_k-\tilde{\boldsymbol{d}}_k$，$\boldsymbol{x}_k=[x_{k+N_1},\cdots,x_k,\hat{d}_{k-1},\cdots,\hat{d}_{k-N_2}]^{\mathrm{T}}$。

【例 4-2】　DFE 的仿真。

仿真时的信道参数与例 4-1 相同，如表 4-1 所示，信号参数也与例 4-1 相同，数据率 $f_d=20\text{bit/s}$。

采用 LMS 算法的 DFE 输出的 MSE 曲线如图 4-10 所示，为了比较，图中同时给出了线性均衡器的 MSE 曲线。

由图 4-10 可见，在两个信道中，与线性均衡器相比，DFE 有更好的收敛性且收敛后的均方误差也小得多。

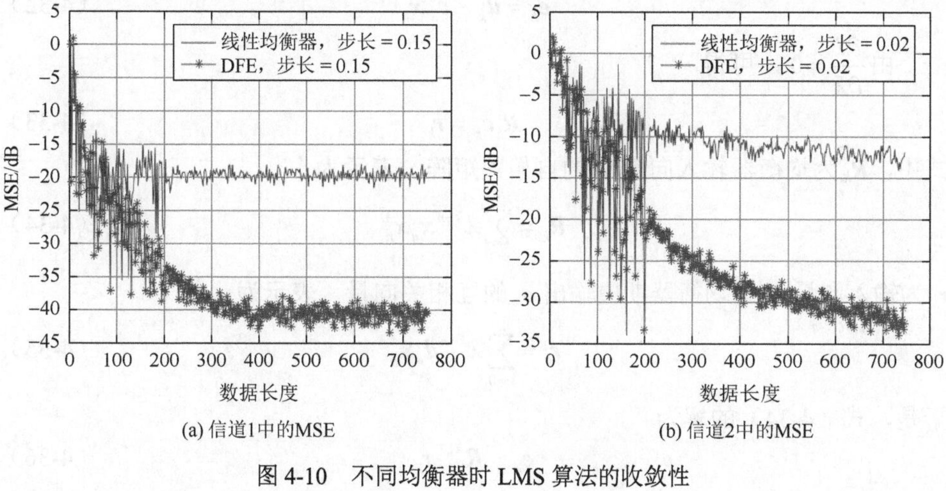

(a) 信道1中的MSE　　(b) 信道2中的MSE

图 4-10　不同均衡器时 LMS 算法的收敛性

5. 递推最小二乘算法

虽然有各种改变收敛速度的变形 LMS 算法，但 LMS 算法的收敛速度仍然比较慢，无法适应快速时变的信道，因为它只有一个参数 μ 控制收敛过程。为此，可以采用另一种收敛速度更快的算法——RLS 算法来调整均衡器的系数。RLS 算法是使均衡器误差的指数加权平方和最小，即使性能指数

$$J=\sum_{n=0}^{t}\lambda^{t-n}\left|\boldsymbol{e}(n)\right|^{2}=\sum_{n=0}^{t}\lambda^{t-n}\left|\boldsymbol{d}(n)-\tilde{\boldsymbol{d}}(i)\right|^{2} \tag{4-30}$$

最小化的过程中得到的。式中，$0<\lambda<1$ 称为加权因子，或遗忘因子。由式（4-30）可见，对于 RLS 算法，性能指数是用时间平均而不是统计平均来表示的。

为了方便起见，用矩阵形式表示递推最小二乘算法。定义 $\boldsymbol{c}_k$ 为 k 时刻均衡器抽头系数的列向量，$\boldsymbol{x}_k$ 为 k 时刻均衡器输入信号的列向量，$\hat{\boldsymbol{d}}_k$ 为信息序列估计值的列向量，$\tilde{\boldsymbol{d}}_k$ 为均衡器输出的列向量。对于有 N 个抽头的线性均衡器来说，$\boldsymbol{c}_k=[c_0(k),c_1(k),\cdots,c_{N-1}(k)]^{\mathrm{T}}$，$\boldsymbol{k}_k=[x_0(k),x_1(k),\cdots,x_{N-1}(k)]^{\mathrm{T}}$，则 $\tilde{\boldsymbol{d}}_k$ 表示为

$$\tilde{\boldsymbol{d}}_k=\sum_{j=0}^{N-1}c_j(k-1)x(k-j)=\boldsymbol{c}_k^{\mathrm{T}}\boldsymbol{x}_k \tag{4-31}$$

对于 DFE，设 $\boldsymbol{A}_k=[a_1(k),\cdots,a_{N_1}(k)]^{\mathrm{T}}$ 为 FFF 的抽头系数，$\boldsymbol{B}_k=[b_1(k),\cdots,b_{N_2}(k)]^{\mathrm{T}}$ 为 FBF 的抽头系数，且有 $N_1+N_2=N$，则均衡器系数矩阵为

$$\boldsymbol{c}_k=[a_1(k),\cdots,a_{N_1}(k),b_1(k),\cdots,b_{N_2}(k)]^{\mathrm{T}}$$

均衡器输入向量为

$$\boldsymbol{x}_k=[x_1(k),\cdots,x_{N_1}(k),d_1(k),\cdots,d_{N_2}(k)]^{\mathrm{T}}$$

在面向判决模式时，用 $\hat{\boldsymbol{d}}_k$ 代替 $\boldsymbol{d}_k$。均衡器的误差定义为

$$\boldsymbol{e}_k=\boldsymbol{d}_k-\boldsymbol{c}_k^{\mathrm{T}}\boldsymbol{x}_k \tag{4-32}$$

由 $\dfrac{\partial J}{\partial \lambda}=0$，可得

$$\boldsymbol{R}_k\boldsymbol{c}_k=\boldsymbol{r}_k \tag{4-33}$$

式中，$\boldsymbol{R}_k$ 为均衡器输入向量 $\boldsymbol{x}_k$ 的自相关矩阵，表示为

$$\boldsymbol{R}_k=\sum_{n=0}^{k}\lambda^{k-n}\boldsymbol{x}_n\boldsymbol{x}_n^{\mathrm{T}} \tag{4-34}$$

$\boldsymbol{r}_k$ 为输入向量 $\boldsymbol{x}_k$ 与均衡器期望输出 $\boldsymbol{d}_k$ 的互相关向量，表示为

$$\boldsymbol{r}_k=\sum_{n=0}^{k}\lambda^{k-n}\boldsymbol{d}_n\boldsymbol{x}_n^{*} \tag{4-35}$$

于是，式（4-34）的解为

$$\boldsymbol{c}_k=\boldsymbol{R}_k^{-1}\cdot\boldsymbol{r}_k \tag{4-36}$$

为了估计 $\boldsymbol{c}_k$，首先用递推的方法计算 $\boldsymbol{R}_k$，可得

$$\boldsymbol{R}_k = \lambda \boldsymbol{R}_{k-1} + \boldsymbol{x}_k^* \boldsymbol{x}_k^{\mathrm{T}} \tag{4-37}$$

对式（4-37）使用逆矩阵恒等式，可得 N 阶逆矩阵 $\boldsymbol{P}_k = \boldsymbol{R}_k^{-1}$ 的递推式：

$$\begin{aligned}\boldsymbol{P}_k = \boldsymbol{R}_k^{-1} &= \frac{1}{\lambda}\left[\boldsymbol{P}_{k-1} - \frac{\boldsymbol{P}_{k-1}\boldsymbol{x}_k^*\boldsymbol{x}_k^{\mathrm{T}}\boldsymbol{P}_{k-1}}{\lambda + \boldsymbol{x}_k^{\mathrm{T}}\boldsymbol{P}_{k-1}\boldsymbol{x}_k^*}\right] \\ &= \frac{1}{\lambda}\left[\boldsymbol{P}_{k-1} - \boldsymbol{K}_k \boldsymbol{x}_k^{\mathrm{T}} \boldsymbol{P}_{k-1}\right]\end{aligned} \tag{4-38}$$

式中，$\boldsymbol{K}_k$ 为卡尔曼增益向量，是一个 N 维向量，表示为

$$\boldsymbol{K}_k = \frac{\boldsymbol{P}_{k-1}\boldsymbol{x}_k^{\mathrm{T}}}{\lambda + \boldsymbol{x}_k^{\mathrm{T}}\boldsymbol{P}_{k-1}\boldsymbol{x}_k^*} \tag{4-39}$$

用 $\boldsymbol{x}_k^*$ 同乘式（4-38）两边，得

$$\begin{aligned}\boldsymbol{P}_k\boldsymbol{x}_k^* &= \frac{1}{\lambda}\left[\boldsymbol{P}_{k-1}\boldsymbol{x}_k^* - \boldsymbol{K}_k\boldsymbol{x}_k^{\mathrm{T}}\boldsymbol{P}_{k-1}\boldsymbol{x}_k^*\right] \\ &= \frac{1}{\lambda}\left\{\left[\lambda + \boldsymbol{x}_k^{\mathrm{T}}\boldsymbol{P}_{k-1}\boldsymbol{x}_k^*\right]\boldsymbol{K}_k - \boldsymbol{K}_k\boldsymbol{x}_k^{\mathrm{T}}\boldsymbol{P}_{k-1}\boldsymbol{x}_k^*\right\} \\ &= \boldsymbol{K}_k\end{aligned} \tag{4-40}$$

$\boldsymbol{r}_k$ 也可以递推估计得到

$$\boldsymbol{r}_k = \lambda \boldsymbol{r}_{k-1} + \boldsymbol{d}_k \boldsymbol{x}_k^* \tag{4-41}$$

于是可得 $\boldsymbol{c}_k$ 的递推公式为

$$\begin{aligned}\boldsymbol{c}_k &= \boldsymbol{R}_k^{-1}\boldsymbol{r}_k = \boldsymbol{P}_k\boldsymbol{r}_k \\ &= \frac{1}{\lambda}\left(\boldsymbol{P}_{k-1} - \boldsymbol{K}_k\boldsymbol{x}_k^{\mathrm{T}}\boldsymbol{P}_{k-1}\right)\left(\lambda\boldsymbol{r}_{k-1} + \boldsymbol{d}_k\boldsymbol{x}_k^*\right) \\ &= \boldsymbol{P}_{k-1}\boldsymbol{r}_{k-1} + \frac{1}{\lambda}\boldsymbol{d}_k\boldsymbol{P}_{k-1}\boldsymbol{x}_k^* - \boldsymbol{K}_k\boldsymbol{x}_k^{\mathrm{T}}\boldsymbol{P}_{k-1}\boldsymbol{r}_{k-1} - \frac{1}{\lambda}\boldsymbol{d}_k\boldsymbol{K}_k\boldsymbol{x}_k^{\mathrm{T}}\boldsymbol{P}_{k-1}\boldsymbol{x}_k^* \\ &= \boldsymbol{c}_{k-1} + \boldsymbol{K}_k\left(\boldsymbol{d}_k - \boldsymbol{x}_k^{\mathrm{T}}\boldsymbol{c}_{k-1}\right) \\ &= \boldsymbol{c}_{k-1} + \boldsymbol{K}_k\boldsymbol{e}_k\end{aligned} \tag{4-42}$$

式中，$\boldsymbol{x}_k^{\mathrm{T}}\boldsymbol{c}_{k-1} = \tilde{\boldsymbol{d}}_k$ 为均衡器在 t 时刻的输出；$\boldsymbol{e}_k$ 为期望输出与估计值之间的误差，表示为

$$\boldsymbol{e}_k = \boldsymbol{d}_k - \tilde{\boldsymbol{d}}_k = \boldsymbol{d}_k - \boldsymbol{x}_k^{\mathrm{T}}\boldsymbol{c}_k \tag{4-43}$$

综上所述，可以得到 RLS 直接算法或称常规 RLS 算法、卡尔曼算法的基本步骤如下所示。

（1）初始化：$\lambda = 0$，$\boldsymbol{P} = \boldsymbol{I}$，$k = 0$。

（2）计算均衡器输出：$\tilde{\boldsymbol{d}}_k = \boldsymbol{x}_k^{\mathrm{T}}\boldsymbol{c}_{k-1}$。

（3）计算误差：$\boldsymbol{e}_k = \boldsymbol{d}_k - \tilde{\boldsymbol{d}}_k$。

（4）计算卡尔曼增益向量：$\boldsymbol{K}_k = \dfrac{\boldsymbol{P}_{k-1}\boldsymbol{x}_k^{\mathrm{T}}}{\lambda + \boldsymbol{x}_k^{\mathrm{T}}\boldsymbol{P}_{k-1}\boldsymbol{x}_k^*}$。

（5）修正相关矩阵的逆：$\boldsymbol{P}_k = \dfrac{1}{\lambda}\left(\boldsymbol{P}_{k-1} - \boldsymbol{P}\boldsymbol{K}_k\boldsymbol{x}_k^{\mathrm{T}}\boldsymbol{P}_{k-1}\right)$。

（6）更新系数：$\boldsymbol{c}_k = \boldsymbol{c}_{k-1} + K_k\boldsymbol{e}_k = \boldsymbol{c}_{k-1} + \boldsymbol{P}_k\boldsymbol{x}_k^*\boldsymbol{e}$。

在 LMS 算法中，均衡器系数随时间改变的量等于误差 $\boldsymbol{e}_k$ 乘以步长 μ，μ 是唯一可变的参数。而在 RLS 算法中，均衡器系数的修正是误差 $\boldsymbol{e}_k$ 乘以卡尔曼增益向量 $\boldsymbol{K}_k$。因为 $\boldsymbol{K}_k$ 是 N 维的，与均衡器系数 $\boldsymbol{c}_k$ 同阶，所以每个抽头系数实际上受到 $\boldsymbol{K}_k$ 中对应元素的控制，从而获得快速收敛。

【例 4-3】　线性均衡器中 RLS 算法的性能仿真。

用例 4-1 和例 4-2 中的信道 1 来仿真分析 RLS 算法的性能。仿真时，采用的信号频率为 2kHz，采用 QPSK 调制，SNR 为 20dB。图 4-11 为采用线性均衡器，当采用不同加权因子 λ 时，不同数据率条件下 RLS 算法的收敛性能。

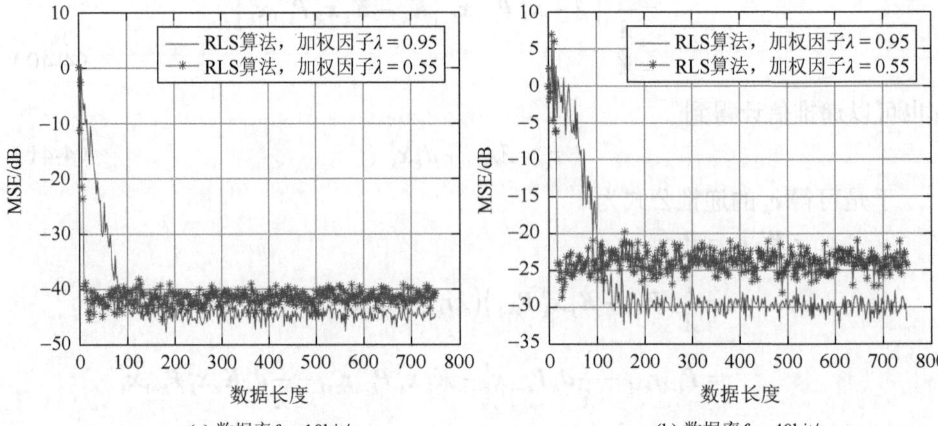

(a) 数据率f_d = 10bit/s　　(b) 数据率f_d = 40bit/s

图 4-11　线性均衡器中 RLS 算法的收敛性能

由图 4-11 可见，相比加权因子 $\lambda = 0.95$，当 $\lambda = 0.55$ 时的 RLS 算法收敛得更快，但剩余 MSE 要更大。例如，当 f_d = 40bit/s、$\lambda = 0.55$ 时的 RLS 算法收敛后的 MSE 要比 $\lambda = 0.95$ 时的 MSE 多约 5dB。

另外，当数据率 f_d 由 10bit/s 增加到 40bit/s 时，RLS 算法在收敛过程中的起伏更大，剩余 MSE 也增加，当 $\lambda = 0.95$ 时剩余 MSE 增加约 15dB。

【例 4-4】　不同均衡器中 RLS 算法的性能比较

用例 4-1 中的信道 1 来仿真分析在线性均衡器和 DFE 中采用 RLS 算法的收敛性能，其仿真结果如图 4-12 所示，图中信号参数同例 4-3。

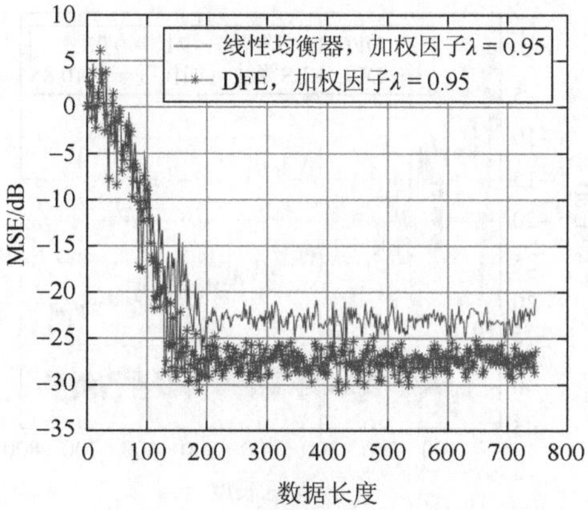

(a) 数据率f_d = 50bit/s

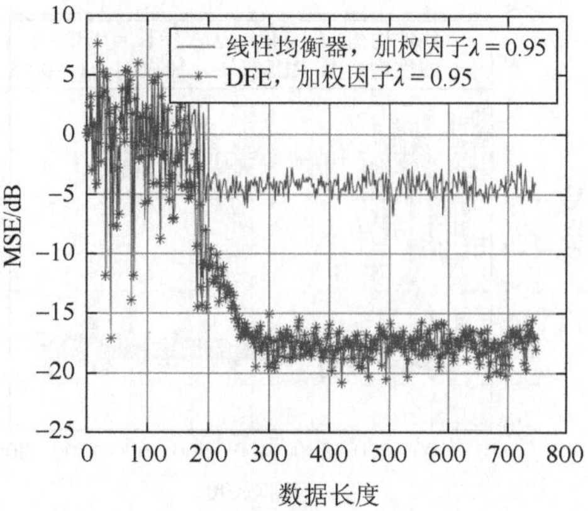

(b) 数据率f_d = 100bit/s

图 4-12　不同均衡器中 RLS 算法的收敛性能

由图 4-12 可以看到，当 f_d = 50bit/s 时，采用不同的均衡器，RLS 算法的收敛过程相差不多，只是稳态误差略高。但当数据率增加到 f_d = 100bit/s 时，DFE 的稳态 MSE 比线性均衡器小约 15dB。

【例 4-5】 RLS 算法与 LMS 算法的性能比较。

用例 4-1 中的信道 2 进行仿真，比较 RLS 算法和 LMS 算法的收敛性能，仿真时，数据率 f_d = 20bit/s，其余信号参数同例 4-1。图 4-13 给出了 RLS 算法和 LMS 算法的 MSE 曲线。仿真时，LMS 算法的步长 $\mu = 0.02$，RLS 算法的加权因子 $\lambda = 0.85$。

由图 4-13 可见，RLS 算法比 LMS 算法的收敛要快得多。在训练期间，RLS 算法在训练数据长度为 50 左右时，已接近收敛，而 LMS 算法则需要约 200 的数据长度。而且，在收敛后，RLS 算法的剩余 MSE 也小于 LMS 算法的 MSE，这在采用线性均衡器时尤为明显，RLS 算法的平均 MSE 要低约 15dB。

一般来说，LMS 算法在包含谱零点的信道中的收敛性尤其慢，而 RLS 算法的收敛性则不受信道特性的影响。RLS 算法的这种优越性在时变的水声信道中尤其重要。但 RLS 算法的计算复杂度要远大于 LMS 算法。对 DFE 来说，若均衡器阶数为 N，则基于 LMS 算法的均衡器，需要进行 $2N+1$ 次复运算，而 RLS 算法要进行 $2.5N^2+4.5N$ 次运算。RLS 算法的计算复杂度随 N^2 增加的特点不利于在水声通信系统中的应用，因为水声信道多径时延长，通常需要较长的均衡器阶数，算法的复杂度太高，将会影响算法的实时性。另外，在 RLS 算法的递推过程中会引起累积噪声，它会引起算法的不稳定。

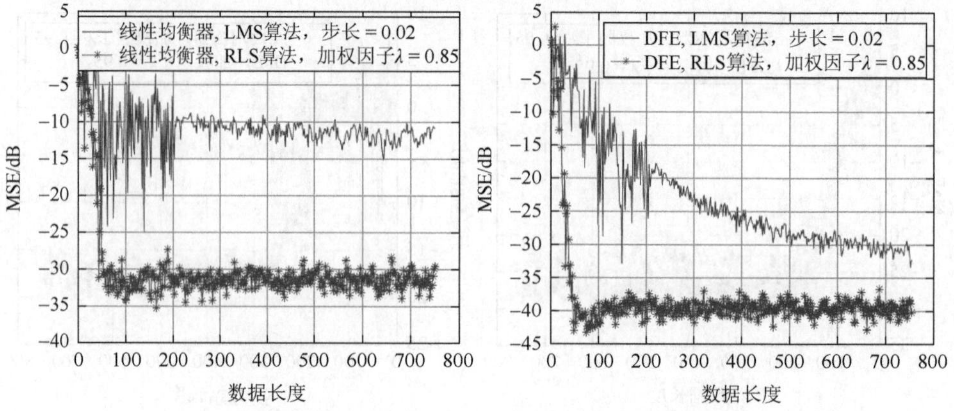

(a) 线性均衡器输出的MSE曲线　　(b) DFE输出的MSE曲线

图 4-13　信道 2 中 RLS 算法和 LMS 算法收敛性能比较

4.4　联合同步与自适应均衡

上文介绍了自适应均衡器结构及算法的一般概念及其性能仿真。由于水声信道具有复杂的、多径衰落的传播特性，自适应均衡技术想要在水声通信中得到有效的应用，需要根据应用环境，对均衡器结构或自适应均衡算法进行调整。

首先来看水声信道的传播特性对自适应均衡的影响[4]。

4.4.1　水声信道的传播特性对自适应均衡的影响

在水声通信系统应用的早期，系统通常采用 FSK 调制，而且数据率较低，对于信道中多径传播所造成的码间干扰，通常采用加保护时间等措施来回避。自从具有更高频谱利用率的 PSK/DPSK 调制应用到水声通信系统中后，抗码间干扰的方法则主要采用自适应均衡的方法。但采用何种均衡器结构和自适应均衡算法，则取决于所应用信道的情况、算法的复杂度与算法性能之间的折中。

水声信道通常被描述为时变、多径衰落信道，其多径结构是变化的，取决于海洋信道的深度、传播路径的长度等因素，受到各种海洋条件，如海况、水深、海水温度等的影响，信道的时变性差异也很大，因此，在这样时变、空变的水声信道中，水声通信系统是否采用自适应均衡，以及采用什么样的自适应均衡方法有很大不同。

一般来说，近距离（1km 以内）信号传输、发射频率在 10～15kHz 内的通信系统很适合采用自适应均衡。这类信道包括垂直深海通信链路和近距离水平链路，接收信号通常由直达路径信号分量、海面反射信号分量、一些海底反射分量组成。在这类信道中，信号的幅度和相位起伏不大，直达信号可为系统的同步提供稳定的参考。

中距离（1～20km）水平信道通常呈现更为严重的幅度和相位起伏，经常可以观测到 50Hz 范围内的多普勒扩展，多径扩展在 20ms～1s 的量级。在浅海信道，接收信号中包括经由海面和海底反射路径的信号分量。无论是信号的幅度还是相位，起伏都较大。这类信道尤其难以实现均衡。因此，在这类信道中，通信系统经常采用 MFSK 和非相干检测。

在远距离（20～2000km）信道上，为了克服信道中严重的传播损失，通信系统的工作频率一般在 10kHz 以下。观测表明，在这样远距离的传播信道中，接收信号呈现出很好的相位稳定性，自适应均衡方法是可行的。

除了信号传播特性，信道中的环境噪声也是影响通信系统中自适应均衡设计的重要因素，最佳的 MAP 算法和 MLSE 算法都需要了解噪声的统计特性。一般假设背景噪声是高斯噪声，但在水声信道中，10kHz 以下的环境噪声是非高斯的，于是，基于高斯噪声假设的 MAP 算法和 MLSE 算法的性能可能反而不如次最佳的 DFE 的性能好。换句话说，在未知背景噪声统计特性的情况下，DFE 通常比 MAP 和 MLSE 接收机的性能更为稳健。当信号频率在 10kHz 以上时，信道中环境噪声谱级下降，并趋于高斯分布。在这种情况下，MAP 和 MLSE 接收机性能将优于 DFE。

虽然从理论上说，有最佳系数的均衡器能修正接收信号中的任何偏差，但实际并非如此。载波相位是时间函数，通常是常数相位偏移、多普勒频移及随机相位起伏三部分之和。自适应均衡能够修正常数相位偏移和载波相位的慢变，而剩余的载波频偏以及快速的相位起伏会引起均衡器系数的循环，这会增加失调噪声，最终造成均衡器系数发散。正常的情况下，从一个码元到另一个码元，滤波器系数的变化不应超过 1%。因此，需要专门的载波相位同步环以确保均衡器在遇到水声信道有大的相位起伏时也能正常工作。

4.4.2　联合同步/均衡接收机结构

为了克服水声信道中相位快速起伏对均衡器性能的影响，Stojanovic 等[1]在基于相位相干检测的水声遥测系统中采用了内嵌二阶数字锁相环（digital phase-locked loop，DPLL）的 DFE 结构，如图 4-14 所示，其 FFF 通常采用分数间隔均衡器，内嵌的 DPLL 用来估计和补偿快速相位偏移，而 DFE 用来跟踪慢变的信道响应。

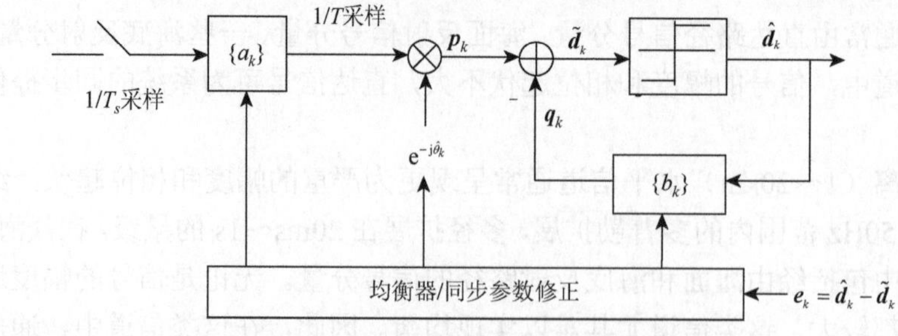

图 4-14　内嵌二阶 DPLL 的 DFE 结构

在图 4-14 所示的 DFE 结构中，分数间隔的前馈均衡器以 $1/T_s$ 的速率对输入信号采样，其中，$T_s=KT$，K 为整数，通常 $K=2$，其输出再以 $1/T$ 速率采样。采样信号用 DPLL 估计得相位修正后，输出为 $\boldsymbol{p}_k$，表示为

$$\boldsymbol{p}_k=\boldsymbol{a}_k^*\boldsymbol{x}_k\mathrm{e}^{-\mathrm{j}\hat{\theta}_k} \tag{4-44}$$

反馈均衡器的输出为

$$\boldsymbol{q}_k=\boldsymbol{b}_k^*\hat{\boldsymbol{d}}_k \tag{4-45}$$

均衡器的输出为数据符号的估计值：

$$\tilde{\boldsymbol{d}}_k=\boldsymbol{p}_k-\boldsymbol{q}_k \tag{4-46}$$

信号判决后输出 $\hat{\boldsymbol{d}}_k$，估计误差定义为 $\boldsymbol{e}_k=\hat{\boldsymbol{d}}_k-\tilde{\boldsymbol{d}}_k$，最佳滤波器系数可用 $\mathrm{MSE}=E\{|\boldsymbol{e}_k|^2\}$ 最小化来实现。MSE 对滤波器参数 a、b、θ 求偏微分，可得

$$\begin{aligned}\frac{\partial \mathrm{MSE}}{\partial a}&=-2E\{\boldsymbol{x}_k\boldsymbol{e}_k^*\}\mathrm{e}^{-\mathrm{j}\hat{\theta}_k}\\ \frac{\partial \mathrm{MSE}}{\partial b}&=-2E\{\hat{\boldsymbol{d}}_k\boldsymbol{e}_k^*\}\\ \frac{\partial \mathrm{MSE}}{\partial \hat{\theta}}&=-2I_m\{E[\boldsymbol{p}_k(\hat{\boldsymbol{d}}_k+\boldsymbol{q}_k)^*]\}\end{aligned} \tag{4-47}$$

令上述微分方程等于零，并联合求解可得联合最佳的滤波器参数。还可以采用递推的方法求解方程组得到次最佳解，递推方法可用 LMS 算法或 RLS 算法。

为了让算法能够适应水声信道的时变，需要对 DPLL 进行改进，采用二阶修正方程以提高对载波相位的跟踪能力。按照文献[1]，对估计相位 $\hat{\boldsymbol{\theta}}$ 的偏微分方程代表的是一个等价的相位检测器，其输出为

$$\boldsymbol{\Phi}_k=I_m\{\boldsymbol{p}_k(\boldsymbol{d}_k+\boldsymbol{q}_k)^*\} \tag{4-48}$$

二阶载波相位的修正方程为

$$\hat{\boldsymbol{\theta}}_{k+1}=\hat{\boldsymbol{\theta}}_k+K_{f_1}\boldsymbol{\Phi}_k+K_{f_2}\sum_{i=0}^{k}\boldsymbol{\Phi}_i \tag{4-49}$$

式中，K_{f_1} 为比例常数；K_{f_2} 为积分跟踪常数。

为了提高收敛速度可以采用 RLS 算法来修正均衡器参数。基于 RLS 算法、内嵌 DPLL 的 DFE 结构使得水声通信系统可以应用于有快速变化的浅海水声信道。它用 DPLL 来估计和补偿由于信道时变所引起的多普勒频移与相位变化，而让 DFE 跟踪相对慢变的信道响应。

美国伍兹霍尔海洋研究所采用这种内嵌 DPLL 的 DFE 作为相位相干检测接收机的核心结构，在 20 世纪 90 年代初进行了一系列的海试，无论在深海、中远距离浅海都取得了海试的成功（详见文献[1]），标志着这种 DFE 结构和自适应均衡算法在快速时变信道中抵消码间干扰的有效性，也开创了相位相干检测在水声通信系统中应用的新局面。

4.4.3　降低复杂度的自适应均衡

联合相位同步的自适应均衡技术虽然取得多次海试的成功，但其在实际应用中存在复杂度高的问题，无论是内嵌二阶 DPLL 的 DFE 结构，还是相位跟踪和 RLS 算法，都具有较高的复杂度。这种复杂度不仅会影响自适应均衡算法是否能实时地、有效地实现对码间干扰的补偿和对相位的跟踪，而且会影响自适应均衡性能及其稳健性。因此，降低自适应均衡技术的复杂度，实现实时、有效的均衡，是水声通信中自适应均衡技术研究的重要内容。

在过去的几十年间，随着水声通信系统中数据率的增加，信道的分辨力及信道响应的长度都随之增加。信道响应的长度是指用码元时间归一化后的多径时延扩展，是一个重要的参数，因为自适应接收机的参数正比于信道响应长度。对一个分数间隔的 DFE 来说，其 FFF 的分支长度应覆盖主要多径分量，其 FBF 应覆盖剩余的信道响应的长度。例如，一个中等距离水平传播的声链路，信道中的多径扩展有 40ms，系统的波特率为 2500bit/s，则该链路信道响应的长度为 100。若采用 $T/2$ 间隔的 FFF 覆盖 16 个码元的主要多径分量，则 FBF 的长度可能高达 120。若系统的数据率提高两倍，则接收机参数也加倍。研究和试验表明，高波特率有助于改善自适应接收机相位的跟踪性能。因此，在未来的相位相干系统中，波特率越来越高的趋势将导致信道响应长度进一步增加，而这种趋势对自适应均衡器的应用将产生较大的影响。

在通信系统的复杂度参数 $O(N)$中，$N = T_m R_B$，T_m 为信道的最大多径时延，R_B 为波特率。不管采用 LMS 算法或快速 RLS 算法来修正接收机参数，接收机所需的计算量将正比于 $O[(T_m R_B)^2]$（[·]表示取整运算）。对于一个靠电池供电的水声调制解调器来说，其计算量是同样传输速率条件下电话信道平均计算量的 10 倍。除此之外，DFE 的解调及解码的计算量也是 $O[(T_m R_B)^2]$量级的。若系统应用在像自主水下航行器（unmanned underwater vehicle，UUV）这样软、硬件及声发射的功率都受限的系统中，则实时解调所需的软、硬件都需要仔细地设计。

综上所述，虽然与无线电信道相比，水声信道可以看成一个低速率信道，但通信系统要纠正所遇到的信道失真，需要复杂的接收机结构，从而导致很大的计算量，有可能超出可用硬件的运算范围。因此，减少接收机的复杂度以保证实时完成算法运算，成为许多水声通信研究的焦点。

可以从自适应算法和接收机结构两方面来减少接收机的复杂度。

1. 降低计算复杂度的自适应算法

应用于时变信道的接收机，无论是波束形成、自适应均衡还是 MLSE 算法中的信道估计，都需要自适应算法来调整其参数，最常用的自适应算法是 LMS 算法和 RLS 算法。

虽然 RLS 算法比 LMS 算法有快得多的收敛性能，但在水声通信系统中，很多应用还是选用了 LMS 算法，因为它的计算量随均衡器分支数 N 线性增加，而经典 RLS 算法的计算量随 N^2 变化。因此，大量针对自适应算法的研究分为两类：一类是改进 LMS 算法的收敛性能；另一类是降低 RLS 算法的复杂度。

虽然 LMS 算法的复杂度低，但对有大分支数的均衡器来说，LMS 算法的收敛时间可能长得无法接受。除此之外，LMS 算法对步长的选择非常敏感。为了解决此问题，可以采用最佳步长选择的 LMS 算法，但这种选择又增加了复杂度，进而增加了收敛时间。为此，Geller 和 Capellano[6]采用了自适应 LMS 算法，即系数修正时步长随着梯度的计算而改变，以减少收敛时间和跟踪误差。

RLS 算法有更好的收敛性能但复杂度高。在实际中更多地采用线性复杂度低、数值稳定性好的快速 RLS 算法。另外，平方根 RLS 算法，虽然也是平方复杂度，但它允许滤波器参数周期性地进行调整，而不是每个码元期间都更新。更新次数的减少同样可以降低计算量，而且更新的间隔可以根据 MSE 来自适应地确定。

这种减少更新次数的算法称为稀疏修正技术，它是当 MSE 超过某个门限后才对滤波器系数进行更新的，特别适用于高速率传输。当通信系统的波特率超过信道的多普勒扩展时，均衡器系数在本次修正时和上次修正时是强相关的，无须每个码元期间都更新。可见，虽然高速率增加了信道响应的长度，但均衡器参数更新的速率可以下降。因此，对于这类高速率应用场合，减少更新次数的技术在降低接收机计算量方面起着重要的作用。

总之，降低自适应算法的计算复杂度可以有两种选择：一是选低复杂度的算法，但需要将复杂度和收敛性综合考虑；二是降低参数更新的次数，即采用稀疏更新方法。如何基于收敛性能和复杂度来选择自适应算法是水声调制解调器的重要研究内容之一。

2. 降低复杂度的均衡器结构

改进自适应均衡器的结构也可以降低复杂度，如在信道响应长度较短的垂直信道，可以采用线性均衡器或线性均衡器加 PLL 结构，算法采用 LMS 算法；在慢变、稳定的水平信道采用 LMS 算法或快速 RLS 算法等。

线性均衡器补偿码间干扰的性能虽然不如 DFE，但其结构简单，因而在垂直信道或水平近距离信道中得到应用。对于应用范围更大的 DFE，也可以通过简化均衡器结构来降低复杂度。不管是何种自适应算法，它的计算都与均衡器的分支数成比例。因此，减少复杂度的另一种方法是减少均衡器的分支数，这种技术称为稀疏均衡器技术。

在常规的均衡器中，分支长度应覆盖整个信道响应的长度。但如果信道响应呈稀疏结构，则可以设计均衡器的分支只对应于信道响应中有较大能量的主要部分，所形成的均衡器，就是稀疏均衡器，它可以和相位相干同步方法一起使用。稀疏信道响应是指信道模型中能量主要集中在少数几个分支上，呈现出稀疏分支结构。

由于均衡器的分支数减少，就可以采用简单而稳定的常规 RLS 算法来更新均衡器参数。在稀疏信道中，降低均衡器的分支数实际上还能改善均衡器性能，因为分支数减少，所引起的噪声增强也会相应地减少。

稀疏均衡器技术实现的关键在于对信道稀疏结构的识别。在采用稀疏均衡器前，需要采用信道探测信号来估计信道的结构，如主要多径分量的数目、时延（位置）、时延扩展等，而且信道应是慢时变、稳定的。

4.5　单载波频域均衡

线性均衡器和 DFE 是水声通信中常采用来补偿码间干扰的均衡技术，但在实际应用时存在一些问题。首先，由于这两种均衡器的信号处理是逐符号进行的，其最佳滤波器系数容易受到信道中多普勒频移及相位噪声的影响，在长多径时延和快时变信道，其滤波器很难收敛到最佳系数上，其性能的稳健性受信道条件的限制。其次，DFE 存在低 SNR 下的错误传播问题。最后，DFE 采用高阶滤波器结构，其 FFF 与 FBF 的分支数随信道多径时延的长度即随数据率的增加而线性增加。在高数据率条件下，均衡器急剧增加的实现复杂度限制了其实际应用。

近年来，采用频域均衡的单载波传输重新受到了关注[7-12]。频域均衡早在 1973 年就已经提出了，主要用于信号处理领域。直到近几年，人们认识到其在通信领域的潜力，频域均衡的研究迅速增加。与 OFDM 一样，SC-FDE 采用分组数据结构和单分支结构，避免了时域均衡器采用多分支高阶滤波器带来的结构复杂度。其均衡过程可以借助于 FFT 在频域进行，因而其结构及计算复杂度要远小于 DFE。研究表明，SC-FDE 的抗码间干扰的性能和实现复杂度与 OFDM 相当，适合于有严重时间扩展的信道中，且 SC-FDE 同样可以获得多径分集增益。

由于具有良好的抗码间干扰性能和低复杂度且由于采用单载波调制，避免了 OFDM 存在的对频偏敏感和高峰均功率比问题，使得单载波频域均衡替代 OFDM 用于宽带无线移动通信的上行链路。将单载波频域均衡与 MIMO 技术结合是单载波频域均衡研究的热点之一，其不仅降低 MIMO 接收机的复杂度，而且同时能获得频率分集与空间复用。

本节将介绍单载波频域均衡的基本概念。为了区分，将上面讨论的采用横向滤波器结构的、逐码元检测的均衡器统称为时域均衡器。

4.5.1 单载波频域均衡的基本概念

与时域均衡器一样，采用线性结构的频域均衡，由于其存在剩余码间干扰，其性能并不是最好的。Benvenuto 和 Tomasin[7]提出了一种非线性频域均衡——IB-DFE 结构。IB-DFE 中采用与时域判决反馈均衡器（TD-DFE）类似的 FFF 和 FBF 结构，按照最小均方误差准则来设计 FFF 和 FBF 的系数，用来抵消剩余的码间干扰。研究表明[7]，IB-DFE 比 TD-DFE 有着更好的性能及更好的实现性。与 TD-DFE 相比，IB-DFE 有两个明显的优点：①由于均衡过程采用迭代均衡，所有上次迭代过程被检测的码元都用来输入到 FBF，当前检测的码元前后的码间干扰都可以被抵消，而且，随着迭代次数的增加，性能会变得更好，但是在 TD-DFE 中，只能抵消检测码元后的码间干扰，这降低了检测的性能。② IB-DFE 的最佳化是按照判决的可靠性来进行的，因此，误差传播可以大大减少，并且限制在一个数据块内。因此，对水声通信中的 IB-DFE 技术的研究吸引了广泛的关注。

1. 单载波频域均衡的数据分组结构

与 OFDM 类似，SC-FDE 也采用将输入数据流分割成一个个数据分组并进行传输的方法。即按照一定的规则，将数据分组，每个分组作为一个独立的单元进行发送、接收及均衡。

为了减小发射数据分组间的干扰，可对每个数据分组用已知的伪随序列（PN 码）、循环前缀（CP 前缀）或简单的补零（0 序列）等进行扩展。SC-FDE 系统中的数据块结构如图 4-15 所示，图中采用 0 序列扩展。

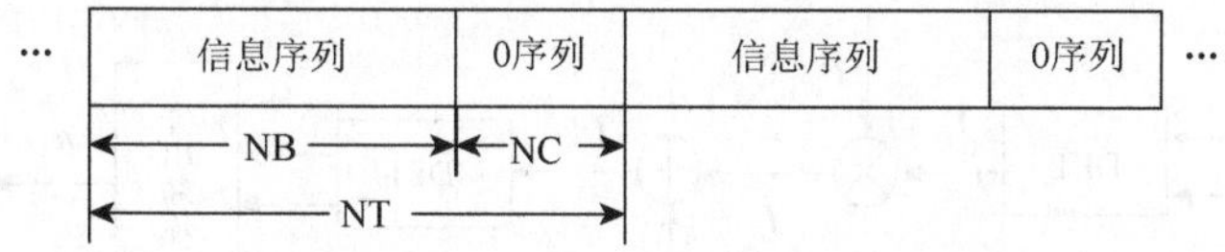

图 4-15　SC-FDE 系统中的数据块结构

将数据分组并进行扩展，在减小数据分组间的干扰的同时，还可以将发射数据与信道系数的线性卷积转变为循环卷积，这将有利于在频域对一个数据分组进行处理。

设每个数据分组中有 NB 位有效数据，该数据分组可以表示为 $\boldsymbol{d}_n = [d_0, d_1, \cdots, d_{\mathrm{NB}-1}]$。在其后加上长度为 NC 的 0 序列，形成一个总长为 NT 的数据分组 $\boldsymbol{x} = [x_0, x_1, \cdots, x_{\mathrm{NT}-1}] = [d_0, d_1, \cdots, d_{\mathrm{NB}-1}, 0, 0, \cdots, 0]$，这里 NT = NB + NC。假设信道长度为 L，为了保证信号的传输过程可以表示为循环卷积，则要求 NB＞L，NC＞L。

设信道的冲激响应为 h_n，$n = 0, 1, \cdots, L-1$，则接收信号 y_n 可以表示为

$$y_n = \sum_{m=1}^{L-1} h_m x_{n-m} + w_n \tag{4-50}$$

式中，w_n 为方差 σ_w^2 的加性高斯白噪声。

接收端第 k 个数据分组的 DFT 表示为

$$Y_k = \sum_{n=0}^{\mathrm{NT}-1} \mathrm{e}^{-\mathrm{j}\frac{2\pi kn}{\mathrm{NT}}} \cdot y_n \tag{4-51}$$

定义 X_k、W_k 分别为第 k 个数据分组 x_k、w_k 的离散傅里叶变换（discrete Fourier transform，DFT）。信道冲激响应的 NT 点 DFT 表示为

$$H_k = \sum_{n=0}^{L-1} \mathrm{e}^{-\mathrm{j}\frac{2\pi kn}{\mathrm{NT}}} \cdot h_n \tag{4-52}$$

根据循环卷积定理可得

$$Y_k = H_k X_k + W_k \tag{4-53}$$

根据式（4-50）～式（4-53）的推导可以看出，数据分组使发射数据与信道系数的线性卷积变为循环卷积。

2. 迭代分组 DFE 结构

采用线性结构的单载波频域均衡，由于在均衡后存在剩余码间干扰，其性能并不是最好的。为此，IB-DFE 被提出。IB-DFE 是在线性频域均衡器基础上增加反馈回路形成的，其基本结构框图如图 4-16 所示。

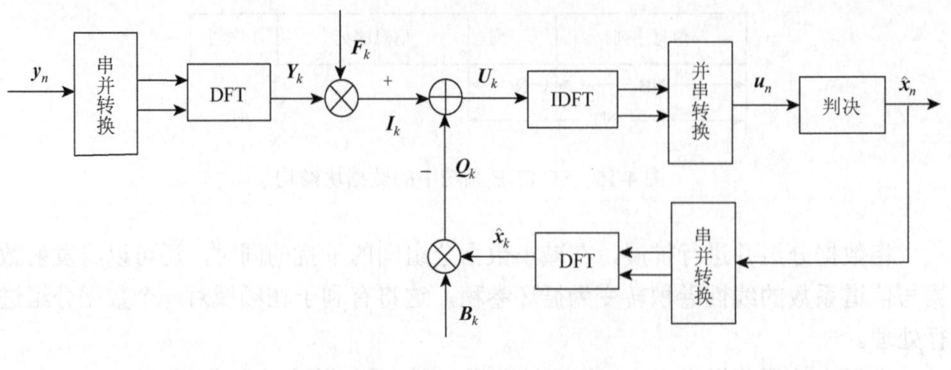

图 4-16　IB-DFE 基本结构框图

与 TD-DFE 相似，在 IB-DFE 中有两个重要的滤波器：频域系数为 $A_k(k=0, 1, \cdots, \mathrm{NT}-1)$的 FFF 及频域系数为 $B_k(k=0,1,\cdots,\mathrm{NT}-1$的 FBF。FFF 用于对接收信号进行处理，以抵消部分码间干扰。FBF 对前次迭代后已判决的频域数据信号进行处理，用来抵消剩余干扰，提高频域均衡的性能。在 IB-DFE 中，FFF 的权系数 A_k 及 FBF 的权系数 B_k 均是经过多次迭代得到的。

接收并解调后得到的串行数据分组 y_n 经过串并转换后得到并行数据，再经过 DFT 后，被转换至频域，从而得到频域数据分组 Y_k。Y_k 经过系数为 A_k 的 FFF 滤波，得到输出数据 I_k。而上次迭代均衡结束后所得的输出数据 $\hat{x}_n$ 进行 DFT 后，得到频域数据分组 $\hat{X}_k$，该数据分组经过系数为 B_k 的 FBF 滤波，得到输出数据 Q_k。将 I_k 与 Q_k 相减可以得到本次迭代均衡器的输出频域信号 U_k，将 U_k 通过离散傅里叶逆变换（inverse discrete Fourier transform，IDFT）及硬判决，得到本次迭代后的发射数据分组的估计 $\hat{x}_n(n=0,1,\cdots,\mathrm{NB}-1)$。重复以上过程，经过若干次的迭代均衡后，得到最终的均衡器判决输出信号 $\hat{x}_n$。

由式（4-51）可知，接收端通过串/并转换成并行数据的信号，通过 DFT 从时域变换到频域所得结果为

$$Y_k=\sum_{n=0}^{\mathrm{NT}-1}\mathrm{e}^{-\mathrm{j}\frac{2\pi kn}{\mathrm{NT}}}\cdot y_n \tag{4-54}$$

假设迭代次数为 NI，则第 $l(l=1,2,\cdots,\mathrm{NI})$次迭代时 FFF 的输出为

$$I_k^{(l)}=A_k^{(l)}\cdot Y_k,\ \ k=0,1,\cdots,\mathrm{NT}-1 \tag{4-55}$$

FBF 的输出为

$$Q_k^{(l)}=B_k^{(l)}\cdot \hat{X}_k^{(l-1)},\quad k=0,1,\cdots,\mathrm{NT}-1 \tag{4-56}$$

式中，$\hat{X}_k^{(l-1)}$ 为第 l–1 次迭代并判决后变换至频域的数据。

于是，经过前向滤波和反馈滤波后，均衡器的输出可以表示为

$$U^{(l)} = I^{(l)} + Q^{(l)} \tag{4-57}$$

从式（4-56）可知，$Q^{(l)}$由$\hat{X}^{(l-1)}$决定。而当$l=1$时，$\hat{X}^{(0)}$不存在。因此，可以设$\hat{X}^{(0)}=0$。

通过 IDFT 将$U^{(l)}$变换到时域即可得到 NI 次迭代均衡后的信号

$$u_n^{(l)} = \frac{1}{\text{NT}}\sum_{m=0}^{\text{NT}-1} U_m^{(l)} \mathrm{e}^{\mathrm{j}\frac{2m\pi\cdot n}{\text{NT}}} \tag{4-58}$$

$u_n^{(l)}$ $(n=0,1,\cdots,\text{NT})$去除后缀的 0 序列后，送入判决器进行判决，再加上 0 序列做后缀得到发送数据的估计值$\hat{x}_n$ $(n=0,1,\cdots,\text{NB})$。对$\hat{x}_n$进行 DFT 后得到$\hat{X}_k$。

在设计 FFF 和 FBF 权系数的过程中，采用 MMSE 准则。设M_{X_k}与$M_{\hat{X}_k^{(l)}}$分别表示发射信号X_k和判决后信号$\hat{X}_k^{(l)}$的功率，即

$$M_{X_k} = E\left[|X_k|^2\right],\ M_{\hat{S}_k^{(l)}} = E\left[|\hat{X}_k^{(l)}|^2\right] \tag{4-59}$$

发射信号和判决后信号的相关函数为

$$r_{X_k,\hat{X}_k^{(l-1)}} = E\left[X_k \cdot \hat{X}_k^{(l-1)*}\right] \tag{4-60}$$

式中，$\hat{X}_k^{(l-1)*}$为$\hat{X}_k^{(l-1)}$的复共轭。

判决时得到的均方误差为

$$J^{(l)} = \frac{1}{\text{NT}}\sum_{i=0}^{\text{NT}-1} E\left[|\hat{x}_i^{(l)} - x_i|^2\right] \tag{4-61}$$

由帕萨瓦尔（Passaval）定理和式（4-57）～式（4-58）可得

$$J^{(l)} = \frac{1}{\text{NT}^2}\sum_{k=0}^{\text{NT}-1} E\left[|A_k^{(l)}X_k + B_k^{(l)}\hat{X}_k^{(l-1)} - X_k|^2\right] \tag{4-62}$$

通过式（4-58），将信号和噪声的期望代入式（4-62）可得

$$\begin{aligned} J^{(l)} = \frac{1}{\text{NT}^2}\sum_{k=0}^{\text{NT}-1} & |A_k^{(l)}|^2 \cdot M_W \\ & + |A_k^{(l)}H_k - 1|^2 \cdot M_{X_k} + |B_k^{(l)}|^2 \cdot M_{\hat{X}_k^{(l-1)}} \\ & + 2\Re\left[B_k^{(l)*}\cdot\left(A_k^{(l)}H_k - 1\right)\cdot r_{X_p,\hat{X}_p^{(l-1)}}\right] \end{aligned} \tag{4-63}$$

式中，$\Re(x)$为x的实部；$M_W = P\cdot\sigma_w^2$为噪声信号在频域的功率。

为了使式（4-63）表示的 MSE 最小，假设 FBF 的权系数B_k一定满足

$$\sum_{k=0}^{\text{NT}-1} B_k^{(l)} = 0 \tag{4-64}$$

在推导过程中，采用拉格朗日（Lagrange）极值定理并使目标函数最小，如下：

$$
\begin{aligned}
f(A^{(l)},B^{(l)},\lambda^{(l)}) = \frac{1}{\mathrm{NT}^2}\sum_{p=0}^{\mathrm{NT}-1} & |A_k^{(l)}|M_W + |A_k^{(l)}H_k-1|^2 M_{X_k} \\
& + |B_k^{(l)}|^2 M_{X_k^{(l-1)}} + 2\Re\left[B_k^{(l)*}\left(A_k^{(l)}H_k-1\right)r_{X_k,\hat{X}_k^{(l-1)}}\right] \\
& + \lambda^{(l)}\sum_{k=0}^{\mathrm{NT}-1}B_k^{(l)}
\end{aligned}
\tag{4-65}
$$

式中，$\lambda^{(l)}$为拉格朗日算子。

假设相关函数$r_{X_k,\hat{X}_k^{(l-1)}}$和功率函数$M_{X_k}$、$M_{\hat{X}_k^{(l-1)}}$均与$k$独立。分别对式（4-65）中的变量求偏导数，并使之为零，得

$$
\begin{aligned}
\frac{\partial f(A^{(l)},B^{(l)},\lambda^{(l)})}{\partial A_k^{(l)}} = & 2A_k^{(l)}M_W + 2(A_k^{(l)}H_k-1)H_k^* M_{X_k} \\
& + 2B_k^{(l)}H_k^* r^*_{X_k,\hat{X}_k^{(l-1)}} = 0
\end{aligned}
\tag{4-66}
$$

$$
\frac{\partial f(A^{(l)},B^{(l)},\lambda^{(l)})}{\partial B_k^{(l)}} = 2B_k^{(l)}M_{\hat{X}_k^{(l-1)}} + \lambda^{(l)} + 2\left(A_k^{(l)}H_k-1\right)r_{X_k,\hat{X}_k^{(l-1)}} = 0 \tag{4-67}
$$

$$
\frac{\partial f(A^{(l)},B^{(l)},\lambda^{(l)})}{\partial \lambda^{(l)}} = \sum_{k=0}^{\mathrm{NT}-1}B_k^{(l)} = 0 \tag{4-68}
$$

式（4-66）～式（4-68）中，$k=0,1,\cdots,\mathrm{NT}-1$。

通过式（4-67）可得

$$
B_k^{(l)} = -\frac{1}{M_{\hat{X}_k^{(l-1)}}}\left[r_{X_k,\hat{X}_k^{(l-1)}}(H_kA_k^{(l)}-1) - \frac{1}{2}\lambda^{(l)}\right] \tag{4-69}
$$

设$\gamma^{(l)}$满足式（4-68），可令其等于

$$
\gamma^{(l)} = \sum_{k=0}^{\mathrm{NT}-1}H_kC_k^{(l)}，\quad k=0,1,\cdots,\mathrm{NT}-1 \tag{4-70}
$$

根据上述推导可得

$$
B_k^{(l)} = -\frac{r_{X_k,\hat{X}_k^{(l-1)}}}{M_{\hat{X}_k^{(l-1)}}}\left[H_kA_k^{(l)} - \gamma^{(l)}\right] \tag{4-71}
$$

式（4-71）是在满足式（4-64）的前提下，令式（4-63）最小而得到的FBF的系数。将式（4-70）代入式（4-62）中，并且令$A_p^{(l)}$的梯度为零，可得

$$
A_k^{(l)} = \frac{H_k^*}{M_W + M_{X_k}\left(1-\dfrac{|r_{X_k,\hat{X}_k^{(l-1)}}|^2}{M_{\hat{X}_k^{(l-1)}}M_{X_k}}\right)|H_k|^2} \tag{4-72}
$$

通过上述推导，得到 IB-DFE 的 FFF 和 FBF 的系数。当 $l=0$ 时，由于没有 FBF 的反馈，相关函数为零，可得

$$A_k^{(0)}=\frac{H_k^*}{M_W+M_{X_k}|H_k|^2} \tag{4-73}$$

式中，$M_W=P\sigma_w^2$ 为噪声的功率；M_{X_k} 为发射信号的功率；H_k 为信道传输函数的 DFT；H_k^* 为 H_k 的复共轭。

3. 发送信号的数据格式

考虑到信道估计的需要，在发送二进制数据信息之前，应首先发送一个训练序列数据分组，以便接收端进行信道频域响应参数的估计。训练序列数据分组与信息数据分组格式相同，均采用尾部补 0 序列的手段加以扩充。基于 IB-DFE 算法的 SC-DFE 发送信号格式如图 4-17 所示。LFM 信号用于信号帧的同步及码元同步，LFM 信号同样需要用 0 序列扩充，以防止多径条件下 LFM 信号由于传播时延对后续训练序列产生干扰。

LFM信号	0序列	训练序列	0序列	信息序列	0序列	…

图 4-17　基于 IB-DFE 算法的 SC-DFE 发送信号格式

由于训练序列不包含任何有效信息，过于频繁地使用训练序列将占用有限信道资源，因此，要降低其在所有通信数据中的比重，以提高实际有效的通信数据率。这要求在一个数据发送过程中，将一个训练序列数据分组和多个信息序列数据分组组成一个数据帧进行传输。在相应的接收过程中，根据一个训练序列估计出信道的传递函数后，会在接下来的几个数据分组均衡过程中使用，这在以慢衰落为主的信道中是有效的。

4.5.2　频域均衡中的信道估计

1. 频域信道估计的方法

由式（4-71）～式（4-73）可知，IB-DFE 的 FFF 与 FBF 参数均是在信道频域响应 H_k 已知的前提下进行计算的。然而，在实际应用中，信道的频域响应参数通常是未知的，因此，频域信道估计是频域均衡的关键技术之一，其估计精度对频域均衡的性能有着重要的影响。

信道估计通常分为两步进行：首先利用已知序列获得信道频域响应的估计，然后对信道估计进行去噪处理。目前，按照已知序列选取的不同，频域信道估计

大致采用两种方法：基于训练序列/导频辅助的信道估计和面向判决的信道估计 [11-14]。基于训练序列/导频辅助的信道估计利用训练序列或导频符号获得信道的 LS 或 MMSE 估计。由于将具有常数包络和均匀谱的序列（如 Chu 序列）作为训练序列或导频符号，所以基于训练/导频的频域信道估计（frequency domain channel estimation，FDCE）通常可以获得很高的精度。这种方法适用于静态信道。

采用面向判决的信道估计是将均衡器的判决输出作为已知序列来进行信道估计的。这种信道估计方法适用于快时变和多径扩展较大的信道，但存在的问题是信号频谱的不平稳会引起信道估计中的噪声增强，严重影响估计的精度，这势必导致均衡器判决性能的下降，进而进一步影响信道估计的精度，最终造成估计精度与判决性能的相互牵制。

采用训练序列是目前常用的一种对未知信道传递参数进行估计的方法。为了保证对信道频域传递参数估计的精度，要求训练序列具有常数的谱系数和包络值。常用的训练序列有循环前缀、PN 码和 Chu 序列等。其中，Chu 序列具有常数包络和均匀谱，在进行信道频域响应的估计时具有优势，因而在频域均衡中常用来进行信道频域响应的估计。

2. 基于 Chu 序列的信道估计

序列长度为 N 的 Chu 序列的表达式如下：

$$\text{Chu}=\begin{cases}\mathrm{e}^{-\frac{\mathrm{j}2\pi r}{N}\left(\frac{k^2}{2}+qk\right)}, & k=0,1,\cdots,N-1，N\text{为奇数}\\ \mathrm{e}^{-\frac{\mathrm{j}2\pi r}{N}\left(\frac{k(k+1)}{2}+qk\right)}, & k=0,1,\cdots,N-1，N\text{为偶数}\end{cases} \tag{4-74}$$

式中，r 与 N 为互质的整数；q 可取为任意数。

Chu 序列的包络恒为 1，且任意 Chu 序列通过傅里叶变换后仍然为 Chu 序列，仍然具有 Chu 序列所有的性质。因此 Chu 序列在时域和频域均具有恒包络。

由式（4-53）可知，如果使用已知的训练序列，即已知 X_k 及 Y_k 的条件下，可以采用一定的算法估计出信道的频域传递函数 H_k。目前，信道估计过程中通常采用的准则有两种，即 LS 准则和 MMSE 准则。其中，LS 准则结构简单，在运算过程中仅需进行一次矩阵求逆运算和一次矩阵乘法运算，在工程上更容易实现。

设 X_k 是第 k 个频率上发射的训练序列，则接收到的训练序列为

$$Y_k=H_kX_k+W_k，\ k=0,1,\cdots,\mathrm{NT}-1 \tag{4-75}$$

当采用 LS 准则进行信道估计时，设获得的信道频域响应的 LS 估计 $\hat{H}_{\mathrm{LS}}$ 为

$$\hat{H}_{\mathrm{LS}}=\arg\min\{\|Y-HX\|^2\}=H+\varepsilon \tag{4-76}$$

式中，ε 为信道估计误差，服从均值为 0 的高斯分布。

由于训练序列与数据分组的长度相等，因此，由式（4-76）得到的是整个信

道长度的信道传递函数的频域估计。设 $\hat{H}_{\text{LS}}$ 经 IDFT 后得到信道的时域响应为 $\tilde{h}_{\text{LS},n}$，即

$$\tilde{h}_{\text{LS},n} = h_n + e_n,\ n = 0,1,\cdots,\text{NT}-1 \tag{4-77}$$

式中，e_n 为时域上的估计误差。

假设 e_n 为不相关的高斯噪声，即在各个频点上噪声功率相等，则经 IDFT 后，随机噪声将被均匀地扩展到各个信道分支上。由于水声信道大多为稀疏信道，信道能量集中在几个主要的径上，因此，可以采用一个去噪滤波器 z_n 来抑制噪声，以提高信道估计的精度。z_n 可以表示为

$$z_n = \begin{cases} 1, & n \in \Omega_L \\ 0, & n \notin \Omega_L \end{cases},\quad n = 0,1,\cdots,\text{NT}-1 \tag{4-78}$$

式中，$\Omega_L = \{n: 0,\cdots,L-1\}$ 为信道能量集中的区域；L 为信道长度。

经去噪滤波器后，信道估计表示为

$$\hat{h}_{\text{LS},n} = z_n \tilde{h}_{\text{LS},n} = h_n + e_n^0,\ n = 0,1,\cdots,\text{NT}-1 \tag{4-79}$$

式中，e_n^0 为经去噪后信道时域估计的误差。

假设经去噪后信道时域估计的误差是不相关的高斯噪声，则有 $E\left[|e^0|^2\right] = \sigma_W^2 = E\left[|w_n|^2\right]$，$\sigma_W^2$ 是接收的噪声方差。

将 $\hat{h}_{\text{LS},n}$ 做 DFT 转换至频域得到 $\hat{H}_{\text{LS},k}$，即

$$\hat{H}_{\text{LS},k} = \sum_{k=0}^{\text{NT}-1} \hat{h}_{\text{LS},n} \mathrm{e}^{-\mathrm{j}\frac{2\pi kn}{\text{NT}}} = H_k + \varepsilon_k^0 \tag{4-80}$$

式中，ε_k^0 为信道频域估计的误差，且有 $E\left[|\varepsilon_k^0|^2\right] = E\left[|e|^2\right] = \sigma_T^2 = \sigma_W^2$；$\hat{H}_{\text{LS},k}$ 为信道基于 LS 准则的估计，用来进行迭代均衡。

4.6　水声通信中的单载波频域均衡

由于具有低复杂度、良好抗码间干扰的性能，以及在有频偏和相位噪声的环境中性能稳健的性质，SC-FDE 吸引了大量水声通信研究人员的关注[8, 13-17]。从目前的研究看，水声通信中 SC-FDE 的研究主要集中在两个方面：均衡器的结构及参数估计。在均衡器结构上，IB-DFE 通过反馈迭代来抵消剩余码间干扰，有更好的抗码间干扰性能，更适合水声信道，因而得到较多的研究。SC-FDE 的参数估计包括水声信道的频率响应的估计，以及频域均衡器参数的估计和计算。其中，水声信道的频率响应和噪声功率是频域均衡器参数计算的基础，其估计精度对 SC-FDE 的性能有着重要的影响。

下面首先讨论水声信道频域响应的估计方法。

4.6.1 水声信道的频域响应估计与去噪处理

如前面所述，信道估计通常分为两步进行：首先利用已知序列获得信道频域响应的估计，然后对信道估计进行去噪处理。在信道估计方面，对于静态信道，可以采用基于训练的信道估计，利用训练序列或导频符号获得信道的 LS 估计或 MMSE 估计，通常可以获得很高的精度。对于快时变和多径扩展较大的信道，可以采用面向判决的信道估计，将均衡器的判决输出作为已知序列，进行信道估计，但存在的问题是信号频谱的不平稳会造成信道估计的噪声增强，严重影响估计的精度，造成估计精度与判决性能的相互牵制。

为此，可以采用联合面向判决和基于训练/导频辅助的方法[12-14, 18, 19]。文献[12]采用了联合导频辅助和面向判决的方法，并设置一门限，当符号判决值超过门限后用新的面向判决的估计值代替前次的估计值，否则采用基于训练的或前次迭代的估计值。Coelho 等[18]也采用了基于训练序列和面向判决的联合信道估计方法，将两种方法得到的估计值以加权的方式合并。文献[13]在联合信道估计的基础上，利用 IB-DFE 的判决可靠度作为判决门限，在各估计值之间选择最佳值。仿真结果表明，信道估计值可以随信道环境变化，在静态和时变多径信道中都有较好的估计性能。Zheng 和 Xiao[19]提出了另一种用于时变信道估计的方法，即用前一帧和下一帧基于训练的估计值，插值出当前帧的信道估计值。

由于单载波频域均衡采用分组数据结构，数据分组及扩展序列的长度均大于等效信道长度，因此，无论哪种信道估计方法，都要对初始的信道估计进行处理以提高估计精度。Benvenuto 和 Tomasin[7]指出，对于有大时间色散的信道，不对信道频域响应进行处理，将影响最佳均衡器系数的估计精度。文献[7]采用的方法是设置一反比于 SNR 的门限，计算时只取门限上的信道响应。文献[13]、[20]采用的方法是在估计的信道冲激响应上加一个长度为等效信道长度的矩形窗，在矩形窗之外的信道响应被置为零。这种处理也称为去噪处理，而矩形窗之外的信道响应分量用于噪声估计[20]。由此可见，矩形窗的设定将同时影响信道估计和噪声功率的计算精度。但目前的研究一般假设信道长度及噪声功率是已知的。分析表明，不适当的噪声估计会导致在高 SNR 条件下出现误码率平台[7, 13, 14]，严重影响频域均衡的性能。对于水声通信来说，高 SNR 环境是高速率水声通信应用的主要环境，因此，若不能解决高 SNR 条件下的误码率平台问题，频域均衡将无法在高速率水声通信中得到有效的应用。

文献[14]提出一种联合信道时频域信道响应估计与噪声估计（joint estimation of the channel and noise，JECN）方法，该方法借助于训练序列，确定信道响应与噪声功率估计的最佳区域，进行信道估计的去噪处理和噪声功率计算。

4.6.2　联合信道时频域估计与噪声估计方法

1. 系统模型

考虑一个采用 SC-FDE 的水声通信系统，图 4-18 为 SC-FDE 接收机的原理框图。接收的时域信号首先经 DFT 到频域，在频域进行频域均衡，均衡后的信号再经 IDFT 到时域，进行信号判决，得到发射信号的估计。同时，利用加在发射信号前面的训练序列进行基于训练的信道频域响应的估计，也可以利用判决信号进行面向判决的信道估计，得到的信道估计值用于均衡器的最佳参数计算。

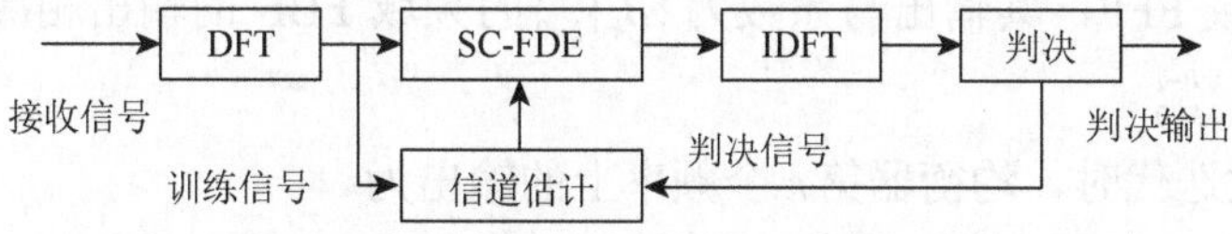

图 4-18　SC-FDE 接收机的原理框图

在 SC-FDE 系统中，二进制信息经数字映射后，按长度 M 分成数据分组，并用长度为 N 的已知序列（如全零序列）进行扩展，最后形成长度为 P 的发射数据分组。扩展序列的加入可以避免数据分组间的干扰，并使信道矩阵是循环的。采用全零序列作为扩展序列，一方面节省发射功率，另一方面便于噪声估计。

设二进制信息数据表示为 $\{d_n\}_{n=0}^{M-1}$，发射数据分组为 $\{x_n\}_{n=0}^{P-1}$，其中，$\boldsymbol{x}=[x_0,x_1,\cdots,x_{p-1}]=[d_0,d_1,\cdots,d_{M-1},0,\cdots,0]$，$P=M+N$。设信道的等效信道长度为 L 且有 $N>L$，$M>L$。

设 h_n 为信道冲激响应，则时域接收信号可以表示为

$$r_n=\sum_{k=0}^{L}h_k x_{n-k}+\omega_n\ ,\ n=0,1,\cdots,P-1 \tag{4-81}$$

式中，ω_n 为方差为 σ_n^2 的加性高斯白噪声的抽样。

设 $\boldsymbol{R}=[R_0,\cdots,R_{P-1}]^{\mathrm{T}}$、$\boldsymbol{X}=[X_0,\cdots,X_{P-1}]^{\mathrm{T}}$、$\boldsymbol{H}=[H_0,\cdots,H_{P-1}]^{\mathrm{T}}$ 和 $\boldsymbol{W}=[W_0,\cdots,W_{P-1}]^{\mathrm{T}}$ 分别是 $\{r_n\}_{n=0}^{P-1}$、$\{x_n\}_{n=0}^{P-1}$、$\{h_n\}_{n=0}^{L-1}$ 和 $\{w_n\}_{n=0}^{P-1}$ 的 P 点 DFT，则第 k 个频率上的接收信号可以表示为

$$R_k=H_k X_k+W_k\ ,\ k=0,1,\cdots,P-1 \tag{4-82}$$

下面以 IB-DFE 为例，说明频域均衡和信道估计过程，带有信道估计的 IB-DFE 结构框图如图 4-19 所示。

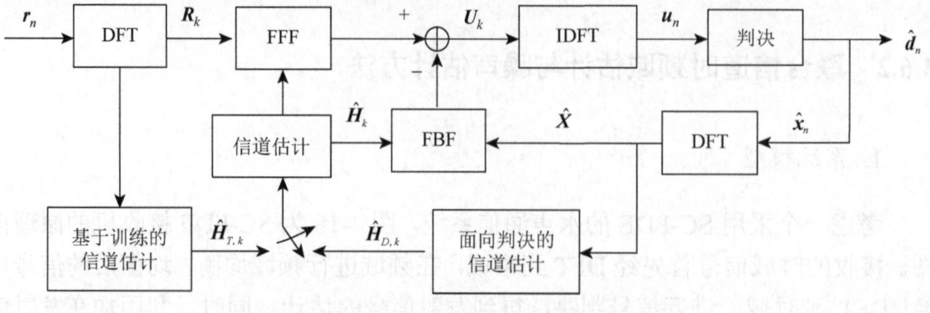

图 4-19 带有信道估计的 IB-DFE 结构框图

接收数字信号 $\{r_n\}_{n=0}^{P-1}$ 首先经 DFT 转换到频域得到 $\{R_k\}_{k=0}^{P-1}$，然后经过系数为 $\{F_k\}_{k=0}^{P-1}$ 的频域 FFF，其输出与系数为 $\{B_k\}_{k=0}^{P-1}$ 的频域 FBF 的输出相减，形成频域判决信号 $\{U_k\}_{k=0}^{P-1}$。

设第 l 次迭代时，均衡器第 k 个频率上的输出为

$$U_k^{(l)} = F_k^{(l)} R_k - B_k^{(l)} \hat{x}_k^{(l-1)},\ k = 0, 1, \cdots, P-1 \tag{4-83}$$

式中，$F_k^{(l)}$、$B_k^{(l)}$ 为第 l 次迭代时 FFF 和 FBF 的系数；$\hat{x}_n^{(l-1)}$ 为均衡器前次迭代的输出。

FFF 和 FBF 的系数按照 MMSE 准则设计。第 l 次迭代时，FFF 的系数按式(4-84)修正

$$F_k^{(l)} = \frac{H_k^{(l-1)*}}{\mathrm{PW}_w + \mathrm{PW}_s[1-(\rho^{(l-1)})^2]|H_k^{(l-1)}|^2} \tag{4-84}$$

式中，$\mathrm{PW}_s = E[|x_n|^2]$ 为发射信号功率；$\mathrm{PW}_w = P\sigma_n^2$ 为频域噪声功率；$\rho^{(l-1)}$ 为发射符号与上一次迭代判决符号之间的归一化相关系数的期望值，即

$$\rho^{(l)} = \frac{E[\hat{x}_n^{(l-1)} x_n^*]}{P_s} = \frac{1}{P_s P}\sum_{k=0}^{P-1}\frac{R_k}{H_k^{(l)}} x_k^{(l-1)*} \tag{4-85}$$

第 l 次迭代时，FBF 的系数为

$$B_k^{(l)} = -\rho^{(l-1)}\left[F_k^{(l)} H_k^{(l-1)} - \beta^{(l)}\right] \tag{4-86}$$

式中，$\beta^{(l)}$ 为经 FFF 后的平均信号幅度，要从反馈滤波中去除，表示为

$$\beta^{(l)} = \frac{1}{P}\sum_{k=0}^{P-1} F_k^{(l)} H_k^{l-1} \tag{4-87}$$

均衡器的频域输出 $\{U_k\}_{k=0}^{P-1}$ 经离散傅里叶逆变换、判决后得到 $\{\hat{x}_n\}_{n=0}^{P-1}$。采用的判决方法为

$$\hat{x}_n = \begin{cases} \arg\min|u_n - x_n|, & u_n \in \theta \\ u_n, & u_n \notin \theta \end{cases},\ n = 0, 1, \cdots, P-1 \tag{4-88}$$

式中，θ 为进行硬判决的区域，由与 $\{u_n\}_{n=0}^{P-1}$ 有关的判决门限确定。

从 $\{\hat{x}_n\}_{n=0}^{P-1}$ 中取出前 M 个符号，得到发射信息估计 $\{\hat{d}_n\}_{n=0}^{M-1}$，加上与发射信号相同的 ZP 扩展，形成发射数据估计 $\{\hat{x}_n\}_{n=0}^{P-1}$，其频域变换 $\{\hat{X}_k\}_{k=0}^{P-1}$ 作为 FBF 的输入，用来抵消信号中的码间干扰。按照式（4-83）～式（4-88），经过几次迭代后，输出信息估计 $\hat{d}_n$。

对于线性频域均衡器（linear frequency domain equalizer，LFDE），均衡器中没有反馈通道和迭代过程，均衡信号经判决后输出发射信号的估计，按照 MMSE 准则设计的最佳频域滤波器系数为

$$C_k = \frac{H_k^*}{\mathrm{PW}_w / \mathrm{PW}_s + |H_k|^2},\ k = 0, 1, \cdots, P-1 \tag{4-89}$$

2. 信道估计和噪声估计

由式（4-84）、式（4-86）和式（4-89）可以看到，均衡器系数的计算需要知道信道频域响应 H_k，其最小平方（least square，LS）估计表示为

$$\hat{H}_{\mathrm{LS},k} = \arg\min\{\| R_k - H_k X_k \|^2\} = \frac{R_k}{X_k} = H_k + \frac{W_k}{X_k} = H_k + \varepsilon_k \tag{4-90}$$

式中，ε_k 为信道估计误差，是零均值的高斯随机变量。

由式（4-90）得到的信道估计可能有两方面的问题。首先，若假设均衡器的判决输出 $\hat{X}_k$ 都是正确的，则 $\hat{H}_{\mathrm{LS},k}$ 的方差为

$$\hat{\sigma}_H^2 = E\{| H_k - \hat{H}_k |^2\} = \frac{\sigma_n^2}{|\hat{X}_k|^2} \tag{4-91}$$

由式（4-91）可知，当发射数据的频谱幅度较小时，信道估计会有较大的方差，出现明显的噪声增强。为此，可以将具有均匀谱的信号作为训练序列，获得信道频域响应的初始估计。

其次，$\hat{H}_{\mathrm{LS},k}$ 经 IDFT 后得到信道的时域响应 $\hat{h}_{\mathrm{LS},n}$，即

$$\hat{h}_{\mathrm{LS},n} = \sum_{k=0}^{P-1} \hat{H}_{\mathrm{LS}} \mathrm{e}^{\mathrm{j}\frac{2\pi kn}{P}} = h_n + e_n,\quad n = 0,1,\cdots,P-1 \tag{4-92}$$

式中，e_n 为时域的信道估计误差。

假设 e_n 为不相关的高斯噪声，则经 IDFT 后，噪声将均匀地扩展到长度为 P 的信道分支上。由于数据分组长度 P 远大于信道长度 L，因此，e_n 同样造成噪声增强。为此，可以用维纳滤波器来降低噪声的影响。一种简单而更常用的方法是划定信道能量集中区域，认为在能量集中区域之外的信道响应为零，由此对式（4-92）表示的信道估计进行处理来改善估计精度。这种处理方法又称为去噪处理，是一种次最佳的方法。

信道能量集中区域通常表示为

$$g_n = \begin{cases} 1, & n \leqslant L_c \\ 0, & n > L_c \end{cases}, \quad n = 0,1,\cdots,P-1 \tag{4-93}$$

式中，L_c 为信道能量集中区域的长度，通常取为等效信道长度，即最大多途时延或均方根时延。

于是，经去噪处理后的时域信道估计为

$$\hat{h}_n = \hat{h}_{\mathrm{LS},n} g_n = \begin{cases} \hat{h}_{\mathrm{LS},n}, & n \leqslant L_c \\ 0, & n > L_c \end{cases} \tag{4-94}$$

对 $\{\hat{h}_n\}_{n=0}^{P-1}$ 再做 DFT 得到信道频域响应估计 $\{\hat{H}_k\}_{k=0}^{P-1}$。

由式（4-84）和式（4-89）可知，均衡器系数计算同样需要噪声功率 $\mathrm{PW}_w = P\sigma_n^2$ 值。一般来说，噪声功率可以由 SNR 和信号功率的估计算出，是随 SNR 变化的量。当发射数据的信息完全已知，或者说当均衡器的判决输出 $\hat{X}_k$ 都是正确时，IB-DFE 的 FFF 系数可以简化为

$$F_k^{(l)} = \frac{H_k^{(l-1)*}}{\mathrm{PW}_w} \tag{4-95}$$

可以由两种极端的情况来分析噪声估计对均衡器系数的影响。当噪声功率较大，即 SNR 较小时，由于受到噪声的影响，不能保证均衡器的判决输出 $\hat{X}_k$ 都是正确的。由式（4-84）计算的 FFF 系数是满足 MMSE 准则的最佳均衡器系数。但当噪声功率较小，即 SNR 很大时，容易满足判决输出都是正确的条件，式（4-84）近似为式（4-95）。由式（4-95）可以看到，噪声功率将成为一个很大的加权系数，从而使得 FFF 的系数受噪声的影响，不能与信道频域响应完全匹配，这可能导致频域均衡在高 SNR 条件下出现误码率平台。

因此，计算噪声功率更好的方法是借助于信道响应，认为信道能量之外的信道响应分量为噪声，即

$$\hat{\mathrm{PW}}_w = \frac{1}{P - L_c} \sum_{n=L_c+1}^{P} \left|\hat{h}_n\right|^2 \tag{4-96}$$

按照式（4-93）、式（4-94）和式（4-96），信道估计和噪声估计与信道能量集中区域的长度 L_c 有很大的关系。当取不同的区域长度 L_c 时，由式（4-94）得到的信道响应不同，由式（4-96）得到的噪声功率也不同。由此可见，区域长度 L_c 不仅确定了信道能量集中区域，同时也决定了信道频域响应估计与噪声估计的精度。

3. 联合信道时频域响应和噪声估计

利用水声信道响应的稀疏特性，文献[14]提出基于 Chu 序列的 JECN 的方法：将具有均匀包络和频谱的 Chu 序列作为训练序列，获得信道的时频域响应估计。

由信道时域响应估计信道长度，确定信道能量集中区域，由此对信道频域响应估计进行去噪处理和噪声功率计算。

长度为 N 的 Chu 序列表示为

$$s_n = \begin{cases} e^{-j\pi r n^2/N}, & N\text{为偶数} \\ e^{-j\pi r n(n-1)/N}, & N\text{为奇数} \end{cases} \tag{4-97}$$

式中，r 与 N 互质。

用 Chu 序列组成训练分组，其数据格式与发送数据分组相同，用式（4-90）和式（4-92）得到信道时域响应的初始估计 $\hat{h}_{LS,n}^{T}$，并设定一门限 α_T 来划定信道能量的集中区域，即将信道能量集中区域表示为

$$g_n = \begin{cases} 1, & \hat{h}_{LS,n} \geqslant \alpha_T \\ 0, & \hat{h}_{LS,n} < \alpha_T \end{cases}, \quad n = 0,1,\cdots,P-1 \tag{4-98}$$

根据水声信道时域响应的稀疏特性，将式（4-98）所示的 g_n 中不为零分量对应的最大 n 值 n_{max} 作为信道长度 L 的估计，即 $L = n_{max}$。经过去噪处理后的信道估计为

$$\hat{h}_n = \hat{h}_{LS,n} g_n = \begin{cases} \hat{h}_{LS,n}, & n \leqslant n_{max} \\ 0, & n > n_{max} \end{cases} \tag{4-99}$$

噪声功率则按式（4-100）计算

$$\mathrm{P\hat{W}}_w = \frac{1}{P - n_{max}} \sum_{n=n_{max}+1}^{P} |\hat{h}_n|^2 \tag{4-100}$$

由于 Chu 序列具有特殊的时频特性，因此，可以得到良好的信道冲激响应估计。由式（4-100）计算得到的噪声功率在高 SNR 时基本不变，可以看成一个常数。因此，当滤波器系数可以由式（4-95）近似计算时，最佳滤波器系数将由信道频域响应值 $\hat{H}_k$ 完全决定，即与信道完全匹配。因此，最佳滤波器系数不会受信道中噪声的影响，不会出现高 SNR 条件下的误码率平台问题。

对于在数据帧内慢变的信道，由式（4-99）得到的信道估计完全可以用于对数据分组进行均衡时均衡器系数的计算。对于时变信道，当采用面向判决或混合信道估计方法时，得到的信道初始估计同样可以采用式（4-98）～式（4-100）来进行去噪处理和噪声估计。

4. 性能仿真

下面利用水声信道模型来仿真分析 SC-FDE 中 JECN 算法的性能。表 4-2 为采用射线模型计算的、200m 水深的水声信道的参数，表中数据分别用首先到达路径的参数进行了归一化。我们着重分析去噪处理、门限选取及噪声估计等对

SC-FDE 的影响。仿真时将二进制随机数据作为信息数据，训练分组与数据分组采用相同的数据格式，其长度取决于应用环境。发射数据采用 QPSK 调制，并假设接收机有良好的时间和相位同步。在以下所有 IB-DFE 的仿真中，BER 都是 4 次迭代后的结果。采用蒙特卡罗仿真，每次用于仿真的数据分组数为 100，每个分组内有 8.96×103 个数据。

表 4-2　水声信道的参数

信道	衰减系数	相对时延/ms
1	2.689　2.741　0.784　1.0　1.062　1.092　1.133	90.0　112.5　200.7　0.0　60.2　85.2　119.9
2	1.0　0.999　0.998　0.567　0.557	0.0　22.0　57.7　88.5　94.8

1）去噪处理对信道估计的影响

图 4-20 是用 Chu 序列得到的信道 1 的时域响应 LS 估计和去噪后的结果。仿真时，数据率为 1kbit/s，信道长度 $L=201$，扩展序列长度 $N=256$，数据分组长度 $P=2048$，输入 SNR 为 0dB。当进行去噪处理时，划定信道能量集中区域的门限 $\alpha_T=0.15$。

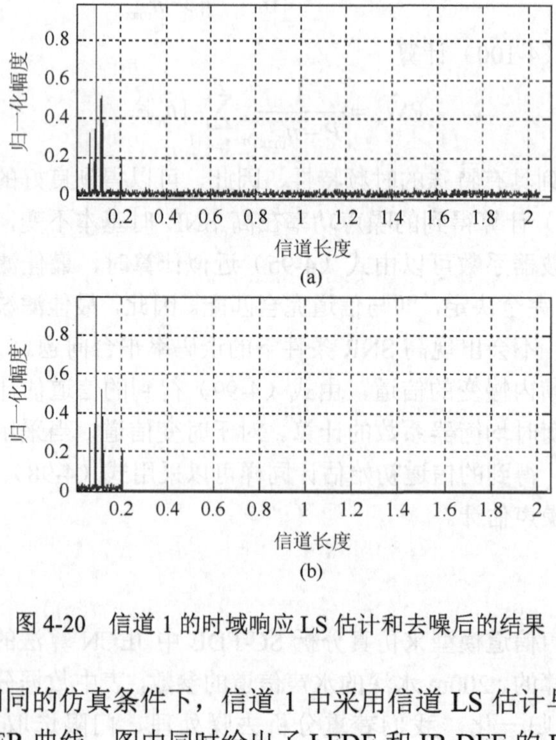

图 4-20　信道 1 的时域响应 LS 估计和去噪后的结果

图 4-21 为相同的仿真条件下，信道 1 中采用信道 LS 估计与对 LS 估计进行去噪处理后的 BER 曲线，图中同时给出了 LFDE 和 IB-DFE 的 BER 曲线。

由图 4-21 可知，由于 Chu 序列具有特殊的时频特性，即使在 0dB 的低 SNR 时也可以得到很好的信道冲激响应。经过去噪处理，信道能量区域之外的噪声得到较大的抑制，无论是 LFDE 还是 IB-DFE，当 BER = 10^{-3} 时，经去噪处理后均可获得约 4dB 的 SNR 增益。

图 4-22 是信道 2 中分别采用信道 LS 估计和对 LS 估计进行去噪处理后的 BER 曲线。仿真时，数据率为 1kbit/s，信道长度 $L = 95$，扩展序列长度 $N = 256$，数据分组长度 $P = 2048$，门限 $\alpha_T = 0.15$。由图 4-21 可知，经去噪处理后不仅可以获得 SNR 增益，而且可以消除误码率平台，或在出现平台时大大降低 BER。

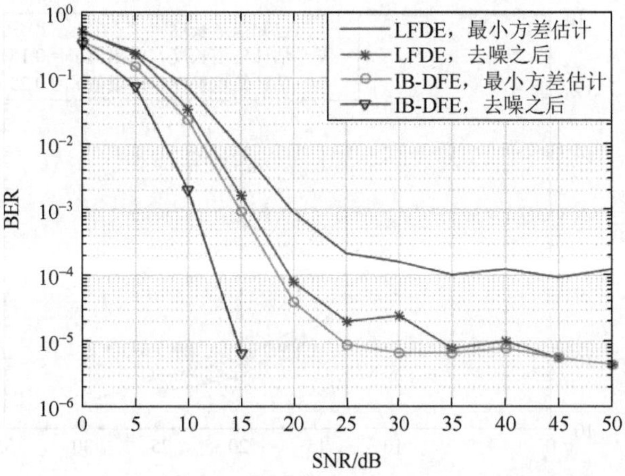

图 4-21　信道 1 中采用信道 LS 估计和去噪处理后的 BER 曲线

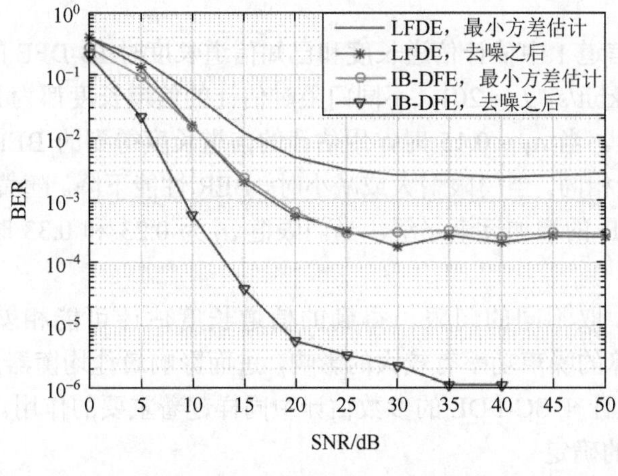

图 4-22　信道 2 中采用信道 LS 估计和去噪处理后的 BER 曲线

2）门限选取对信道和噪声估计的影响

由式（4-98）～式（4-100）可知，门限取值决定信道长度、信道响应和噪声功率的估计。我们用信道长度的估计来表征选取不同门限时信道估计的精度，分析门限选取对信道和噪声估计的影响。图 4-23 是信道 2 中估计信道长度和已知信道长度时 IB-DFE 的 BER 曲线，仿真条件：数据率为 1kbit/s，$N=256$，$P=2048$，$L=95$。图 4-23 给出了在估计信道长度时取两种不同的门限值（$\alpha_T=0.15$ 和 $\alpha_T=0.25$）时的 BER 曲线。两种门限条件下估计的信道长度都为 96，但由图 4-23 可知，两种情况下的 BER 在高 SNR 时却有差异。

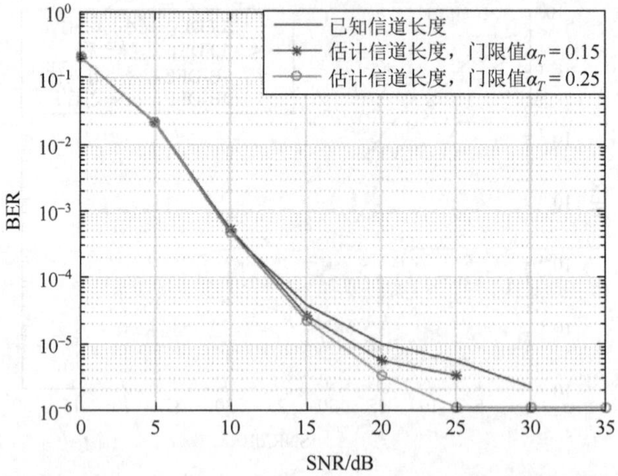

图 4-23　信道 2 中不同门限时的 BER 曲线

图 4-24 为信道 1 中估计信道长度和已知信道长度时 IB-DFE 的 BER 曲线。仿真时数据率为 1kbit/s，$L=201$。不同门限时估计的信道长度都为 202，但 BER 曲线有较大的差异。当 $\alpha_T=0.15$ 时，用估计的信道长度得到的 BER 与信道长度已知时的几乎完全相同。当门限增大或减小时，BER 性能下降。随着门限值的增大，BER 曲线随 SNR 的增加逐渐平缓。当门限值 α_T 为 0.23 和 0.33 时，出现了 BER 平台。

综上所述，取不同的门限，得到的信道长度估计可能相差不大，但对由式（4-100）计算的噪声功率有较大的影响，进而影响最佳均衡器系数的计算。由此可见，噪声估计在 SC-FDE 的参数估计中同样起着重要的作用。

3）门限值的确定

由图 4-23 和图 4-24 的仿真可知，门限的选择对 SC-FDE 的性能有重要的影响。为此，我们对门限的可取范围进行了仿真。图 4-22 则给出了信道 1 中，在给定 SNR 条件下，BER 随门限值变化的曲线。由图 4-25 可见，当门限值大于 0.2 时，BER 出现明显的上升。同时，当 SNR 为 10dB 时，门限值小于 0.03，BER 也会增大。因此，在该信道和系统条件下，门限值 α_T 为 0.04～0.2。

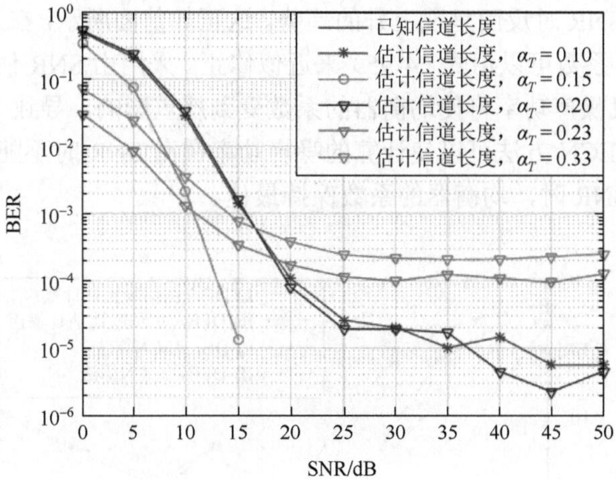

图 4-24　信道 1 中不同门限时的 BER 曲线（彩图扫封底二维码）

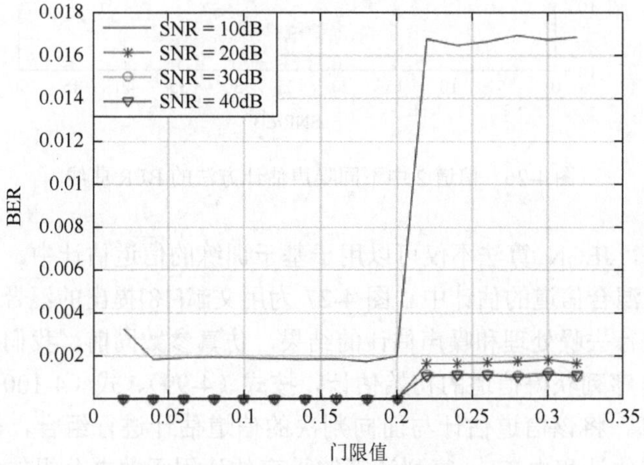

图 4-25　信道 1 中 BER 随门限的变化

在 JECN 方法中，门限实际上主要决定噪声功率的计算区域。由上述仿真可知，选择合适的门限值，意味着选择了正确的噪声估计范围，从而保证了最佳均衡器系数的计算。

4）与其他噪声估计方法的比较

在文献[13]中，噪声功率是利用已知 SNR 和训练序列的信号功率进行估计的。图 4-26 给出了信道 2 中借助于 SNR 估计噪声方法与采用 JECN 方法时 LFDE 及 IB-DFE 的 BER 曲线，仿真参数同前。由图 4-26 可知，采用由 SNR 估计噪声时，BER 曲线在高 SNR 时反而呈现上升的趋势。这正如前面所示，在高 SNR 条件下，SC-FDE 的 FFF 系数可以由式（4-95）来近似修正。采用由 SNR 估计噪声的方法，越来越小的随机噪声功率将使均衡器的系数受到严重影响，导致 SC-FDE 的性能急剧下降。而 JECN 方法可以使计算的噪声功率在高 SNR 时不随 SNR 变化，从而保证了在高 SNR 时，均衡器的系数保持最佳。

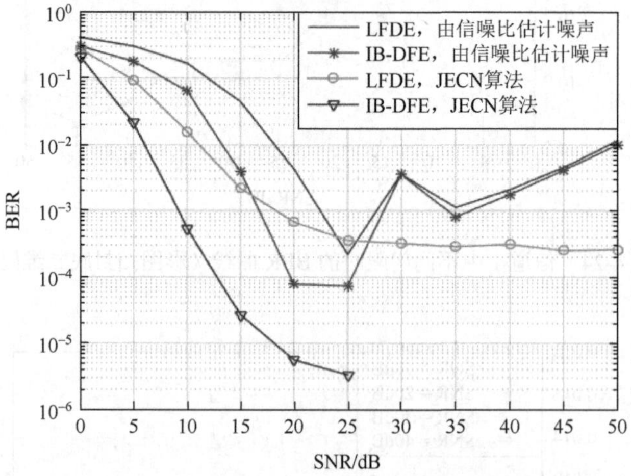

图 4-26　信道 2 中不同噪声估计方法的 BER 曲线

前面提到，JECN 算法不仅可以用于基于训练的信道估计中，同样也可以用于面向判决和混合信道的估计中。图 4-27 为用文献[18]提出的混合信道估计方法在信道 1 中进行去噪处理和噪声估计的结果，仿真参数同前。我们比较了两种情况：①用 Chu 序列获得信道的初始估计，按式（4-99）、式（4-100）进行去噪处理和噪声计算。将该信道估计与面向判决的信道估计进行组合，得到混合信道估计，该信道估计和由 Chu 序列计算的噪声估计用于数据分组的均衡。②信道估计方法不变，用混合信道估计代替基于 Chu 序列的信道估计并按式（4-100）进行噪声计算。

由图 4-27 可见，虽然从理论上说，当用式（4-100）进行噪声计算时，可以采用各种信道估计值，但采用本节提出的联合信道和噪声估计方法，所得到的结果更好，究其原因，仍是与 Chu 序列良好的时频特性有关。

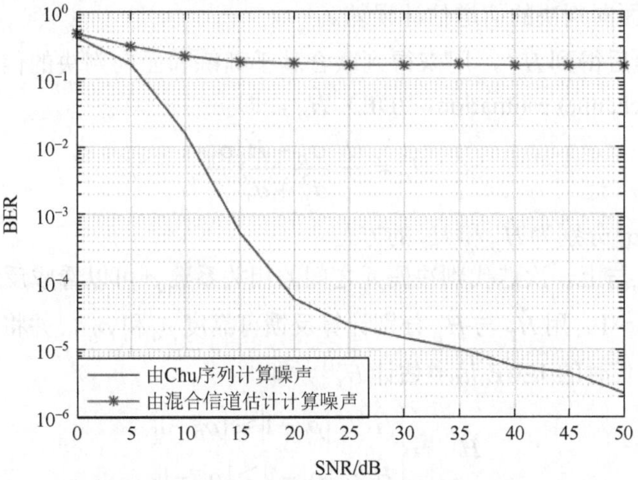

图 4-27　信道 1 中不同噪声估计方法的 BER 曲线

4.6.3　单载波频域均衡的性能分析

以上介绍了对水声信道的联合信道和噪声估计，在此基础上，本节对 SC-FDE 性能进行仿真分析。

1. 联合迭代均衡与信道估计算法

SC-FDE 的关键参数包括均衡器系数、信道频域响应和噪声功率。最佳均衡器系数按照 MMSE 准则设计，可由式（4-83）～式（4-87）求得；而信道频率响应和噪声功率是均衡器参数计算的基础，前面已经给出了 JECN 算法及其性能分析。

下面将介绍联合迭代均衡与信道估计（joint iterative equalization and channel estimation，JECE）算法，用来实时选择最佳的信道频域响应估计。

选取具有常数包络和均匀谱的 Chu 序列作为训练序列进行信道频域响应的 LS 估计，如式（4-90）所示。

假设信道估计误差为不相关的高斯噪声，经离散傅里叶变换后，将均匀地扩展到整个数据分组长度上，造成噪声增强。为此，需要采用去噪处理抑制信道长度以外的噪声，改善信道估计的精度。

经去噪后得到初始信道估计 $\hat{H}_T$，用于初次迭代均衡。将信号频域估值 $\hat{X}$ 作为新的导频符号并进行面向判决的信道估计，即

$$\hat{H}_{\mathrm{LS}}^{D} = \frac{R}{\hat{X}} = H + \frac{W}{\hat{X}} = H + \varepsilon_{\mathrm{LS}}^{D} \tag{4-101}$$

式中，$\varepsilon_{\mathrm{LS}}^{D}$ 为面向判决的信道估计误差。

$\hat{H}_{\mathrm{LS}}^{D}$ 去噪后得到 $\hat{H}^{D}$，用来得到联合基于训练和面向判决的信道估计（joint detection and channel estimation，JDE）$\hat{H}_{D}$，即

$$\hat{H}_{D}=\frac{\hat{H}^{D}\sigma_{D}^{2}+\hat{H}_{T}\sigma_{T}^{2}}{\sigma_{D}^{2}+\sigma_{T}^{2}} \tag{4-102}$$

式中，σ_{D}^{2} 与 σ_{T}^{2} 分别为 $\hat{H}_{D}$ 和 $\hat{H}_{T}$ 的方差。

发射码元与上一次迭代判决码元之间的相关系数 ρ 可以看成反馈信号的可靠度，其值为 0～1。用 $\hat{H}_{T}$ 与 $\hat{H}_{D}$ 分别计算反馈可靠度 ρ_{0} 和 ρ_{D}，并将其作为门限，选择第 l 次迭代时的 JECE 信道估计 $\hat{H}_{k}^{(l)}$，即

$$\hat{H}^{(l)}=\begin{cases}\hat{H}^{(0)}, \left|\rho_{0}-1\right|\leqslant\left|\rho_{D}-1\right| \\ \hat{H}_{D}^{(l)}, \left|\rho_{0}-1\right|>\left|\rho_{D}-1\right|\end{cases} \tag{4-103}$$

2. 采用不同信道估计方法时 IB-DFE 的性能

表 4-3、表 4-4 分别为仿真时的信道参数和仿真条件，图 4-28、图 4-29 分别为无多普勒频移和有多普勒频移时，采用 JECE 算法、基于 TS 的信道估计算法、JDE 算法时，IB-DFE 在 4 次迭代后的 BER 曲线。

表 4-3　仿真时使用的水声信道参数

信道分支	信道 1		信道 2	
	衰减系数	时延/ms	衰减系数	时延/ms
1	1.0	0	1.0	0
2	1.076	2.5	0.999	22.0
3	0.615	18.0	0.998	57.7
4	0.592	24.6	0.567	88.5
5	1.886	42.6	0.557	94.8

表 4-4　仿真时使用的仿真条件

仿真条件	图 4-28	图 4-29
调制方式	QPSK	
数据率/(bit/s)	200　1000	500
等效信道长度	9　42	21
数据分组长度	128　256	512
多普勒频移/Hz	0	0　20

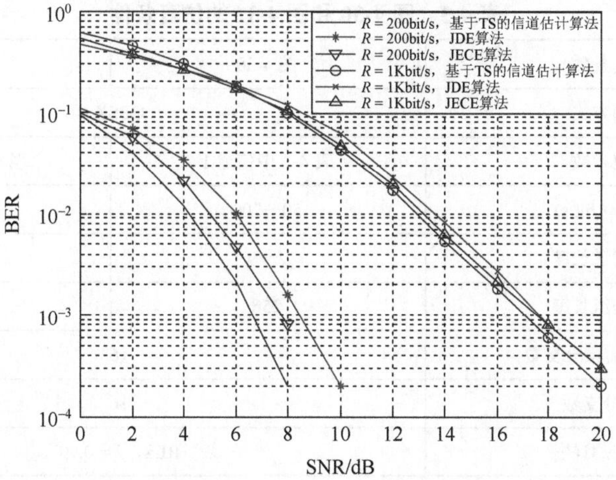

图 4-28　无多普勒频移时信道 1 中信道估计算法的 BER 曲线

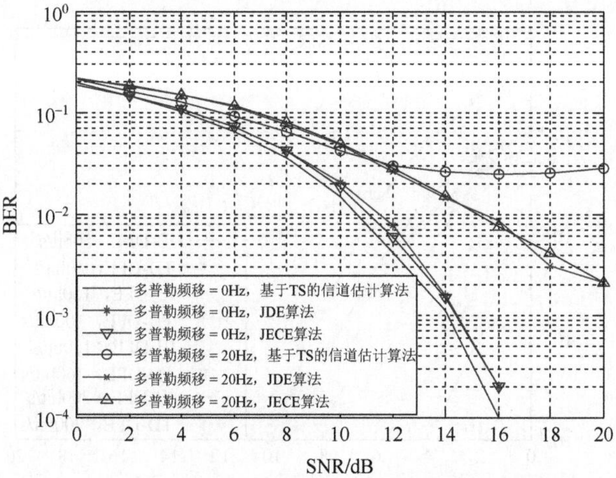

图 4-29　有多普勒频移时信道 1 中信道估计算法的 BER 曲线

由图 4-28、图 4-29 可知，在静态信道中，基于 TS 的信道估计算法比 JDE 算法有约 1dB 的 SNR 增益，采用 JECE 算法的性能位于两者之间。但当信道中有多普勒频移时，基于 TS 的信道估计算法出现了 BER 平台，而 JECE 算法和 JDE 算法对多普勒频移有更好的适应性。

3. 与时域均衡器的性能比较

表 4-5 为仿真条件，图 4-30 和图 4-31 分别为采用 JECE 算法的 IB-DFE 与 TD-DFE 的 BER 曲线，图 4-31 中，f_d表示多普勒频移。

表 4-5　图 4-30 和图 4-31 的仿真条件

仿真条件	图 4-30	图 4-31
调制方式	QPSK	
信道参数	表 4-3 中信道 1	表 4-3 中信道 2
数据率/(bit/s)	50～200	100
等效信道长度	2～9	9
数据分组长度	256	256
TD-DFE 前馈分支数	16	
反馈分支数	16	
自适应算法	RLS，$\lambda = 0.99$	
多普勒频移/Hz	0	0～8

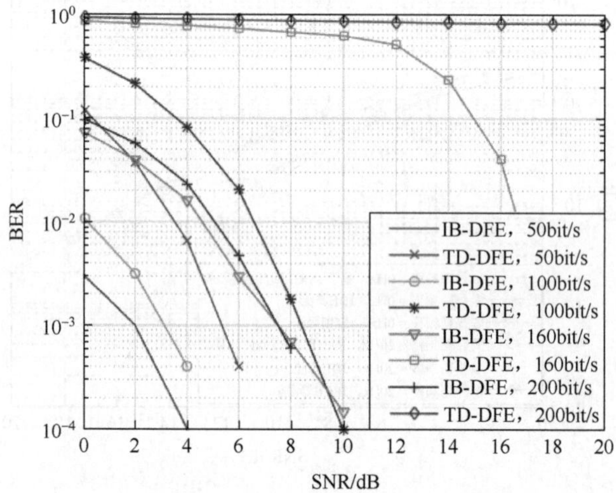

图 4-30　无多普勒频移时 IB-DFE 与 TD-DFE 的 BER 曲线

由图 4-30 和图 4-31 可以得到以下结论：

（1）IB-DFE 相比 TD-DFE 的 SNR 增益随数据率的增加而增大。这表明，在多径时延较长的信道中 IB-DFE 有更好的性能。

（2）在大 SNR 和 TD-DFE 收敛的条件下，TD-DFE 的 BER 有更陡的下降速度，在静止信道时，TD-DFE 比 IB-DFE 有约 1.0dB 的 SNR 增益。但随着多普勒频移的增加，IB-DFE 所需的 SNR 只增加了约 2.5dB，而 TD-DFE 出现了 BER 平台，这说明 IB-DFE 对多普勒频移有更好的适应性。

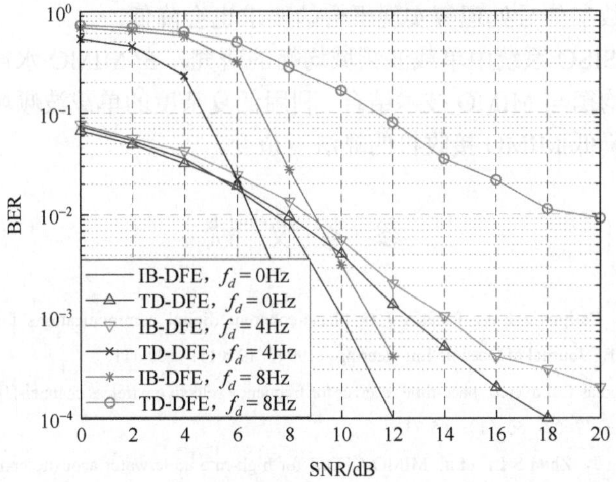

图 4-31　有多普勒频移时 IB-DFE 与 TD-DFE 的 BER 曲线

4. 与时域均衡器的计算复杂度比较

表 4-6、表 4-7 分别为图 4-31 仿真条件下 IB-DFE 和 TD-DFE 进行信号处理所需的复数乘（complex multiplication，CMUL）次数及计算复杂度。

表 4-6　信号处理的计算复杂度

结构	CMUL 次数	仿真条件下 CMUL
IB-DFE	$2N_I[(P/2)\log_2 P]/M - P/M$	25（迭代 3 次） 33（迭代 4 次）
TD-DFE	$N_{FF} + N_{FB}$	32

表 4-7　滤波器设计的计算复杂度

结构	CMUL 次数	仿真条件下 CMUL
IB-DFE	$(3N_I + 1)P$	25（迭代 3 次） 33（迭代 4 次）
TD-DFE	$O(N_{FB}^3)$	4096

由表 4-6 和表 4-7 可知，IB-DFE 的计算复杂度相比 TD-DFE 有约 19%的减少。随着信道长度的增加，IB-DFE 的计算复杂度增益会进一步加大。

由于 IB-DFE 只涉及 DFT 和矢量的乘、除，不涉及矩阵运算，因而实现过程更为简单，对数字信号处理等实现平台的要求也会降低。

以上是对 SISO 系统中单载波频域均衡的研究，在 MIMO 水声通信系统中，还可以将频域均衡与 MIMO 技术结合，利用低复杂度的单载波频域均衡来抵消码间干扰，同时降低 MIMO 接收机的算法复杂度。

参 考 文 献

[1] Stojanovic M，Catipovic J A，Proakis J G. Phase-coherent digital communications for underwater acoustic channels[J]. IEEE Journal of Oceanic Engineering，1994，19（1）：100-111.

[2] Lozano A，Papadias C. Layered space-time receiver for frequency selective wireless channels[J]. IEEE Transactions on Communications，2002，50（1）：65-73.

[3] Li B S，Huang J，Zhou S L，et al. MIMO-OFDM for high-rate underwater acoustic communications[J]. IEEE Journal of Oceanic Engineering，2009，34（4）：634-644.

[4] 张歆，张小蓟. 水声通信理论与应用[M]. 西安：西北工业大学出版社，2012.

[5] Proakis J G. 数字通信[M]. 4 版. 张力军，张宇橙，郑宝玉，等译. 北京：电子工业出版社，2003.

[6] Geller B，Capellano V. Equalizer for video rate transmission in multipath underwater communications[J]. IEEE Journal of Oceanic Engineering，1996，21（2）：150-155.

[7] Benvenuto N，Tomasin S. Iterative design and detection of a DFE in the frequency domain[J]. IEEE Transactions on Communications，2005，53（11）：1867-1875.

[8] Zhang J，Zheng Y R. Bandwidth-efficient frequency-domain equalization for single carrier multiple-input multiple-output underwater acoustic communications[J]. Journal of the Acoustical Society of America，2010，128（5）：2910-2919.

[9] Pancaldi F，Vitetta G，Kalbasi R，et al. Single-carrier frequency domain equalization[J]. IEEE Signal Processing Magazine，2008，25（5）：37-56.

[10] Tajer A，Nosratinia A. Diversity order in ISI channels with single-carrier frequency-domain equalizers[J]. IEEE Transactions on Wireless Communications，2010，9（3）：1022-1032.

[11] Liu Z Q. Maximum diversity in single-carrier frequency-domain equalization[J]. IEEE Transactions on Information Theory，2005，51（8）：2937-2940.

[12] Lam C T，Falconer D D，Danilo-Lemoine F. Iterative frequency domain channel estimation for DFT-precoded OFDM systems using in-band pilots[J]. IEEE Journal on Selected Areas in Communications，2008，26（2）：348-358.

[13] 张歆，张小蓟. 水声信道中的迭代分组判决反馈均衡器[J]. 电子信息学报，2013，3（35）：683-688.

[14] 张歆，张小蓟，邢晓飞，等. 单载波频域均衡中的水声频域信道估计与噪声估计[J]. 物理学报，2015，64（16）：164302.

[15] Tu X B，Song A J，Xu X M. Prefix-free frequency domain equalization for underwater acoustic single carrier transmissions[J]. IEEE Access，2018，6：2578-2588.

[16] Tu X B，Xu X M，Song A J. Frequency-domain decision feedback equalization for single-carrier transmissions in fast time-varying underwater acoustic channels[J]. IEEE Journal of Oceanic Engineering，2021，46（2）：704-716.

[17] Daoud S，Ghrayeb A. Using resampling to combat Doppler scaling in UWA channels with single-carrier

modulation and frequency-domain equalization[J]. IEEE Journal of Oceanic Engineering，2016，65（3）：1261-1270.

[18] Coelho F，Dinis R，Montezuma P. Joint detection and channel estimation for block transmission schemes[C]. Military Communications Conference，San Jose，2010：1765-1770.

[19] Zheng Y R，Xiao C S. Channel estimation for frequency-domain equalization of single-carrier broadband wireless communications[J]. IEEE Transactions on Vehicular Technology，2009，58（2）：815-823.

[20] Huang G，Nix A，Armour S. DFT-based channel estimation and noise variance estimation techniques for single-carrier FDMA[C]. IEEE 72nd Vehicular Technology Conference，Ottawa，2010：1-5.

第5章 水声通信中的MIMO通信技术

随着水声通信性能的逐渐提升，水声通信的应用需求越来越多，随之而来的是对水声通信的容量、速度和质量提出了越来越高的要求，而实现远距离、大容量、高可靠的水下信息传输一直是水声通信研究的目标。

要实现更高的数据率，按照现有的通信技术，需要进一步减小码元时间或增加载波数。这意味着更严重的码间干扰或载波间干扰，从而使通信性能受到很大的制约。要实现更远的传输距离，需要更大的发射功率、先进的信道编码技术或更大的接收基阵。但在水声系统中，发射功率常常是受限的。信道编码技术在水声通信系统中的应用常处于矛盾之中。而大尺寸的接收阵虽然被许多系统采用，但在移动平台或小型平台，如水下航行器或水下机器人，通过大的接收阵获得接收分集十分困难。因此无论从提高数据率或从增大通信距离的角度看，都需要探索更为有效地增加水声通信性能的方法。

MIMO 是一种在发射端和接收端都采用天线阵的空间分集技术。按照 MIMO 系统的信息理论[1-5]，对于一个有 N 根发射天线和 M 根接收天线的 MIMO 系统，其理论容量随着 M 和 N 之间的最小值 $\min(N, M)$的增加而线性增加。也就是说，在其他条件都相同的前提下，多天线系统的容量是单天线系统的 $\min(N, M)$倍。

空时编码是一种用于多发射天线的编码技术[1, 2, 5-8]，在不同的发射天线和各个时间周期的发射信号间引入了相关性，从而不用牺牲带宽就可以提供分集和编码增益，抵消了信道衰落对 MIMO 信号的影响，提高数据率，增加可靠性。

MIMO 与空时编码的结合可使通信系统同时获得发射分集和接收分集，其核心思想是利用空间分集来获得较高的频谱利用率和分集增益，改善信道容量。这对于应用于多径衰落信道中的通信系统，特别是水声通信来说很有吸引力，因而得到了广泛而深入的研究[9-19]。

本章将概述 MIMO 与空时编码的基本理论，在此基础上，介绍水声 MIMO 通信技术。

5.1 MIMO 通信概述

5.1.1 MIMO 通信系统的一般结构

MIMO 系统在发射端和接收端都采用多天线，图 5-1 为采用 N_T 根发射天线和

N_R 根接收天线的 MIMO 通信系统的原理框图[5]。发射数据首先送入空时编码器进行编码，在每个时刻 t，将由 m 个二进制信息符号组成的分组 $\boldsymbol{c}_t$ 送入空时编码器，这个信息分组可以表示为

$$\boldsymbol{c}_t=\left[c_t^1,c_t^2,\cdots,c_t^m\right] \tag{5-1}$$

空时编码器从 $M=2^m$ 点的信号集中将 m 个二进制数据映射成 N_T 个调制码元，经串/并转换后，得到 N_T 个并行的码元序列，称为空时码元序列，表示为

$$\boldsymbol{x}_t=\left[x_t^1,x_t^2,\cdots,x_t^{N_T}\right]^T \tag{5-2}$$

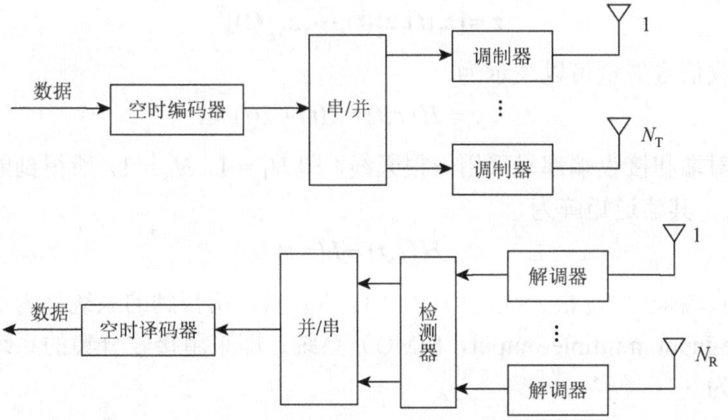

图 5-1　MIMO 通信系统的原理框图

N_T 个并行序列由 N_T 根不同的天线同时发射出去。其中，x_t^i（$1\leqslant i\leqslant N_T$）是由第 i 根天线发射的，并且所有发射码元都具有相同的码元时间 T_s。

假设从发射天线到接收天线之间的每个信道都可以用非选择性瑞利衰落模型来表示，发射天线数为 N_T，接收天线数为 N_R 的 MIMO 信道可以用一个 $N_T\times N_R$ 的信道矩阵 $\boldsymbol{H}$ 来表示。在 t 时刻，信道矩阵表示为

$$\boldsymbol{H}(\tau,t)=\begin{bmatrix} h_{11}(\tau,t) & h_{12}(\tau,t) & \cdots & h_{1N_T}(\tau,t) \\ h_{21}(\tau,t) & h_{22}(\tau,t) & \cdots & h_{2N_T}(\tau,t) \\ \vdots & \vdots & \ddots & \vdots \\ h_{N_R1}(\tau,t) & h_{N_R2}(\tau,t) & \cdots & h_{N_RN_T}(\tau,t) \end{bmatrix} \tag{5-3}$$

式中，$h_{ji}(\tau,t)$，$j=1,\cdots,N_R$；$i=1,\cdots,N_T$ 为第 i 根发射天线到第 j 根接收天线之间时变的信道冲激响应。

在接收端，N_R 根接收天线上的每个信号都是 N_T 个发射信号经衰落信道衰减后的叠加。假设信号从 N_T 根发射天线传输到 N_R 根接收天线的时间差远小于码元时间 T_s，可以假设从 N_T 根发射天线到接收天线的信号是同步的。于是，在 t 时刻，

第 j 根（ $j=1,2,\cdots,N_{\mathrm{R}}$ ）天线上的接收信号 $y_j(t)$ 可以表示为

$$y_j(t)=\sum_{i=1}^{N_{\mathrm{T}}}h_{ji}(\tau,t)x_i(t)+z_j(t) \tag{5-4}$$

式中，$z_j(t)$ 为第 j 根接收天线在 t 时刻的噪声分量，是单边功率谱密度为 N_0 的零均值高斯随机变量。

将接收信号矢量表示为

$$\boldsymbol{y}=[y_1(t),\,y_2(t),\,\cdots,\,y_{N_{\mathrm{R}}}(t)]^{\mathrm{T}} \tag{5-5}$$

接收端的噪声表示为

$$\boldsymbol{z}=[z_1(t),z_2(t),\cdots,z_{N_{\mathrm{R}}}(t)]^{\mathrm{T}} \tag{5-6}$$

于是，接收信号矢量可以表示为

$$\boldsymbol{y}=\boldsymbol{H}(\tau,t)*\boldsymbol{x}(t)+\boldsymbol{z}(t) \tag{5-7}$$

若发射端和接收端都只采用一根天线，即 $N_{\mathrm{T}}=1$，$N_{\mathrm{R}}=1$，所得到的系统称为SISO 系统，其信道矩阵为

$$\boldsymbol{H}(\tau,t)=\boldsymbol{h}(\tau,t) \tag{5-8}$$

若接收端采用 N_{R} 根天线，即 $N_{\mathrm{T}}=1$，$N_{\mathrm{R}}>1$，所得到的系统称为单输入多输出（single-input multiple-output，SIMO）系统，即采用接收分集的系统，这时的信道矩阵为

$$\boldsymbol{H}(\tau,t)=\boldsymbol{h}(\tau,t)=[h_1(\tau,t),h_2(\tau,t),\cdots,h_{N_{\mathrm{R}}}(\tau,t)]^{\mathrm{T}} \tag{5-9}$$

式中，$h_j(\tau,t)$（ $j=1,\cdots,N_{\mathrm{R}}$ ）为发射天线到第 j 根接收天线之间的信道冲激响应。

SIMO 信道可以被分解为 N_{R} 个 SISO 信道。

若发射端采用 N_{T} 根天线，即 $N_{\mathrm{T}}>1$，$N_{\mathrm{R}}=1$，所得到的系统称为多输入单输出（multiple-input single-output，MISO）系统，即采用发射分集的系统，其信道矩阵为

$$\boldsymbol{H}(\tau,t)=\boldsymbol{h}(\tau,t)=[h_1(\tau,t),h_2(\tau,t),\cdots,h_{N_{\mathrm{T}}}(\tau,t)] \tag{5-10}$$

式中，$h_i(\tau,t)$（ $i=1,\cdots,N_{\mathrm{T}}$ ）为第 i 根发射天线到接收天线之间的信道冲激响应。

由此可见，SISO、SIMO、MISO 系统都是 MIMO 系统的特例。

5.1.2 MIMO 信道容量

按照信息理论，MIMO 系统可以使信道容量显著增加。信道容量定义为在保证 BER 任意小的条件下可以实现的最大数据率。第 2 章已经介绍了 AWGN 信道中的香农容量及 SISO 水声信道容量的分析方法。本节将概述 MIMO 信道容量的主要概念[20]。

1. 互信息与信道容量

考虑一个带有 N_T 根发射和 N_R 根接收天线的 MIMO 信道，用 $N_T \times N_R$ 的复矩阵 $\boldsymbol{H}$ 描述信道，并设发射信号的协方差矩阵为

$$\boldsymbol{R}_{xx} = E(\boldsymbol{x}\boldsymbol{x}^{\mathrm{H}}) \tag{5-11}$$

为了限制发射总功率，发射信号的协方差矩阵必须满足

$$\mathrm{tr}(\boldsymbol{R}_{xx}) = P \tag{5-12}$$

式中，P 为发射总功率；$\mathrm{tr}(\boldsymbol{R}_{xx})$ 为矩阵 $\boldsymbol{A}$ 的迹，可以通过对 $\boldsymbol{A}$ 的对角元素求和得到。

若信道在发射端未知，则假定从各发射天线上发送的信号都有相等的功率 P/N_T，这时，发射信号的协方差矩阵为

$$\boldsymbol{R}_{xx} = \frac{P}{N_T}\boldsymbol{I}_{N_T} \tag{5-13}$$

式中，$\boldsymbol{I}_{N_T}$ 为 $N_T \times N_T$ 单位阵。

接收信号的协方差矩阵定义为 $E(\boldsymbol{y}\boldsymbol{y}^{\mathrm{H}})$，并不考虑信道中的噪声，由式（5-7）、式（5-11）可以得出

$$\boldsymbol{R}_{yy} = \boldsymbol{H}\boldsymbol{R}_{xx}\boldsymbol{H}^{\mathrm{H}} \tag{5-14}$$

假设信道带宽为 1Hz，且在这个带宽上是频率平坦的。信道 $\boldsymbol{H}$ 对接收端是已知的，并通过训练和跟踪来保持。信道 $\boldsymbol{H}$ 可以是确定的或随机的，我们首先假设 $\boldsymbol{H}$ 是确定的，则 MIMO 信道的容量定义为信道输入和输出的互信息，即

$$C = \max_{f(\boldsymbol{x})} I(\boldsymbol{x}, \boldsymbol{y}) \tag{5-15}$$

式中，$f(\boldsymbol{x})$为向量 $\boldsymbol{x}$ 的概率分布；$I(\boldsymbol{x}, \boldsymbol{y})$为向量 $\boldsymbol{x}$ 和 $\boldsymbol{y}$ 之间的互信息，表示为

$$I(\boldsymbol{x}, \boldsymbol{y}) = H(\boldsymbol{y}) - H(\boldsymbol{y}/\boldsymbol{x}) \tag{5-16}$$

其中，$H(\boldsymbol{y})$为向量 $\boldsymbol{y}$ 的微分熵；$H(\boldsymbol{y}/\boldsymbol{x})$为向量 $\boldsymbol{y}$ 的条件微分熵。

当 $\boldsymbol{y}$ 和 $\boldsymbol{x}$ 是零均值循环对称复高斯向量时，式（5-16）可以简化为

$$I(\boldsymbol{x}, \boldsymbol{y}) = \log_2 \det\left(\boldsymbol{I}_{N_R} + \frac{P}{N_T N_0}\boldsymbol{H}\boldsymbol{R}_{xx}\boldsymbol{H}^{\mathrm{H}}\right) \tag{5-17}$$

于是，MIMO 信道的容量可以表示为

$$C = \max_{\mathrm{tr}(\boldsymbol{R}_{xx})-N_T} \log_2 \det(\boldsymbol{I}_{N_R} + \frac{P}{N_T N_0}\boldsymbol{H}\boldsymbol{R}_{xx}\boldsymbol{H}^{\mathrm{H}}) \tag{5-18}$$

式（5-18）中的容量 C 可以看成无差错频谱效率，或者是在 MIMO 信道中能够可靠传输的、单位带宽上的数据率。若假设带宽为 W Hz，则 MIMO 信道所能达到的最大数据率就是 WC bit/s。

当发射端不知道信道信息时，信号将在各发射天线间等功率发射，这时有 $\boldsymbol{R}_{xx} = \boldsymbol{I}_{N_T}$，MIMO 信道容量为

$$C = \log_2 \det\left(\boldsymbol{I}_{N_R} + \frac{P}{N_T N_0} \boldsymbol{H}\boldsymbol{R}_{xx}\boldsymbol{H}^H \right) = \log_2 \det\left(\boldsymbol{I}_{N_R} + \frac{P}{N_T N_0} \boldsymbol{H}\boldsymbol{H}^H \right) \tag{5-19}$$

设信道矩阵 $\boldsymbol{H}$ 的秩为 r，对 $\boldsymbol{H}$ 进行奇异值分解，得到

$$\boldsymbol{H} = \boldsymbol{U}\boldsymbol{D}\boldsymbol{V}^H \tag{5-20}$$

式中，$\boldsymbol{U}$ 为 $N_R \times r$ 的酋矩阵；$\boldsymbol{V}$ 为 $N_T \times r$ 的酋矩阵；$\boldsymbol{D} = \text{diag}\{\sigma_1, \sigma_2, \cdots, \sigma_r\}$，$\sigma_i$ 是 $\boldsymbol{H}$ 的第 i 个奇异值，且有 $\sigma_i \geqslant 0$，$\sigma_i \geqslant \sigma_{i+1}$。

$\boldsymbol{H}\boldsymbol{H}^H$ 是一个 $N_R \times N_T$ 的半正定 Heimitian 矩阵。使 $\boldsymbol{H}\boldsymbol{H}^H$ 的特征值分解为 $\boldsymbol{Q}\boldsymbol{\Lambda}\boldsymbol{Q}^H$，这里 $\boldsymbol{Q}$ 是一个 $N_R \times N_R$ 矩阵，满足 $\boldsymbol{Q}^H\boldsymbol{Q} = \boldsymbol{Q}\boldsymbol{Q}^H = \boldsymbol{I}_{N_R}$ 且 $\boldsymbol{\Lambda} = \text{diag}\{\lambda_1, \lambda_2, \cdots, \lambda_{N_R}\}$，其中，$\lambda_i$ 是特征值，定义为

$$\lambda_i = \begin{cases} \sigma_i^2, & i = 1, 2, \cdots, r \\ 0, & i = r, r+1, \cdots, N_R \end{cases} \tag{5-21}$$

且满足 $\lambda_i \geqslant 0$，$\lambda_i \geqslant \lambda_{i+1}$。矩阵 $\boldsymbol{H}\boldsymbol{H}^H$ 非零特征值 λ_i 的数量等于矩阵 $\boldsymbol{H}$ 的秩 r。对于 $N_R \times N_T$ 矩阵 $\boldsymbol{H}$，秩的最大值为 $r_{\max} = \min(N_R, N_T)$。

将 $\boldsymbol{H}\boldsymbol{H}^H = \boldsymbol{Q}\boldsymbol{\Lambda}\boldsymbol{Q}^H$ 代入式（5-19），并利用 $\boldsymbol{Q}^H\boldsymbol{Q} = \boldsymbol{I}_{N_R}$，可得

$$\begin{aligned} C &= \log_2 \det(\boldsymbol{I}_{N_R} + \frac{P}{N_T N_0} \boldsymbol{Q}\boldsymbol{\Lambda}\boldsymbol{Q}^H) \\ &= \log_2 \det(\boldsymbol{I}_{N_R} + \frac{P}{N_T N_0} \boldsymbol{\Lambda}) \\ &= \sum_{i=1}^{r} \log_2 \left(1 + \frac{P}{N_T N_0} \lambda_i \right) \end{aligned} \tag{5-22}$$

式（5-22）把 MIMO 信道的容量表示成 r 个 SISO 信道的容量之和，即将 MIMO 信道等效为 r 个平行去耦子信道，其中每个信道的功率增益为 λ_i，$i = 1, 2, \cdots, r$，发送功率为 P/N_T，于是接收功率为 $\lambda_i P/N_T$。

2. 随机 MIMO 信道的信道容量

对于随机 MIMO 信道，当信道矩阵的元素是随机变量时，仍假设接收端可以正确估计信道系数，而发射端不了解 CSI。假定信道矩阵的元素是零均值复高斯随机变量，按照文献[3]，当信道是慢衰落信道，即信道 $\boldsymbol{H}$ 的元素在一个码元时间内保持不变，而在不同码元之间变化时，则 MIMO 信道仍可以等效分解为 r 个去耦平行子信道，信道总的容量是这些子信道容量相加，即

$$C = E\left(\sum_{i=1}^{r} \log_2 \left(1 + \lambda_i \frac{P}{N_T N_0} \right) \right) \tag{5-23}$$

对于慢瑞利衰落 MIMO 信道，信道容量是一个随机变量。这时，分析慢衰落信道的两个常用统计量是遍历性容量和中断容量。

遍历性信道的基本假设是发射信号的码元时间 T 远大于信道的相干时间 T_c，即传输过程足够长，以使信道的冲激响应是一个遍历性过程。在这种典型的情况下，香农意义上的标准容量仍然存在，其定义是在信道矩阵 $\boldsymbol{H}$ 元素分布上信息速率的总平均，表示为

$$\bar{C} = \varepsilon\{C\} = \varepsilon\{\log_2 \det(\boldsymbol{I}_{M_\mathrm{R}} + \frac{P}{M_\mathrm{T}N_0}\boldsymbol{H}\boldsymbol{H}^\mathrm{H})\} \tag{5-24}$$

遍历性容量的意义在于，在遍历性信道中，可以使用渐进最佳码本，以误码为零的速率发射信号。

若 $N_\mathrm{T} \geqslant N_\mathrm{R}$，则可以给出容量的下限：

$$C > W \sum_{i=N_\mathrm{T}-(N_k-1)}^{N_\mathrm{T}} \log_2\left(1+\frac{P}{N_\mathrm{T}N_0}\left(\chi_2^2\right)_i\right) \tag{5-25}$$

式中，W 为信道带宽；χ_2^2 为自由度为 2 的 χ^2 随机变量。

实际的衰落信道不一定满足遍历性条件 $T \gg T_c$，这时不存在香农意义上的信道容量，信道容量可以看成一个随机量，它取决于瞬时信道参数存在为零的概率。即由于信道的衰落，无论传输速率有多小，都有可能超出信道容量，无法实现无差错传输。这时，无论采用多长的纠错码，系统中的 BER 都不会随着 SNR 的提高而进一步下降，即出现 BER 曲线的平台现象。在这种情况下，引入中断容量的概念。

中断容量与信道的中断概率有关。中断概率是信道的瞬时容量低于某个预设传输速率的概率。将相应于某一传输速率 R 的中断概率 P_out 定义为 $P_\mathrm{out}(R) = P(C \leqslant R)$，它表示对于某一信道容量，传输会出现差错（中断）的概率，或者表示没有达到一定容量的概率。中断容量 $C_\mathrm{out}(q\%)$ 定义为以 $(100-q)\%$ 的概率实现无误传输的信道容量，或者说当中断概率为 $q\%$ 时，可以实现的信道容量。

当信道容量是随机变量时，中断概率 P_out 等于容量的累积分布函数（cumulative distribution function，CDF），而中断容量，用 $P_c = 1-P_\mathrm{out}$ 表示，等于容量的补充累积分布函数（complementary cumulative distribution function，CCDF）。

3. 系统参数和信道特性对信道容量的影响

系统的参数包括发射、接收天线的数量与天线间的空间相关性等。信道特性包括信道的多径扩展、频率选择性衰落及信道衰落的统计分布等。首先分析 MIMO 信道与采用单发射单接收的 SISO 信道的容量比较。

按照式（5-24）、式（5-25），MIMO 信道的遍历性容量可以表示为

$$\begin{aligned}\tilde{C} &= \varepsilon\left\{\log_2 \det\left(\boldsymbol{I}_{N_{\mathrm{R}}} + \frac{P}{N_{\mathrm{T}}N_0}\boldsymbol{H}\boldsymbol{H}^{\mathrm{H}}\right)\right\} \\ &= \varepsilon\left\{\sum_{i=1}^{r}\log_2\left(1+\frac{P}{N_{\mathrm{T}}N_0}\lambda_i\right)\right\}\end{aligned} \tag{5-26}$$

式（5-26）表明，MIMO 信道的容量可以表示为 r 个 SISO 子信道的容量和，由于 $\boldsymbol{H}$ 的秩 r 等于矩阵 $\boldsymbol{H}\boldsymbol{H}^{\mathrm{H}}$ 的非零特征值的数量，其最大值 $r_{\max} = \min(N_{\mathrm{T}}, N_{\mathrm{R}})$，因此，MIMO 信道容量将随 $\min(N_{\mathrm{T}}, N_{\mathrm{R}})$线性增长。

对于 SISO 信道，$N_{\mathrm{T}} = N_{\mathrm{R}} = 1$，信道矩阵 $\boldsymbol{H}$ 的秩为 1，信道系数$|h|^2$ 是一个自由度为 2 的 χ^2 分布的随机变量，用 χ_2^2 表示。由式（5-26）可得信道容量为

$$\tilde{C} = \varepsilon\left\{\log_2\left(1+\chi_2^2 P / N_0\right)\right\} \tag{5-27}$$

是信道中能量的函数。当信道中存在多径扩展时，对于 SISO 信道，信道矩阵 $\boldsymbol{H} = \tilde{\boldsymbol{H}}_l = \{h_l\}$ 是一个 $1\times L$ 的矢量，其秩仍为 1，信道的遍历性容量仍然只是信道总能量的函数，即多径扩展 SISO 信道相比平坦 SISO 信道没有容量增益。而对于 MIMO 信道，信道矩阵 $\boldsymbol{H} = \tilde{\boldsymbol{H}}_l$ 是一个 $N_{\mathrm{T}}L \times N_{\mathrm{R}}L$ 块对角矩阵，其秩最多为 $N_{\mathrm{T}}L$、$N_{\mathrm{R}}L$ 中的小值 $\min(N_{\mathrm{T}}L, N_{\mathrm{R}}L)$。因此，多径 MIMO 信道相比平坦 MIMO 信道有可能有遍历性容量增益。

按照文献[3]，中断容量是由信道中分集的自由度决定的。因此，若水声通信系统中采用 Rake 接收等方法获得多径分集，则无论是 SISO 信道，还是 MIMO 信道，多径扩展都会带来中断容量增益。

4. 频率选择性衰落 MIMO 信道中的信道容量

平坦衰落是对窄带系统的理想假设，该系统的信号带宽小于信道的相关带宽。而对于高速传输的水声通信系统，其信号带宽会大于信道的相关带宽，因而信道将呈现频率选择性衰落。对于频率选择性 MIMO 信道，典型的研究方法是将频带分成 N 个窄子信道，每个子信道都是平坦的。这时，信道矩阵 $\boldsymbol{H}$ 是一个 $N_{\mathrm{R}}N \times N_{\mathrm{R}}N$ 块对角矩阵。仍限制总的发射功率为 P，则频率选择性 MIMO 信道的容量等于

$$C = \frac{1}{N}\max_{\mathrm{tr}(\boldsymbol{R}_{xx})=P}\log_2\det\left(\boldsymbol{I}_{N_{\mathrm{R}}N} + \frac{P}{N_{\mathrm{T}}N_0}\boldsymbol{H}\boldsymbol{R}_{xx}\boldsymbol{H}^{\mathrm{H}}\right) \tag{5-28}$$

若发射端不知道信道的状态信息，选择 $\boldsymbol{R}_{xx} = \boldsymbol{I}_{N_{\mathrm{R}}N}$，即发射功率在各天线和各频率中均匀分配，则确定性信道的容量为

$$C \approx \frac{1}{N}\sum_{i=1}^{N}\log_2\left(\boldsymbol{I}_{M_{\mathrm{R}}} + \frac{P}{N_{\mathrm{T}}N_0}\boldsymbol{H}_i\boldsymbol{H}_i^{\mathrm{H}}\right) \tag{5-29}$$

式中，$\boldsymbol{H}_i$ 为 $\boldsymbol{H}$ 中的块对角元素。

频率选择性 MIMO 信道的遍历性容量$\tilde{C}$则为各个 $\boldsymbol{H}$ 实现时信道容量的平均，即

$$\tilde{C} \approx \varepsilon\left\{\frac{1}{N}\sum_{i=1}^{N}\log_2\left(\boldsymbol{I}_{M_\mathrm{R}}+\frac{P}{N_\mathrm{T}N_0}\boldsymbol{H}_i\boldsymbol{H}_i^\mathrm{H}\right)\right\} \tag{5-30}$$

若通信系统中采用 OFDM 调制等方法将整个信道频带分成并行的频率子信道，则与多径扩展的作用相似，系统获得的频率分集可以改善信道的中断容量。

以上是在信道矩阵是独立的复高斯变量的理想假设条件下推导出的MIMO信道容量，当信道是赖斯信道，或天线间隔不够使得接收端信号相关时，MIMO 信道的容量都会受到影响。

5. 赖斯衰落信道的容量

在定义以上各信道的容量时，都假设了各发射和接收天线间的信道系数是独立同分布（independent identically distributed，i.i.d）的瑞利衰落，这一假设意味着在信道中有丰富的散射分量。但在实际的水声信道，特别是一些近距离传输的高速水声通信系统中，接收信号中可能会出现直达的信号成分，而散射分量不足。在这种情况下，信道更常用赖斯衰落模型来描述。赖斯衰落的 MIMO 信道矩阵是一个均值非零的复高斯矩阵，通常建模为稳定（直达）分量和可变（散射）分量之和，即

$$\boldsymbol{H}=\sqrt{\frac{K}{1+K}}\bar{\boldsymbol{H}}+\sqrt{\frac{1}{1+K}}\tilde{\boldsymbol{H}}=\boldsymbol{H}_1+\boldsymbol{H}_2 \tag{5-31}$$

式中，$\boldsymbol{H}_1=\sqrt{K/(1+K)}\bar{\boldsymbol{H}}$ 为无散射，只有直达分量时的信道矩阵；$\boldsymbol{H}_2=\sqrt{1/(1+K)}\tilde{\boldsymbol{H}}$ 为信道中只有散射分量时的信道矩阵；K 为信道中的赖斯因子，定义为直达分量的总功率 D 和散射分量的总功率 σ_ray^2 之比。

若进一步假设阵元间的空间距离足够大，则信道系数的散射分量仍是独立同分布的。

可以通过两种极限情况来研究 K 因子对 MIMO 信道容量的影响。一是发射/接收天线完全相关，$\boldsymbol{H}_1$ 的所有元素都等于 1，其秩为 1。当 $K=0$ 时，其容量与全相关瑞利衰落信道的容量相等。假设 $N_\mathrm{T}=N_\mathrm{R}=M$，则 MIMO 信道容量表示为

$$C=\log_2\left[\det\left(\boldsymbol{I}_M+\frac{P}{MN_0}\boldsymbol{\Theta}_\mathrm{R}^\mathrm{H}\boldsymbol{H}\boldsymbol{\Theta}_\mathrm{T}\boldsymbol{H}^\mathrm{H}\right)\right] \tag{5-32}$$

式中，$\boldsymbol{\Theta}_\mathrm{T}$ 为 $N_\mathrm{T}\times N_\mathrm{T}$ 的发射阵元的相关系数矩阵；$\boldsymbol{\Theta}_\mathrm{R}$ 为 $N_\mathrm{R}\times N_\mathrm{R}$ 的接收阵元的相关系数矩阵。

当 K 增大到 $K\to\infty$ 时，矩阵 $\boldsymbol{H}\boldsymbol{H}^\mathrm{H}$ 只有一个特征值 M^2，信道容量可以写成

$$C = \log_2\left(1 + M\frac{P}{N_0}\right) \tag{5-33}$$

另一种极限情况是，当发射/接收阵元不相关时，$\boldsymbol{H}_1$ 的秩为 M，信道矩阵的元素表示为

$$h_{ij} = \exp(\mathrm{j}\gamma_{ik}), i = 1, \cdots, M, k = 1, \cdots, M \tag{5-34}$$

式中

$$\gamma_{ik} = (\pi / M)[(i - i_0)(k - k_0)]^2 \tag{5-35}$$

其中，i_0 和 k_0 是整数。当 $K = 0$ 时，其容量与不相关瑞利衰落信道的容量相等。当 $K \to \infty$ 时，其容量为

$$C = M\log_2\left(1 + \frac{P}{N_0}\right) \tag{5-36}$$

对通信信道容量的分析和测量表明，采用多发射和多接收的MIMO信道可以扩大通信信道的容量，而且在多径信道中，MIMO系统可以获得更大的容量增益。这意味着，如果在水声通信系统中采用MIMO技术，并将其与OFDM、多径分离等技术相结合，就有可能获得空间分集和频域分集，从而大大改善水声通信系统的性能。

5.1.3 水声MIMO信道容量的仿真分析与测量

下面通过仿真分析和水库试验的实测数据来分析水声MIMO信道的容量。

【例 5-1】　水声MIMO信道容量的仿真分析。

表 5-1 是仿真的MIMO水声信道，仿真的信道参数：水深 200m，传输距离为 70km，声速是海试实测的声速值。发射阵元深度 SD 分别为 81m 和 91m，接收阵元深度 RD 分别为 92.5m 和 103m。

表 5-1　MIMO 水声信道的参数

参数		数值						
信道 1，SD = 81m，RD = 92.5m	传播损失/dB	121.88	122.02	127.04	131.01	130.4		
	时延/ms	46.10	46.155	46.372	46.183	46.193		
信道 2，SD = 81m，RD = 103m	传播损失/dB	123.34	123.34	123.43	123.43	126.39	127.76	128.33
	时延/ms	46.117	46.096	46.089	46.151	46.072	46.203	46.204
信道 3，SD = 91m，RD = 92.5m	传播损失/dB	119.14	119.15	119.47	127.43	128.91	126.32	131.96
	时延/ms	46.082	46.184	46.112	46.154	46.343	46.106	45.261

续表

参数		数值										
信道 4，SD = 91m，RD = 103m	传播损失/dB	122.78	122.64	122.57	122.38	131.01	126.58	127.74	132.23	128.01	125.76	138.97
	时延/ms	46.077	46.137	46.022	46.072	46.13	46.098	46.232	46.253	46.09	46.082	46.168

仿真时，取 $N_T = N_R = 2$，并认为发射端不知道信道信息，接收端通过信道估计来了解信道信息。将 256 位码长的 *m* 序列扩频码作为测试信号，通过对扩频序列的相关接收来估计信道的参数，并由此计算信道矩阵及信道容量。为了在相同的条件下进行性能比较，在各种仿真条件下都规定信道的总能量 $P = 1$，信道系数用所有路径中最先到达路径的传播损失和时延进行归一化，采用蒙特卡罗仿真，仿真次数为 1000 次。

首先仿真发射和接收天线数对信道容量的影响。不同发射、接收阵元数时遍历性信道容量随 SNR 的变化如图 5-2 所示。信号频率为 2kHz。为了比较，图 5-2（b）中同时给出了单发射、单接收（SISO），两发射、一接收（MISO），单发射、两接收（SIMO）和两发射、两接收（MIMO）系统配置时遍历性容量随 SNR 的变化曲线。图 5-2（b）中，SISO 信道的容量曲线是 4 条 SISO 信道容量、1000 次计算结果的平均。同样，MISO 和 SIMO 的信道容量分别是两条 MISO 和 SIMO 信道容量的平均。

由图 5-2 可知，与 SISO 信道相比，增加发射/接收阵元数可以获得容量增益。当 SNR = 25dB 时，MIMO 信道可获得约 4.7bit/(s·Hz)的容量增益。另外，SIMO 信道比 MISO 信道获得更大的容量。

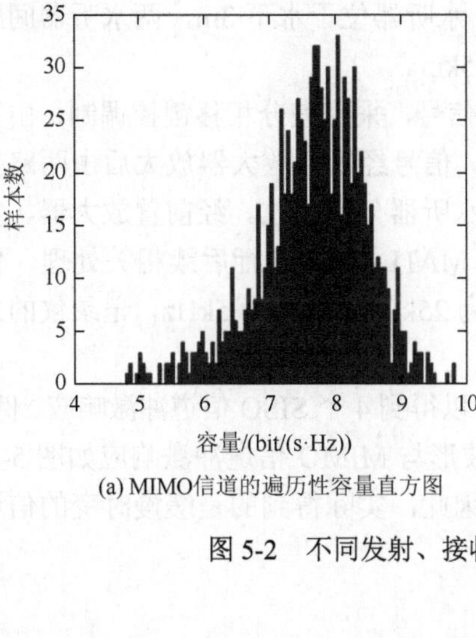

(a) MIMO信道的遍历性容量直方图

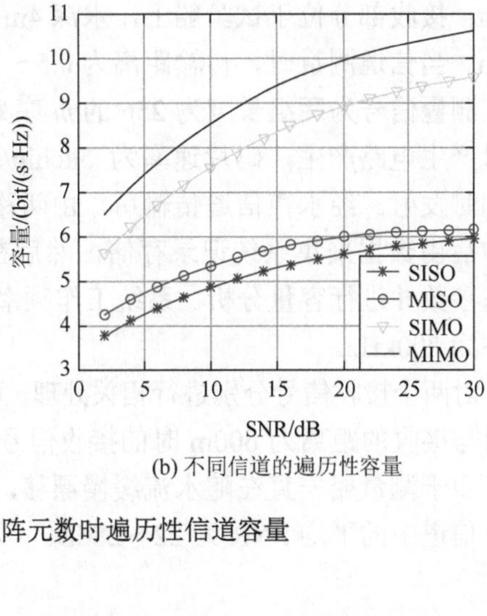

(b) 不同信道的遍历性容量

图 5-2　不同发射、接收阵元数时遍历性信道容量

图 5-3 给出了不同发射、接收阵元配置时的中断容量。由图 5-3 可知，相比其他信道，MIMO 信道有最大的中断容量。另外，相比单接收阵元的 SISO、MISO 信道，多接收阵元的 SIMO、MIMO 信道的中断容量更大一些。这表明，接收分集可以更有效地改善信道容量。

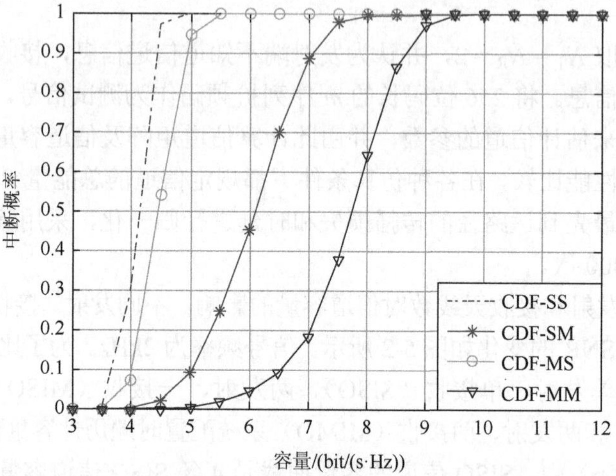

图 5-3　不同发射、接收阵元配置时的中断容量

【例 5-2】　水声 MIMO 信道容量的湖试测量。

水声信道的测量于 2009 年 10 月 18 日在陕西礼泉的泔河水库进行，水库长约 2.8km，水底地质为泥底。测量系统为两输入、两输出（2×2）系统，测量系统发射部分固定于水库大坝附近，水深 3m，发射换能器位于水下 2m，换能器间距为 2.5m；接收部分位于试验船上，水深 4m，水听器位于水下 3m，两水听器间距为 5.5m。当信道测量时，传输距离为 0.5～1.5km。

测量信号为两组长度为 256 的 *m* 序列信号，采用差分相移键控调制，由发射信号产生电路产生，码片速率为 5kchip/s。信号经功率放大器放大后由两路换能器同时发射。经水声信道传输后，由两路水听器分别接收。经前置放大器、宽带滤波后由数据采集系统记录存储，然后在 MATLAB 上进行后续相关处理，估计信道参数并进行容量分析。系统工作频率为 25kHz，带宽为 5kHz，记录仪的采样频率为 200kHz。

对两个接收信号分别进行相关处理，可以得到 4 个 SISO 信道冲激响应。例如，发射与接收的距离为 600m 时的接收信号波形与 MIMO 信道冲激响应如图 5-4 所示。由于测量船一直在随水流缓慢漂移，因此，实际得到的是缓慢时变的信道响应，信道中的平均 SNR 为 22～28dB。

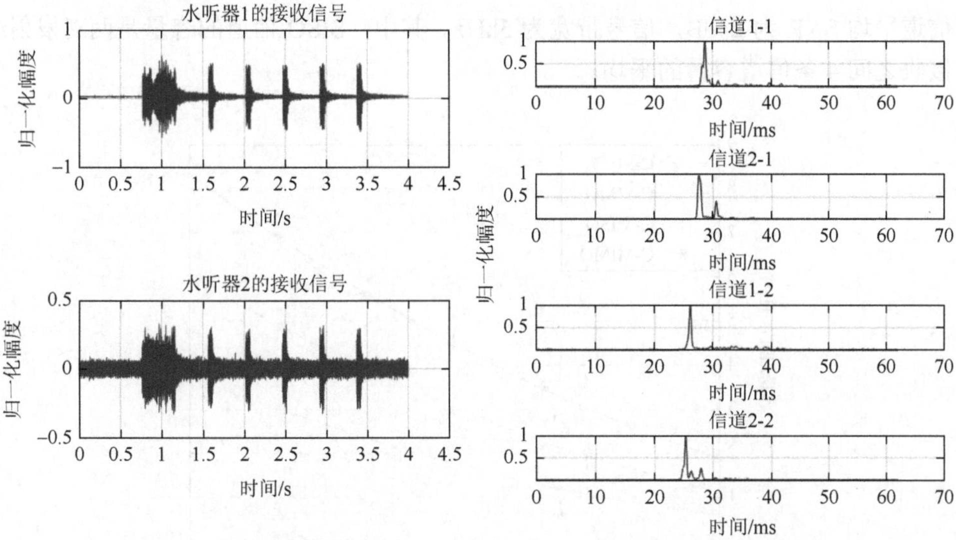

(a) 接收信号波形图　　(b) 信道的冲激响应

图 5-4　发射换能器与接收水听器距离为 600m 时的接收信号波形与 MIMO 信道冲激响应

表 5-2 给出了三个典型信道的归一化信道系数及信道容量测量结果。表 5-2 中信道 1、信道 2 和信道 3 的传播距离分别为 700m、800m 和 1000m，估计的平均 SNR 分别为 23.87dB、23.89dB 和 24.48dB，估计的信道幅度衰减系数（简称信道系数）如表 5-2 所示。表中 *i-j* 表示发射换能器 *i* 与接收水听器 *j* 之间的信道，*i*, *j* = 1, 2；C_SISO、C_MIMO 分别表示 SISO 信道和 MIMO 信道的容量。

表 5-2　三个典型信道的归一化信道系数及信道容量测量结果

信道	信道系数				C_SISO/(bit/(s·Hz))				C-MIMO/(bit/(s·Hz))
	1-1	1-2	2-1	2-2	1-1	1-2	2-1	2-2	
信道 1	0.639	0.342	1.0 0.820	0.491	2.883	1.501	4.761	2.253	6.615
信道 2	0.598	0.358	1.0	0.576	2.721	1.589	4.057	2.607	4.875
信道 3	0.310	0.169 0.121	1.0	0.457	1.380	0.778	4.140	2.162	4.809

图 5-5 给出了基于测量数据的信道遍历性容量曲线，图中，SISO 信道的容量是两对发射/接收之间 4 条信道的容量平均。计算时信道平均 SNR 为 24dB，信道带宽为 5kHz。由图 5-5 可以看到，与 SISO 信道相比，MIMO 可以获得容量增益。当 SNR = 25dB 时，MIMO 信道可获得约 4.0bit/(s·Hz)的容量增益。这与仿真时得到的结论相似。

图 5-6 是在单径和多径信道中 SISO 和 MIMO 信道的平均中断容量，计算时

信道平均 SNR 为 24dB，信号带宽为 5kHz。其中，SISO 信道的容量是两对发射/接收之间 4 条信道容量的平均。

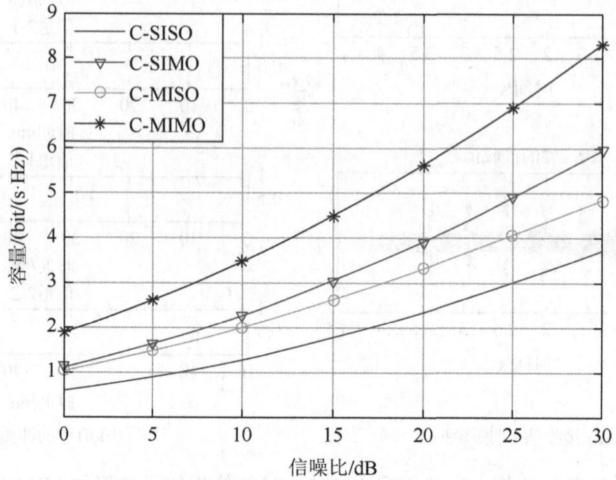

图 5-5　基于测量数据的信道遍历性容量曲线

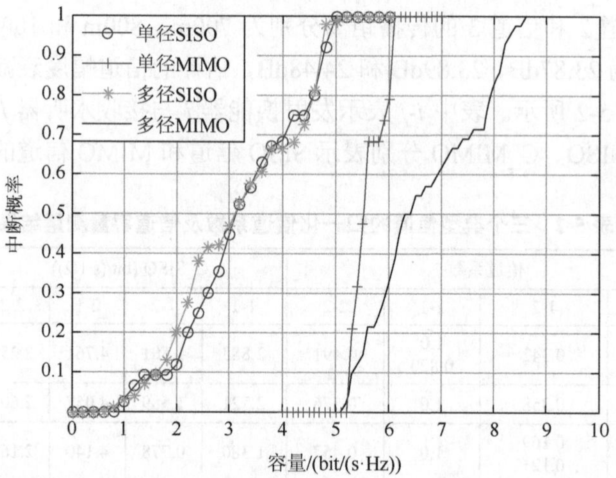

图 5-6　在单径和多径信道中 SISO 和 MIMO 信道的平均中断容量

由表 5-2 和图 5-6 可以看出，信道系数（路径增益）对信道容量有较大的影响，信道系数越大，容量越大。对于 SISO 信道，多径分量可以增加信道的容量，但对于呈现赖斯衰落的信道来说，多径分量对信道容量的贡献取决于赖斯衰落因子（K 因子），K 因子越大，即直达分量越强，多径分量对信道容量的贡献就越小。MIMO 结构明显地增加了信道容量，而且对于 MIMO 信道，多径带来更为明显的中断容量改善。

以上通过数学模型、物理模型、仿真分析和信道测量的方法对 MIMO 水声信道模型及信道容量进行了研究。信道容量的仿真和测量结果表明，采用多发射和多接收的 MIMO 信道可以改善水声信道的容量，而且在多径信道中，MIMO 系统可以获得更大的容量增益，改善的程度与信道条件和系统参数密切相关。这意味着，如果在水声通信系统中采用 MIMO 技术与多径分离技术、OFDM 技术等的结合，就可同时获得空间分集和频域分集。这无疑为研究高速水声通信技术和改善水声通信系统性能提供了一种新的思路与技术途径。

5.2　空时编码概述

对 MIMO 信道容量的分析和测量表明，在多径水声信道，采用 MIMO 技术，可以获得空间分集和多径分集增益，具有改善水声通信的数据率和 BER 性能的潜力。要真正获得对水声通信性能的改善，还需要将 MIMO 技术与空时编码结合，通过空时信号处理获得空间分集和多径分集增益。

下面概述空时编码的基本概念。

5.2.1　平坦衰落信道上空时编码的性能与设计准则

采用空时编码是接近或达到 MIMO 无线信道容量的一种可行的、有效的方法[1, 2, 4]。空时编码所引入的空时相关性可以使接收机补偿 MIMO 信道的衰落，减少发射误码。相对于空间未编码系统，空时编码可以在不牺牲带宽的情况下起到发射分集和空间复用的作用，使接收机消除了 MIMO 信道的衰落现象和减少发射误码。

空时编码包括空时分组码、空时网格码和分层空时码等。下面着重介绍在水声通信中常用的空时编码的基本概念。

考虑一个有 N_{T} 根发射和 N_{R} 根接收天线的 MIMO 系统，假设每根天线上发射的数据帧长为 M 个码元，将发射序列按矩阵排列为 $N_{\mathrm{T}}\times L$ 的空时码字矩阵，表示为

$$\boldsymbol{x}=[\boldsymbol{x}_1,\boldsymbol{x}_2,\cdots,\boldsymbol{x}_M]=\begin{bmatrix} x_1^1 & x_2^1 & \cdots & x_M^1 \\ x_1^2 & x_2^2 & \cdots & x_M^2 \\ \vdots & \vdots & & \vdots \\ x_1^{N_{\mathrm{T}}} & x_2^{N_{\mathrm{T}}} & \cdots & x_M^{N_{\mathrm{T}}} \end{bmatrix} \tag{5-37}$$

矩阵 $\boldsymbol{x}$ 中的第 i 行 $\boldsymbol{x}_i=[x_1^i,x_2^i,\cdots,x_M^i]$ 表示从第 i 根天线发射的数据序列，第 t 列 $\boldsymbol{x}_t=[x_t^1,x_t^2,\cdots,x_t^{N_t}]^{\mathrm{T}}$ 是时刻 t 的空时码元。

假设 t 时刻发射的空时码元序列为 $\boldsymbol{x}_t=[x_t^1,x_t^2,\cdots,x_t^{N_t}]^{\mathrm{T}}$，由 5.1 节的信号模型

可知，在总发射功率不变的条件下，接收信号为

$$\boldsymbol{y}_t = \sqrt{\frac{P}{N_{\mathrm{T}}}}\boldsymbol{H}\boldsymbol{x}_t + \boldsymbol{n}_t \tag{5-38}$$

假设信道信息在接收端是已知的，则接收端可以采用最大似然检测器对发送码字进行估计，估计码字为

$$\begin{aligned}\hat{\boldsymbol{x}} &= \arg\min_{\boldsymbol{x}} \left\| \boldsymbol{y} - \boldsymbol{H}\boldsymbol{x} \right\|_{\mathrm{F}}^2 \\ &= \arg\min_{\boldsymbol{x}} \sum_t \left\| \boldsymbol{y}_t - \sqrt{\frac{E_s}{N_{\mathrm{T}}}}\boldsymbol{H}\boldsymbol{x}_t \right\|_{\mathrm{F}}^2\end{aligned} \tag{5-39}$$

成对差概率指当发送码字为 $\boldsymbol{x}$ 时，接收端输出错误估计序列 $\hat{\boldsymbol{x}}$ 的概率 $P(\boldsymbol{x},\hat{\boldsymbol{x}}/\boldsymbol{H})$。按照文献[9]、[21]，成对差错概率可以表示为

$$\begin{aligned}P(\boldsymbol{x},\hat{\boldsymbol{x}}/\boldsymbol{H}) &= Q\left(\sqrt{\frac{E_s\left\|\boldsymbol{H}(\boldsymbol{x}-\hat{\boldsymbol{x}})\right\|_{\mathrm{F}}^2}{2N_{\mathrm{T}}N_0}}\right) = Q\left(\sqrt{\frac{E_s\left\|\boldsymbol{H}(\boldsymbol{x}_1-\hat{\boldsymbol{x}})\right\|_{\mathrm{F}}^2}{2N_{\mathrm{T}}N_0}}\right) \\ &= Q\left(\sqrt{\frac{\rho d_h^2(\boldsymbol{x},\hat{\boldsymbol{x}})}{2N_{\mathrm{T}}}}\right)\end{aligned} \tag{5-40}$$

式中，$\rho = E_s/N_0$ 为 SNR；$\boldsymbol{x}-\hat{\boldsymbol{x}} = \boldsymbol{B}(\boldsymbol{x},\hat{\boldsymbol{x}})$ 为 $N_{\mathrm{T}}\times L$ 的码字差别矩阵；$d_h^2(\boldsymbol{x},\hat{\boldsymbol{x}})$ 为码字 $\boldsymbol{x}$ 和 $\hat{\boldsymbol{x}}$ 的修正欧氏距离，表示为

$$d_h^2(\boldsymbol{x},\hat{\boldsymbol{x}}) = \left\|\boldsymbol{H}(\boldsymbol{x}-\hat{\boldsymbol{x}})\right\|_{\mathrm{F}}^2 = \sum_{t=1}^{M}\sum_{j=1}^{N_{\mathrm{R}}}\left|\sum_{i=1}^{N_{\mathrm{T}}} h_{ji}^t\left(x_t^i - \hat{x}_t^i\right)\right|^2 \tag{5-41}$$

利用切诺夫（Chernoff）界，有

$$P(\boldsymbol{x},\hat{\boldsymbol{x}}/\boldsymbol{H}) \leqslant \exp\left(-d_h^2(\boldsymbol{x},\hat{\boldsymbol{x}})\frac{\rho}{4N_{\mathrm{T}}}\right) \tag{5-42}$$

定义码字距离矩阵

$$\boldsymbol{A}(\boldsymbol{x},\hat{\boldsymbol{x}}) = \boldsymbol{B}(\boldsymbol{x},\hat{\boldsymbol{x}})\boldsymbol{B}^{\mathrm{H}}(\boldsymbol{x},\hat{\boldsymbol{x}}) \tag{5-43}$$

矩阵 $\boldsymbol{A}(\boldsymbol{x},\hat{\boldsymbol{x}})$ 为非负定 Hermitian 矩阵，且特征值为非负实数。设矩阵 $\boldsymbol{A}(\boldsymbol{x},\hat{\boldsymbol{x}})$ 的秩为 r，特征值为 λ_i，$i=1,2,\cdots,r$，且有 $\lambda_1>\lambda_2>\cdots>\lambda_r>0$，按照文献[9]，对于慢瑞利衰落信道，当 rN_{R} 值较大时，成对差错概率的上界表示为

$$P(\boldsymbol{x},\hat{\boldsymbol{x}}) \leqslant \exp\left[\frac{1}{2}\left(\frac{\rho}{4N_{\mathrm{T}}}\right)^2 N_{\mathrm{R}}\sum_{i=1}^{r}\lambda_i^2 - \frac{\rho}{4N_{\mathrm{T}}}N_{\mathrm{R}}\sum_{i=1}^{r}\lambda_i\right] Q\left(\frac{\rho}{4N_{\mathrm{T}}}\sqrt{N_{\mathrm{R}}\sum_{i=1}^{r}\lambda_i^2} - \frac{\sqrt{N_{\mathrm{R}}}\sum_{i=1}^{r}\lambda_i}{\sqrt{\sum_{i=1}^{r}\lambda_i^2}}\right) \tag{5-44}$$

当 rN_{R} 较小时，成对差错概率的上界为

$$P(\boldsymbol{x},\hat{\boldsymbol{x}}) \leqslant \left(\prod_{i=1}^{N_{\mathrm{T}}} \frac{1}{1+\dfrac{\rho}{4N_{\mathrm{T}}}\lambda_i} \right)^{N_{\mathrm{R}}} \tag{5-45}$$

当 SNR 较大时，式（5-45）可以进一步简化为

$$P(\boldsymbol{x},\hat{\boldsymbol{x}}) \leqslant \left(\prod_{i=1}^{r} \lambda_i \right)^{-N_{\mathrm{R}}} \left(\frac{\rho}{4N_{\mathrm{T}}} \right)^{-rN_{\mathrm{R}}} \tag{5-46}$$

由式（5-46）可知，成对差错概率随 SNR 的增加呈指数下降趋势，因此，称 SNR 项的指数 rN_{R} 为分集增益，且称

$$G_c = \frac{(\lambda_1\lambda_2\cdots\lambda_r)^{1/r}}{d_u^2} \tag{5-47}$$

为编码增益，其中，d_u^2 为相对无编码系统的平方欧氏距离。可见，分集增益和编码增益由所有不同码字对的最小值 rN_{R} 和 $(\lambda_1\lambda_2\cdots\lambda_r)^{1/r}$ 决定。

分集增益是相同差错概率条件下，空间分集系统相对于无分集系统的近似功率增益，它决定了 BER 曲线随 SNR 变化的斜率。编码增益是相同分集增益和差错概率条件下，编码系统相对于无编码系统的功率增益，它决定了无编码系统的差错概率曲线相对于空时编码系统的 BER 曲线水平偏移的程度。

一般而言，要得到最小的差错概率，必须获得尽可能大的分集和编码增益。由式（5-46）可知，对于 rN_{R} 较小的系统，得到较大的分集增益要比得到较大的编码增益要重要得多。

由式（5-46）还可以得到频率平坦衰落信道中两个重要的空时码构造准则，即秩准则和行列式准则[20]。

秩准则优化了从空时编码获得的空间分集增益，空时编码获得的分集增益为 rN_{R}，因此，要获得 $N_{\mathrm{T}}N_{\mathrm{R}}$ 的完全空间分集增益，编码设计会使任意码字矩阵对 $\boldsymbol{A}(\boldsymbol{x},\hat{\boldsymbol{x}})$ 满秩。

行列式准则优化了编码增益，编码增益取决于项 $\left(\prod_{i=1}^{r} \lambda_i \right)$，因此，要得到高的编码增益，应最大化 $\boldsymbol{A}(\boldsymbol{x},\hat{\boldsymbol{x}})$ 行列式的最小值。

5.2.2　空时编码在频率选择性衰落信道上的性能

以上发射分集的性能是在假设信道具有非选择性平坦衰落特性的条件下进行的，但对于宽带通信，特别是应用于水声信道的宽带通信，发射信号要经历频率

选择性衰落，因此需要分析频率选择性衰落信道上空时码的性能。

设 $h_{ji}(t,\tau)$表示第 i 根发射天线和第 j 根接收天线之间的信道冲激响应，对于有 L 条不同路径的多径衰落信道，时变的信道冲激响应可以表示为

$$h_{ji}(t,\tau)=\sum_{l=1}^{L}h_{ji}^{tl}\delta(\tau-\tau_l) \tag{5-48}$$

式中，τ_l 为第 l 条路径的时间延迟；h_{ji}^{tl} 为第 l 条路径的复幅度。

假设延迟扩展 τ_d 与码元时间相比较小，且接收机中未采用均衡。按照文献[8]，在 t 时刻经匹配滤波之后，天线 j 上的接收信号可以表示为

$$y_t^j=\frac{1}{T}\int_{tT}^{(t+1)T}\left[\sum_{i=1}^{N_{\mathrm{T}}}\int_0^{\infty}u^i(t'-\tau_i)h_{ji}(t-\tau_i)\mathrm{d}\tau_i\right]\mathrm{d}t'+n_t^j \tag{5-49}$$

式中，T 为码元时间；n_t^j 为单边功率谱密度为 N_0 的零均值复高斯随机过程的采样；u^i 为天线 i 的发射信号。

可以将接收信号分解为以下三项：

$$y_t^j=\alpha\sum_{i=1}^{N_{\mathrm{T}}}\sum_{l=1}^{L}h_{ji}^{tl}x_t^i+I_t^j+n_i^j \tag{5-50}$$

式中，x_t^i 为第 i 根发送天线上第 t 个码元的信息；I_t^j 为码间干扰项，其均值为零，方差为 σ_I^2；α 为取决于信道功率延迟分布的常数，表示为

$$\alpha=\frac{1}{T}\int_{-T}^{T}P(\tau)(T-|\tau|)\mathrm{d}\tau \tag{5-51}$$

为了简便起见，用均值为零、单边功率谱密度为 $N_I=\sigma_I^2T$ 的高斯随机变量近似码间干扰项，于是可以将接收信号重写为

$$y_t^j=\alpha\sum_{i=1}^{N_{\mathrm{T}}}\sum_{l=1}^{L}h_{ji}^{tl}x_t^l+\overline{n}_t^j \tag{5-52}$$

式中，$\overline{n}_t^j=I_t^j+n_t^j$ 为均值为零、单边功率谱密度为 N_I+N_0 的复高斯随机变量，且加性噪声和码间干扰项是不相关的。

在此近似条件下，成对差错概率可以表示为

$$P(\boldsymbol{x},\hat{\boldsymbol{x}})\leqslant\left[\prod_{i=1}^{N_{\mathrm{T}}}\left(1+\lambda_i\frac{\alpha^2E_s}{4(N_0+N_{\mathrm{T}})}\right)\right]^{-N_{\mathrm{R}}}\leqslant\left[\prod_{i=1}^{r}\lambda_i\frac{\alpha^2}{N_{\mathrm{T}}/N_0+1}i\right]^{-N_{\mathrm{R}}}\left(\frac{E_s}{4N_0}\right)^{-rN_{\mathrm{R}}} \tag{5-53}$$

式中，E_s 为每码元的能量；r 为码字距离的秩；λ_i 为矩阵的非零特征值，$i=1,2,\cdots,r$。

由式（5-53）可知，空时码在多径和频率选择性衰落信道上可以实现的分集增益为 rN_{R}，与平坦衰落信道上能够实现的分集增益相同，而编码增益为

$$G_c = \frac{\left(\prod_{i=1}^{r}\lambda_i\right)^{1/r} \dfrac{a^2}{N_{\mathrm{T}} / N_0 + 1}}{d_n^2} \tag{5-54}$$

与平坦衰落信道的编码增益相比，式（5-54）表示的编码增益减小了 $a^2/(N_{\mathrm{T}}/N_0+1)$。

以上分析是在假设时延扩展较小且没有使用均衡器的条件下进行的。当时延扩展较大时，由于码间干扰，编码增益将大幅度减小，会引起较大的性能衰减，这时需要其他技术措施来抗码间干扰。

按照 Grong 和 Letaief[9]的分析，假设接收机进行最大似然译码，那么空时码在频率选择性衰落信道上能够获得比频率非选择性衰落信道上更高的分集增益。

由于频率选择性信道上的最大似然译码非常复杂，因此，更合理的方案是减小码间干扰。通过减小码间干扰，将频率选择性信道转变为频率非选择性信道，然后再利用空时码实现分集增益。

5.2.3　空时分组编码

1998 年 Alamouti 提出了 STBC 的结构，这是一种双路分集传输结构，通过一种简单的最大似然译码算法，可以为发射天线数为 2 的系统提供完全发射分集。Alamouti STBC 的原理框图如图 5-7 所示[5]。

假设采用 M 进制的调制方案，$m=\log_2 M$ 个信息比特首先进行 M 进制的调制。在编码器中，每次取出两个调制符号 x_1、x_2 并组成一个分组，通过编码矩阵映射到发射天线。

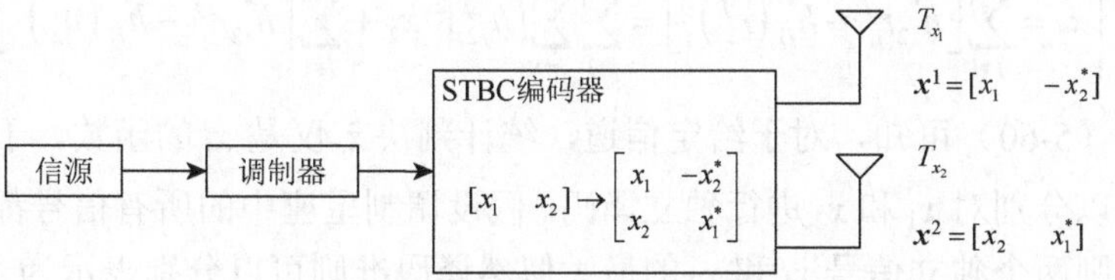

图 5-7　Alamouti STBC 的原理框图

Alamouti 方案的编码矩阵为

$$\boldsymbol{X} = \begin{bmatrix} x_1 & -x_2^* \\ x_2 & x_1^* \end{bmatrix} \tag{5-55}$$

编码器的输出在两个连续发射周期里从两根发射天线发射出去，用 $\boldsymbol{x}^1$ 与 $\boldsymbol{x}^2$ 来表示天线 1 和 2 的发射序列，分别表示为

$$\begin{cases} \boldsymbol{x}^1 = [x_1 \quad -x_2^*] \\ \boldsymbol{x}^2 = [x_2 \quad x_1^*] \end{cases} \tag{5-56}$$

显然，这种方案既在空域又在时域进行编码。Alamouti 方案的主要特征是两根发射天线的发射序列是正交的，其编码矩阵具有如下正交特性：

$$\boldsymbol{X} \cdot \boldsymbol{X}^{\mathrm{H}} = \left(|x_1|^2 + |x_2|^2\right)\boldsymbol{I}_2 \tag{5-57}$$

式中，$\boldsymbol{I}_2$ 为 2×2 的单位阵。

由于码字矩阵的正交性，等效的信道矩阵也呈正交性，即

$$\boldsymbol{H} = \begin{bmatrix} h_1 & h_2 \\ h_2^* & -h_1^* \end{bmatrix} \tag{5-58}$$

由于这种正交结构，接收端使用简单的线性组合就可以实现最大似然译码。

假设接收端采用 N_{R} 根接收天线，在连续两个时刻，第 j 根天线上的接收信号 r_1^j 和 r_2^j 分别表示为

$$\begin{cases} r_1^j = h_{j1}x_1 + h_{j2}x_2 + n_1^j \\ r_2^j = -h_{j2}x_2^* + h_{j2}x_1^* + n_2^j \end{cases} \tag{5-59}$$

式中，h_{ji} 为发射天线 i 到接收天线 j 之间信道的衰落系数，$i = 1, 2,\ j = 1, \cdots, N_{\mathrm{R}}$；$n_i^j$ 为接收天线 j 在 i 时刻的加性高斯白噪声信号。

Alamouti 译码器利用接收信号的线性组合来构造统计判决。假设接收机完全知道信道的状态信息，则统计判决构造为[5]

$$\begin{cases} \tilde{x}_1 = \sum_{j=1}^{N_{\mathrm{R}}} \left[h_{j1}^* r_1^j + h_{j2}^* \left(r_2^j\right)^* \right] = \sum_{i=1}^{2} \sum_{j=1}^{N_{\mathrm{R}}} |h_{j1}|^2 x_1 + \sum_{j=1}^{N_{\mathrm{R}}} \left[h_{j1}^* n_1^j + h_{j2} \left(n_2^j\right)^* \right] \\ \tilde{x}_2 = \sum_{j=1}^{N_{\mathrm{R}}} \left[h_{j2}^* r_1^j - h_{j1}^* \left(r_2^j\right)^* \right] = \sum_{i=1}^{2} \sum_{j=1}^{N_{\mathrm{R}}} |h_{j2}|^2 x_2 + \sum_{j=1}^{N_{\mathrm{R}}} \left[h_{j2}^* n_1^j - h_{j1} \left(n_2^j\right)^* \right] \end{cases} \tag{5-60}$$

由式（5-60）可知，对于给定信道，统计判决 $\tilde{x}_i$ 仅是 x_i 的函数。于是最大似然译码可以分别对 x_1 和 x_2 进行独立译码。假设调制星座中的所有信号都是等概率发送的，则两个独立信号 x_1 和 x_2 的最大似然译码准则可以分别表示为

$$\begin{cases} \hat{x}_1 = \underset{\hat{x}_1 \in S}{\arg\min} \left\{ \left[\sum_{j=1}^{N_{\mathrm{R}}} \left(|h_{j1}|^2 + |h_{j2}|^2\right) - 1 \right] |\hat{x}_1|^2 + d^2(\tilde{x}_1, \tilde{x}_2) \right\} \\ \hat{x}_2 = \underset{\hat{x}_2 \in S}{\arg\min} \left\{ \left[\sum_{j=1}^{N_{\mathrm{R}}} \left(|h_{j1}|^2 + |h_{j2}|^2\right) - 1 \right] |\hat{x}_2|^2 + d^2(\tilde{x}_1, \tilde{x}_2) \right\} \end{cases} \tag{5-61}$$

对 Alamouti 编码方案的成对差错概率分析表明，Alamouti 方案没有编码增益，但可以实现完全分集增益。一般来说，2 根发射天线、N_{R} 根接收天线的 Alamouti 方案与 1 根发射天线、$2N_{\mathrm{R}}$ 根接收天线的最大合并接收分集方案具有相同的分集增益。

Alamouti 方案的关键是两个发射序列之间的正交性。Tarokh 将这种正交设计扩展到任意天线中形成 STBC。STBC 可以实现由发射天线数 N_T 决定的发射分集，而且由于 STBC 的码字矩阵具有正交性，其解码仍然采用基于接收信号线性组合的最大似然译码。

一般来说，STBC 的编码矩阵 $\boldsymbol{X}$ 又称为传输矩阵，是 $N_T \times p$ 矩阵，N_T 为发射天线数，p 为一组编码信号的时间周期数。假设信号星座由 2^m 个点组成，在每次编码时，将一组 km 个信息比特映射到信号星座。STBC 编码器对 k 个调制信号进行编码，根据编码矩阵 $\boldsymbol{X}$ 生成 N_T 个长度为 p 的并行信号序列，在 p 个时间周期内同时从 N_T 根天线发射出去。

编码矩阵 $\boldsymbol{X}$ 的元素是 k 个调制信号 $x_1, x_2, \cdots, x_k$ 及其共轭的线性组合。例如，当 $N_T = 4$ 时，实信号 STBC 的编码矩阵为[5]

$$\boldsymbol{X} = \begin{bmatrix} x_1 & -x_2 & -x_3 & -x_4 \\ x_2 & x_1 & x_4 & -x_3 \\ x_3 & -x_4 & x_1 & x_2 \\ x_4 & x_3 & -x_2 & x_1 \end{bmatrix} \tag{5-62}$$

为了实现完全发射分集 N_T，编码矩阵 $\boldsymbol{X}$ 是基于正交设计的，即

$$\boldsymbol{X}\boldsymbol{X}^{\mathrm{H}} = c\left(|x_1|^2 + |x_2|^2 + \cdots + |x_k|^2\right)\boldsymbol{I}_{N_T} \tag{5-63}$$

式中，c 为常数；$\boldsymbol{X}^{\mathrm{H}}$ 为 $\boldsymbol{X}$ 的 Hermitian 转置；$\boldsymbol{I}_{N_T}$ 为 $N_T \times N_T$ 的单位阵。

$\boldsymbol{X}$ 的第 i 行表示在 p 个传输周期内从第 i 根发射天线连续发射的信号，$\boldsymbol{X}$ 的第 j 列表示 j 时刻同时通过 N_T 根发射天线发射的信号。正交性使得特定数量的发射天线能够实现完全发射分集，允许接收机分离不同天线发射的信号，从而可以进行最大似然译码，这种最大似然译码通过对接收信号进行简单的线性处理来实现。

下面以实信号调制为例来说明 STBC 的译码过程。

假定信道系数 $h_{ji}(t)$ 在 p 个码元周期内是恒定的，对于实信号编码矩阵，STBC 为传输信号 x_i 构建的统计判决：

$$\tilde{x}_i = \sum_{i=1}^{N_T} \sum_{j=1}^{N_R} \operatorname{sgn}_t(i) r_t^j h_{j,\varepsilon_t(i)}^*, \quad i = 1, \cdots, N_T \tag{5-64}$$

式中，$\operatorname{sgn}_t(i)$ 为编码矩阵的第 t 列中 x_i 的符号；ε_t 为第 1 列到第 t 列的符号排列，$\varepsilon_t(i)$ 为第 t 列中 x_i 的位置。

传输矩阵行的两两正交性使最大似然矩阵最小，则有

$$\sum_{i=1}^{N_T} \sum_{j=1}^{N_R} \left| r_t^j - \sum_{i=1}^{N_T} h_{ji} x_t^i \right|^2 \tag{5-65}$$

等效于使联合判决度量

$$\left|\sum_{i=1}^{N_{\mathrm{T}}}\left[\tilde{x}_i - x_i\right]^2 + \left[\sum_{t=1}^{N_{\mathrm{T}}}\sum_{j=1}^{N_{\mathrm{R}}}\left|h_{jt}\right|^2 - 1\right]\left|x_i\right|^2\right| \tag{5-66}$$

最小。由于 $\tilde{x}_i$ 的值仅依赖于码元 x_i，因此对于给定的接收信号、路径系数和正交传输矩阵的结构，该联合判决度量最小可以等效为使每个独立判决度量最小，则有

$$\left|\tilde{x}_i - x\right|^2 + \left(\sum_{t=1}^{N_{\mathrm{T}}}\sum_{j=1}^{N_{\mathrm{R}}}\left|h_{jt}\right|^2 - 1\right)\left|x_i\right|^2 \tag{5-67}$$

根据正交性，理想传输信号 x_i 的判决统计独立于其他传输信号 x_j，$j=1,2,\cdots,N_{\mathrm{T}}$，$j\neq i$，每个信号 x_i 的译码度量都是基于对其判决统计 $\tilde{x}_i$ 的线性处理。

当编码矩阵不是方阵或调制信号为复信号星座时，STBC 的译码算法可以参考文献 [2]、[21]。

STBC 的速率定义为编码器在输入时提取的码元数 k 与每根天线发射的 STBC 码元数 p 之比，表示为

$$R = k / P \tag{5-68}$$

STBC 的频谱利用率为

$$\eta = \frac{r_b}{B} = \frac{r_s mR}{r_s} = \frac{km}{p} \tag{5-69}$$

式中，r_b 为比特速率；r_s 为码元速率；B 为带宽。

具有完全发射分集的 STBC 的速率小于等于 1，全速率 $R = 1$ 的码不要求扩展带宽，而速率 $R<1$ 的码要求有 $1/k$ 的带宽扩展。

STBC 以较强的抗衰落性能和较低的译码复杂度而受到广泛的关注，但 STBC 只能获得分集增益，不提供编码增益。STBC 在发射端不需知道 CSI，但解码时接收机需要知道 CSI，所以信道估计的精确度将影响系统的性能。除此之外，发射、接收天线之间的相关性也会影响分集增益。另外，STBC 的频谱利用率也较低，其速率 $R\leqslant 1$。

5.2.4　分层空时码

1996 年，Foschini[7]提出了分层空时（layered space-time，LST）编码的概念。在空时编码中，LST 是唯一可使频谱利用率随发射天线数的增加而增大的空时编码。LST 编码结构的突出特点是可以在同一空间范围内，通过一维处理方法处理多维信号。

LST 的最大优点是频带利用率随发送天线数的增加而线性增加，但译码复杂度较高。由于各层子数据流独立编码，接收机要将各子层信号独立解码，需要复杂的信号处理方法，如直接矩阵求逆、干扰抵消、迫零反馈均衡等。设计低复杂度的检测器是 LST 技术的一大挑战。

1. 分层空时码的编码结构

LST 先将待传的信息流串并变换为 n 路，分别进行一般的信道编码，再将 n 路信息按一定的规律分层编码后加载在同样的载波上由发射天线阵同时发射。分层的方式包括水平分层、垂直分层、对角分层，其结构分别如图 5-8～图 5-10 所示[5]。

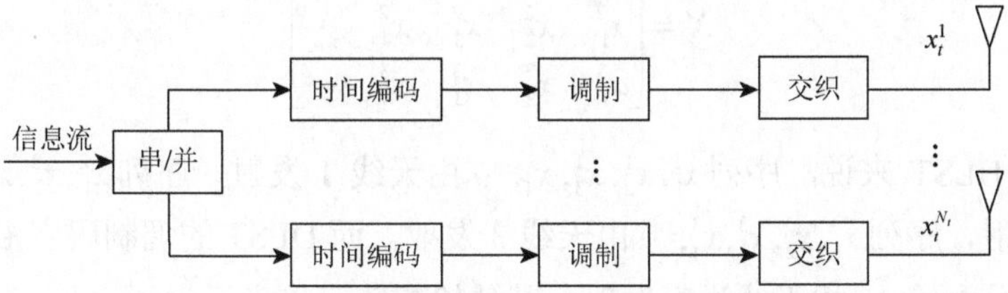

图 5-8　各层独立编码的水平分层空时编码结构

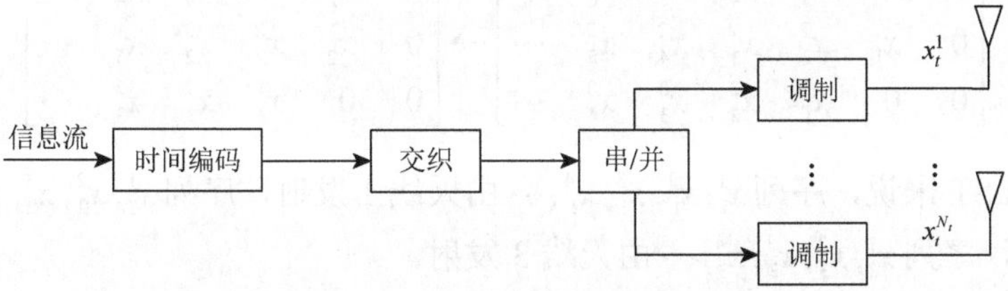

图 5-9　各层独立编码的垂直分层空时编码结构

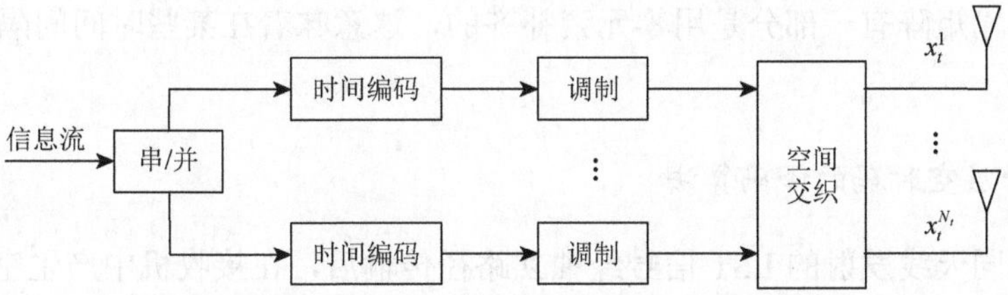

图 5-10　各层独立编码的对角分层空时编码结构

在水平分层空时（horizontal layered space-time，HLST）编码中，比特流首先分解成 N_T 个子信息流，经独立的信道编码调制后从 N_T 根天线发送，其空间速率 $r_s = N_T$，HLST 最多可达 N_R 重分集，是一种次最优结构。

在垂直分层空时（vertical layered space-time，VLST）编码中，比特流经编码、调制后串并变换为 N_T 个子数据流，由于每个信息位潜在地可在所有的天线中传播，所以这种编码形式可以达到最优，但要求在接收端对各层子数据流进行联合解码，需要复杂的信号处理算法。VLST 的空间速率为 $r_s = N_T$，可以获得大于 N_T 重的分集增益。

在对角分层空时（diagonal layered space-time，DLST）编码中，数据流首先经过水平编码，然后进行空间交织。每个编码器的调制码字沿着传输矩阵的对角线分配给 N_T 根天线进行发射。这样，每个编码器的码字符号都是在不同天线上发射的，例如，在一个发射天线数为 3 的系统中，传输矩阵 $\boldsymbol{X}$ 为

$$\boldsymbol{X}=\begin{bmatrix} x_1^1 & x_2^1 & x_3^1 & x_4^1 & \cdots \\ x_1^2 & x_2^2 & x_3^2 & x_4^2 & \cdots \\ x_1^3 & x_2^3 & x_3^3 & x_4^3 & \cdots \end{bmatrix} \tag{5-70}$$

对于 HLST 来说，序列 $x_1^1, x_2^1, x_3^1, x_4^1, \cdots$ 由天线 1 发射，序列 $x_1^2, x_2^2, x_3^2, x_4^2, \cdots$ 由天线 2 发射，序列 $x_1^3, x_2^3, x_3^3, x_4^3, \cdots$ 由天线 3 发射。而 DLST 的调制码字沿传输矩阵的对角线分配给 N_T 根天线进行发射，其传输矩阵可以表示为

$$\begin{bmatrix} x_1^1 & x_2^1 & x_3^1 & x_4^1 & x_5^1 & x_6^1 & \cdots \\ 0 & x_1^2 & x_2^2 & x_3^2 & x_4^2 & x_5^2 & \cdots \\ 0 & 0 & x_1^3 & x_2^3 & x_3^3 & x_4^3 & \cdots \end{bmatrix} \to \begin{bmatrix} x_1^1 & x_1^2 & x_1^3 & x_4^1 & x_4^2 & \cdots \\ 0 & x_2^1 & x_2^2 & x_2^3 & x_5^1 & \cdots \\ 0 & 0 & x_3^1 & x_3^2 & x_3^3 & \cdots \end{bmatrix} \tag{5-71}$$

对 DLST 来说，序列 $x_1^1, x_1^2, x_1^3, x_1^4, \cdots$ 由天线 1 发射，序列 $x_2^1, x_2^2, x_2^3, x_2^4, \cdots$ 由天线 2 发射，序列 $x_3^1, x_3^2, x_3^3, x_3^4, \cdots$ 由天线 3 发射。

由于 DLST 引入了空间分集，因而可以实现的最大分集增益为 $N_T N_R$，即实现完全分集。DLST 比 HLST 性能好，但存在频谱利用率损耗。这是因为式（5-71）左侧的传输矩阵有一部分是用零元素补齐的，这意味着在某些时间间隔内没有传送信号。

2. *分层空时码的译码算法*

从不同天线发射的 LST 信号经独立路径传输后，在接收机中产生空间干扰。LST 结构可以看成同步 CDMA，发射天线数等同于用户数，发射天线之间的干扰也等同于 CDMA 系统中的多址干扰（multiple access interference，MAI）。因此，未编码 LST 系统的最佳接收机是运行在网格上的最大似然多用户检测器，其检测算法的复杂度随发射天线数的增加呈指数上升。对于编码 LST，最佳接收机采用在分层空时编码网格与信道编码网格上的联合检测与译码，其算法复杂度是发射天线数与编码记忆长度乘积的指数函数。这使得实际的最佳接收机难以实现。因此，LST 接收机通常采用在性能和复杂度之间折中的结构。

目前常用的 LST 接收机有采用迫零法的干扰抑制和干扰抵消接收机，采用并行干扰抵消器或非线性 MMSE 检测器的迭代接收机等[5, 7]。

ZF 法的基本思路是每一路发射的子数据流依次被当作理想信号，而剩余的子

数据流则作为干扰用置零法进行抑制。

接收信号可以表示为

$$\boldsymbol{r}=\boldsymbol{H}\boldsymbol{x}+\boldsymbol{n} \tag{5-72}$$

式中，$\boldsymbol{r}$ 为经 N_{R} 根接收天线获得的接收信号矩阵，每列有 N_{R} 个元素；$\boldsymbol{x}$ 为传输矩阵或空间交织器输出矩阵的第 t 列；$\boldsymbol{n}$ 为独立同分布（i.i.d.）高斯白噪声信号矩阵，每列有 N_{R} 个元素，且每根接收天线的噪声方差均为 σ^2。

在算法实现时，首先对 $N_{\mathrm{R}}\times N_{\mathrm{T}}$ 的信道矩阵 $\boldsymbol{H}$ 进行 QR 分解，即

$$\boldsymbol{H}=\boldsymbol{U}_{\mathrm{R}}\boldsymbol{R} \tag{5-73}$$

式中，$\boldsymbol{U}_{\mathrm{R}}$ 为 $N_{\mathrm{R}}\times N_{\mathrm{T}}$ 的酉矩阵；$\boldsymbol{R}$ 为 $N_{\mathrm{T}}\times N_{\mathrm{T}}$ 的上三角矩阵。

用 $\boldsymbol{U}_{\mathrm{R}}$ 乘以式（5-72）中的接收矢量 $\boldsymbol{r}$ 可得 $N_{\mathrm{T}}\times 1$ 的列向量 $\boldsymbol{y}$，即

$$\boldsymbol{y}=\boldsymbol{U}_{\mathrm{R}}^{\mathrm{T}}\boldsymbol{r}=\boldsymbol{U}_{\mathrm{R}}^{\mathrm{T}}\boldsymbol{H}\boldsymbol{x}+\boldsymbol{U}_{\mathrm{R}}^{\mathrm{T}}\boldsymbol{n}=\boldsymbol{R}\boldsymbol{x}+\boldsymbol{n}' \tag{5-74}$$

式中，$\boldsymbol{n}'=\boldsymbol{U}_{\mathrm{R}}^{\mathrm{T}}\boldsymbol{n}$ 为 $N_{\mathrm{T}}\times 1$ 的 i.i.d. 高斯白噪声信号矩阵。

由于 $\boldsymbol{R}$ 是一个上三角矩阵，$\boldsymbol{y}$ 的第 i 个分量只取决于 t 时刻第 i 层及更高层的传输符号，即

$$\boldsymbol{y}_t^i=(\boldsymbol{R}_{ii})_t x_t^i+n_t'^i+\sum_{j=i+1}^{N_{\mathrm{T}}}(\boldsymbol{R}_{ij})_t x_t^j \tag{5-75}$$

假设 x_t^i 是当前理想的检测信号，式（5-75）中的第三项表示其他干扰，如 $x_t^{i+1},\cdots,x_t^{N_{\mathrm{T}}}$ 的总和。可以假设它们已被检测的有效判决值 $\hat{x}_t^{i+1},\cdots,\hat{x}_t^{N_{\mathrm{T}}}$ 抵消，x_t^i 的判决统计用 y_t^i 表示为

$$\boldsymbol{y}_t^i=\sum_{j=i}^{N_{\mathrm{T}}}(\boldsymbol{R}_{ij})_t x_t'^i+n_t^i,\quad i=1,\cdots,N_{\mathrm{T}} \tag{5-76}$$

x_t^i 的估计值为

$$\hat{x}_t^i=q\left[\frac{y_t^i-\sum\limits_{j=i+1}^{N_{\mathrm{T}}}(\boldsymbol{R}_{ij})_t\hat{x}_t^j}{(\boldsymbol{R}_{ii})_t}\right],\quad i=1,\cdots,N_{\mathrm{T}} \tag{5-77}$$

式中，$q[x]$为 x 的硬判决。

在实现时，可以首先计算判决统计 $y_t^{N_{\mathrm{T}}}$，然后计算 $y_t^{N_{\mathrm{T}}-1}$，以此类推。也可以首先检测具有最大 SNR 的分层，然后检测具有第二大 SNR 的分层，以此类推。这种检测顺序可以提高性能。

ZF 算法要求接收天线数不少于发射天线数，其可以实现的分集阶数依赖于特定分层。

ZF 算法的基本思路是努力去除接收信号中的多层干扰，从而达到无干扰的条

件。另一种空时信号检测算法是多层干扰抑制，常用的接收机结构是并行干扰抵消器或非线性最大序列估计检测器的迭代接收机。下面以并行干扰抵消器（parallel interference canceler，PIC）为例来说明迭代接收机的工作原理。

具有并行干扰抵消器的标准迭代接收机的原理框图如图 5-11 所示。

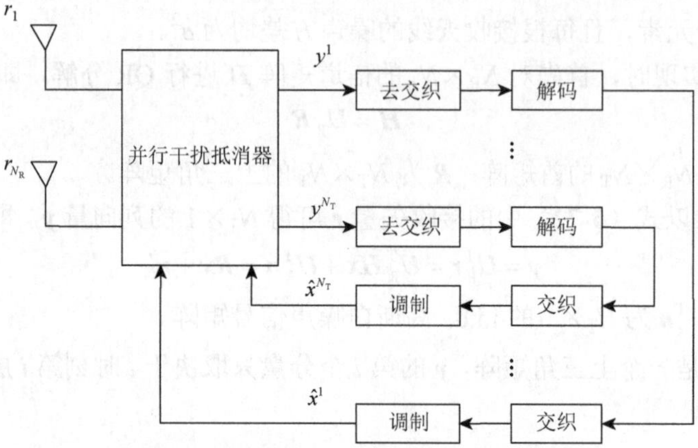

图 5-11　具有并行干扰抵消器的标准迭代接收机的原理框图

假设空时编码采用各分层具有独立差错控制编码的 HLST 结构，信号采用 BPSK 调制，并对信息进行卷积编码。

在首次迭代中，PIC 检测器等效于一组匹配滤波器，检测器提供 N_T 个发射符号序列的判决统计。t 时刻，天线 i 在首次迭代中的判决统计 $\boldsymbol{y}_t^1$ 表示为

$$y_t^{i1} = \boldsymbol{h}_i^{\mathrm{H}} \boldsymbol{r} \tag{5-78}$$

式中，$\boldsymbol{h}_i^{\mathrm{H}}$ 为矩阵 $\boldsymbol{H}^{\mathrm{H}}$ 的第 i 行。

将这些判决统计值输入独立译码器中，产生传输码元的软判决值。

在第二次及后续的迭代中，用译码器的软判决输出来更新 PIC 检测器的判决统计值。t 时刻，第 k 次迭代中的判决统计值

$$y_t^{ik} = \boldsymbol{h}_i^{\mathrm{H}} \left(\boldsymbol{r} - \boldsymbol{H} \hat{\boldsymbol{x}}_i^{k-1} \right) \tag{5-79}$$

式中，$\hat{\boldsymbol{x}}_i^{k-1}$ 为一个 $N_T \times 1$ 的列向量，其元素是第 k 次迭代得到的码元估值，表示为

$$\hat{\boldsymbol{x}}_i^{k-1} = \left[\hat{x}_t^{1,k-1}, \cdots, \hat{x}_t^{i-1,k-1}, 0, \hat{x}_t^{i+1,k-1}, \cdots, \hat{x}_t^{N_T,k-1} \right]^{\mathrm{T}} \tag{5-80}$$

在第 i 层上，将整个发射码元分组的检测输出形成向量 $\boldsymbol{y}^{ik}$，再经交织后将其输入第 i 个译码器。各发射信号的估计值可以表示为

$$x_t^{ik} = \frac{\exp\left(\lambda_t^{ik}\right) - 1}{\exp\left(\lambda_t^{ik}\right) + 1} \tag{5-81}$$

式中，λ_t^{ik} 为第 k 次迭代中 t 时刻的对数似然比，表示为

$$\lambda_t^{ik} = \ln \frac{P\left(x_t^{ik} = 1 / y^{ik}\right)}{P\left(x_t^{ik} = -1 / y^{ik}\right)} \tag{5-82}$$

式中，$P\left(x_t^{ik} = j / y^{ik}\right)$为码元的后验概率，$j = 1, 2$。

无论是具有并行干扰抵消器的标准迭代接收机还是迭代 MMSE 接收机，其计算复杂度都随着发射天线数及数据率的增加而线性增加。因此，设计有效且低复杂度的接收机结构及算法是 LST 接收机要解决的主要问题之一。

5.3　多径衰落水声信道中的空时编码

5.3.1　多径衰落信道中的空时编码

上述空时编码的设计和性能分析都是针对平坦衰落信道的。然而在实际信道中，频率选择性衰落信道更为常见。将针对平坦衰落信道设计的空时编码应用到频率选择性信道会受到许多挑战。这种信道的色散特性会造成码间干扰，会破坏 STBC 的正交性，造成 STBC 性能的下降。因此，在频率选择性信道，特别是有码间干扰的频率选择性信道中空时编码的设计与性能分析更受欢迎。

Tarokh 等[2]的研究表明，假设在接收机进行最大似然译码，空时码在频率选择性衰落信道上实现的分集增益至少与在频率非选择性衰落信道上实现的增益相同，但为平坦瑞利衰落信道设计的全分集空时编码无法得到全分集且编码增益会由于多径的存在而显著下降。因此，问题的关键在于针对频率选择性信道的空时编码设计及最大似然译码的实现。

由于频率选择性信道中最大似然译码非常复杂，因此，改善频率选择性信道上空时码性能的合理方案是减少码间干扰，通过减少码间干扰，将频率选择性信道转变为频率非选择性信道。减少码间干扰的传统方法是使用自适应均衡，各种用于 SISO 天线系统的均衡技术都可以用在空时编码系统[9-12, 22-29]，如可以直接用在接收机中，形成多输入/多输出均衡器[10, 11]，但复杂度较高。Al-Dhahir[12]针对 Alamouti 方案比较了三种均衡方案：时间翻转 STBC、单载波最小均方误差频域均衡及 OFDM STBC。前两种方案都结合了 STBC 在码间干扰信道中的设计，因而复杂度可控。

减少码间干扰影响的另一种方法是采用 OFDM 调制[17, 30]。OFDM 可以将频率选择性信道转变为并行相关的非选择性信道，减少或消除了多径环境引起的码间干扰。空时码与 OFDM 的结合可以利用多径衰落，实现数据率很高的稳健传输。

Lindskog 等[25, 31]对有码间干扰的频率选择性衰落信道上的 STBC 的设计进行了一系列的研究，提出了时间翻转 STBC（time reversal STBC，TR-STBC），在码间干扰信道上可以实现全分集，接收机可以采用单信道而非 MIMO 信道均衡器来抵消码间干扰。TR-STBC 要求信道在一个分组长度内保持近似不变，因而分组长度的选择非常关键。解码时，需要 CSI 的估计。Diggavi 等[32]将 TR-STBC 应用于有码间干扰的用户信道中，通过干扰抑制、均衡、译码的联合设计，在保证空间分集的同时，获得了多径增益。

目前，在多径信道中所采用的空时编码方案主要有三类：第一类是采用平坦衰落信道中的空时编码设计，在接收端通过多信道均衡来消除码间干扰的影响，该方案复杂度较高。第二类是通过编码设计保证发射序列之间的正交性，如 Lindskog 和 Flore[31]提出的 TR-STBC，接收机可以采用单信道而非 MIMO 信道均衡来抵消码间干扰。第三类是通过对空时编码信号的调制来消除码间干扰的，可以获得发射分集。常用的调制包括 OFDM 调制或扩频调制。

总的来说，采用均衡的方案，包括时域均衡和频域均衡，系统的复杂度一般较高。而空时编码加调制的方案，一般系统复杂度可控。

由于水声信道的多径时延和多普勒扩展都比无线电信道大得多，将空时编码引入水声通信中，除了必须考虑在有码间干扰的频率选择性衰落信道中设计空时编码，调制方式、译码复杂度都需要考虑。因此，空时编码在水声信道中的应用会遇到更大的挑战。

文献[13]～[16]将空时编码与扩频编码进行联合设计，一方面利用扩频技术来抗码间干扰，另一方面利用 Rake 接收技术来简化在多径信道中空时信号的处理，并取得性能的改善。

下面介绍文献[13]～[16]提出的空时频联合设计的空时编码技术。

5.3.2 空时分组扩频编码

1. STBC 在水声信道中面临的困难

STBC 是实现发射分集的一种简单但是非常有效的方法，这种编码也可以轻易地推广到多根接收天线的情形，从而除了发射分集外还可以实现接收分集。另外，通过对不同天线上的接收信号集合采取简单的线性处理，可以在接收机上实现有效的译码。

STBC 具有改善水声通信系统性能的潜力，它可以在不增加发送功率和频谱的条件下，获得空间分集增益。这些增益可以提高水声通信系统的传输速率，可靠性提高，BER 下降，提高了水声通信系统的抗衰落性能。但 STBC 对抵抗多径效应和多径效应引起的码间干扰却无能为力，必须辅之以其他技术如相干调制解调、添加保护间隔、均衡等来对抗码间干扰。

水声信道的传输特性会对 STBC 在水声通信系统中的成功应用产生很大的障碍，主要体现在两个方面：首先，水声信道是典型的多径衰落信道。目前，大多数 STBC 都是针对平坦衰落信道设计的，在多径信道应用时，多径时延所引起的码间干扰会破坏 STBC 的正交性，使得 STBC 系统出现 BER 不随 SNR 的增加而继续下降的 BER 平台现象，甚至导致性能严重下降。其次，在无线电信道中，不同发射天线到接收天线之间路径的传播时延与多径时延相比较小，通常忽略不计。而对 MIMO 水声信道模型的仿真表明，不同发射之间的路径时延与多径时延相当，它同样会破坏 STBC 的正交性，其影响无法忽略。

因此，文献[13]与[14]提出一种将 STBC 和 DSSS 融合在一起的空时分组扩频编码（space-time block spectrum-spread code，STBSC）方案来抗水声信道的多径时延和路径时延。该方案先对发送信息进行 STBC 形成多路信号，然后用不同的正交码对多路信号进行 DSSS。在接收端通过相关解扩或 Rake 接收来消除多径时延和路径时延所造成的影响，改善系统的性能。在此方案的基础上，文献[15]提出带有信道标识的空时扩展（labelled space-time spreading，LSTS）方案和延迟顺序发射的空时扩展（delay space-time spreading，DSTS）方案。上述方案可以统称为空时频编码方案。

2. 空时频编码方案的系统模型

DSSS 技术具有良好的抗多径性能，在低 SNR 的场合，如在远距离传输的水声通信系统中得到广泛的应用。STBSC 方案将 STBC 和 DSSS 技术结合在一起，以期同时获得分集增益和抗多径、抗时延性能。

采用 M 个发射换能器和 N 个接收换能器的 STBSC 方案的原理框图如图 5-12 所示。在空时分组扩频方案中，信息序列首先在发射端进行 STBC，形成 N 路信号。每路信号用不同的正交扩频序列扩频，扩频信号经调制后由 N 个换能器发射。

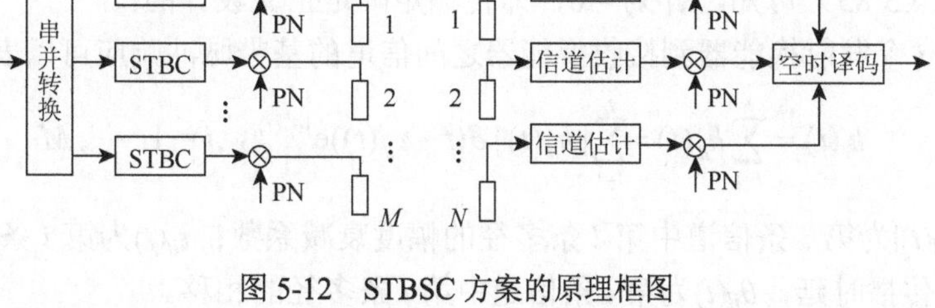

图 5-12　STBSC 方案的原理框图

在接收端信号经水听器接收，首先通过相关检测进行信道估计，然后进行解扩、解调。解扩过程中利用 Rake 接收技术消除多径干扰，对解调后的信号进行空时分组译码得到发射信息序列。

在 LSTS 方案中，将扩频信号和信道探测信号一起组成发射信号，将信道探测信号作为信号传播信道的标识。在接收端，利用信道标识可以区分不同传播路径的信号，消除传播时延的影响。

为了减少功放电路的使用，解决发射分集技术在水声通信载体上的实用问题，同时减少多径的干扰，我们又提出了 DSTS 方案，即标识空时扩展信号共用发射电路，从 M 个换能器顺序发射，发射时延为 D，通常为码元周期 T 的整数倍。不同时间到达的信号经信道估计后，消除发射时延和传播时延的影响，经 Rake 接收后进行空时译码，恢复原信息。

在上述两方案中，信道探测信号起到了三重作用。首先，各发射端采用不同的信道探测信号可以用来标识发射路径，可以将发射时延和传播时延一并处理，消除了有路径传播时延时接收信号的相互干扰。其次，信道探测信号可以为空时译码和 Rake 接收提供信道参数估计。最后，多数水声通信是猝发通信，信号探测信号可以起到值更和同步的作用。

下面以 DSTS 为例说明空时频编码方案的信号模型。

为了简化分析，考虑采用 M 个发射换能器，$N=1$ 个接收换能器的 LDSTS 系统。设要发射的信息为实数序列，对其采用 STBC 后，形成相互正交的 M 路信号 $\{b_i\}$，$i=1, 2, \cdots, M$，这 M 路信号用长度为 N_c 的二进制扩频序列进行扩展，扩频信号和信道探测信号一起组成发射信号，从 M 个换能器顺序发射，相邻换能器之间的发射时延为 D。当 $M=2$ 时，两路发射的基带信号可以表示为

$$\begin{cases} x_1 = \sqrt{p/2}[\boldsymbol{b}_1 \quad \boldsymbol{D}_z \quad -\boldsymbol{b}_2 \quad \boldsymbol{D}_z]\boldsymbol{c} \\ x_2 = \sqrt{p/2}[\boldsymbol{D}_z \quad \boldsymbol{b}_2 \quad \boldsymbol{D}_z \quad \boldsymbol{b}_1]\boldsymbol{c} \end{cases} \tag{5-83}$$

式中，$\boldsymbol{c}$ 为扩频序列；$\boldsymbol{b}_1=\boldsymbol{b}(n)$，$\boldsymbol{b}_2=\boldsymbol{b}(n+1)$为 n 时刻及 $n+1$ 时刻的发射子序列；$\boldsymbol{D}_z$ 为 $1\times D$ 的全零序列；p 为信号功率，每路信号用 $\sqrt{1/2}$ 进行归一化，以使总发射功率与单发射时相同。

由式（5-83）可知，$\boldsymbol{x}_1\cdot\boldsymbol{x}_2=0$，即传输矩阵是正交设计的。

从第 i 个发射换能器到接收换能器之间信道的基带脉冲响应可以表示为

$$h_i(t)=\sum_{l=1}^{L}h_{il}(t)=\sum_{l=1}^{L}|h_{il}(t)|\delta(t-\tau_{il}(t))\mathrm{e}^{\mathrm{j}\theta_{il}(t)},\ i=1, \cdots, M \tag{5-84}$$

式中，$|h_{il}(t)|$为第 i 条信道中第 l 条多径的幅度衰减系数；$\tau_{il}(t)$为第 i 条信道中第 l 条多径的传播时延；$\theta_{il}(t)$为第 i 条信道中第 l 条多径的相移。

设 h_{j1} 为所有路径中最先到达接收端的路径的脉冲响应，$j\in[1, M]$，则式（5-84）中，$|h_{il}(t)|$用$|h_{j1}|$进行了归一化，$\tau_{j1}=0$，τ_{il} 是相对于 τ_{j1} 的传播时延。不失一般性，假设不同路径的 h_{ij} 是独立同分布的复高斯过程，即其幅度服从瑞利分布，其相移

在$[0, 2\pi]$上均匀分布。

接收机通过信道探测信号标识信道，消除了接收信号中的发射时延和传播时延，接收信号可以表示为

$$r(t)=\sqrt{\frac{p}{M}}\sum_{l=1}^{L}\sum_{i=1}^{M}|h_{il}|\boldsymbol{c}(t-\tau_{il})\mathrm{e}^{\mathrm{j}\theta_{il}}\boldsymbol{b}_i+\gamma(t) \tag{5-85}$$

式中，$\gamma(t)$为零均值，单边谱密度为$N_0/2$的加性高斯白噪声分量。

利用信道标识可以对来自不同信道的信号分别进行 Rake 接收，得到第 i 个发射的第 l 条路径的输出为

$$d_i(l)=\sqrt{MpT_b}|h_{il}|\mathrm{e}^{\mathrm{j}\theta_{il}}\boldsymbol{b}_i+\mu_i(l)+z_i(l) \tag{5-86}$$

式中，T_b 为比特间隔；$\mu_i(l)=\sqrt{\frac{p}{M}}\sum_{\substack{m=1\\m\neq l}}^{L}\int_{\tau_l}^{MT_b+\tau_l}\boldsymbol{c}(t-\tau_{il})\boldsymbol{c}^*(t-\tau_{im})|h_{il}|\mathrm{e}^{\mathrm{j}\theta_{il}}\boldsymbol{b}(i)\mathrm{d}t=\sqrt{MpT_b}\sum_{\substack{m=1\\m\neq l}}^{L}R_{lm}|h_{il}|\mathrm{e}^{\mathrm{j}\theta_{il}}\boldsymbol{b}_i$ 为每一分支上的多径项；$z_i(l)=\left(\int_{\tau_{il}}^{MT_b+\tau_{il}}\gamma_i(t)\boldsymbol{c}^*(t-\tau_{il})\mathrm{d}t\right)$为每一分支上的噪声分量。

假设信道状态信息在接收机是已知的，采用最大比合并，则统计判决变量表示为

$$\tilde{\boldsymbol{d}}_i=\boldsymbol{b}_i\sum_{l=1}^{L}\sum_{i=1}^{M}\sqrt{MpT_b}|h_{il}|^2+\sum_{l=1}^{L}\sum_{m=1}^{M}|h_{il}|\mathrm{e}^{-\mathrm{j}\theta_{il}}[\mu_m(l)+z_m(l)] \tag{5-87}$$

由式（5-87）可以分别对 $\boldsymbol{b}_i$ 进行独立的最大似然译码。

3. DSTS 方案的误码率性能

设多径项 $\mu_i(l)$和噪声项 $z_i(l)$为统计独立、同分布的高斯变量且对所有的信道都相同。于是有噪声项的方差 $\mathrm{var}\{z\}=T_bN_0$，多径项的方差为

$$\mathrm{var}(\mu)=ME_bT_b\sum_{\substack{m=1\\m\neq l}}^{L}\sum_{i=1}^{M}R_{lm}E\left(|h_{il}|^2\right) \tag{5-88}$$

式中，$R_{lm}=\int_{\tau_{il}}^{MT_b+\tau_{il}}\boldsymbol{c}(t-\tau_{il})\boldsymbol{c}^*(t-\tau_{im})\mathrm{d}t$ 为扩频码的相关函数；h_{il}为独立同分布的随机变量且设每条路径有相同的均值和方差，$E\{|h_{ij}|^2\}=1$。

一个码元内接收的瞬时信号与噪声加干扰之比为

$$\mathrm{SNIR}=\frac{E_b/N_0}{ME_b/N_0\sum_{\substack{m=1\\m\neq l}}^{L}\sum_{i=1}^{M}R_{lm}E(|h_{il}|^2)+1}\sum_{l=1}^{L}\sum_{i=1}^{M}|h_{il}|^2=r_0\sum_{l=1}^{L}\sum_{i=1}^{M}|h_{il}|^2 \tag{5-89}$$

式中，$r_0 = \dfrac{E_b / N_0}{ME_b / N_0 \sum\limits_{\substack{m=1 \\ m \neq l}}^{L} \sum\limits_{i=1}^{M} R_{lm} E\left(|h_{il}|^2\right) + 1}$ 为 Rake 接收中每分支的平均信号噪声干扰比。

与单发射、未采用 Rake 接收的系统相比，DSTS 方案可以获得 ML 重分集，在瑞利独立同分布衰落信道，获得 ML 重分集增益和采用 BPSK 调制的系统的平均差错概率为

$$P_{\mathrm{e}} = \left[\frac{1}{2}(1-r)\right]^{\mathrm{ML}} \sum_{j=0}^{\mathrm{ML}-1} \binom{\mathrm{ML}-1+j}{j} \left[\frac{1}{2}(1+r)\right]^{j} \tag{5-90}$$

式中，$r = \sqrt{r_0 / (1+r_0)}$。

在水声信道中，精确的相位估计需要复杂的接收机算法，因而差分 PSK 或非相干检测的 FSK 更常用。采用 DPSK 调制时，平均差错概率为

$$P_{\mathrm{e}} = \frac{1}{2^{2\mathrm{ML}-1}(\mathrm{ML}-1)!(1+r_0)^{\mathrm{ML}}} \sum_{j=0}^{\mathrm{ML}-1} m_j (\mathrm{ML}-1+j)! \left(\frac{r_0}{1+r_0}\right)^{j} \tag{5-91}$$

式中，$m_j = \dfrac{1}{j!} \sum\limits_{n=0}^{\mathrm{ML}-1-j} \binom{2\mathrm{ML}-1}{n}$。

采用非相干检测的 BFSK 调制的平均差错概率为

$$P_{\mathrm{e}} = \frac{1}{2^{\mathrm{ML}-1}(\mathrm{ML}-1)!(2+r_0)^{\mathrm{ML}}} \sum_{j=0}^{\mathrm{ML}-1} m_j (\mathrm{ML}-1+j)! \left(\frac{r_0}{2+r_0}\right)^{j} \tag{5-92}$$

4. 仿真结果与性能分析

下面对带有标识的 STS 方案及带有标识的 DSTS 方案进行了性能仿真。

1）MISO 信道中的性能分析

表 5-3 是传播距离 R 为 70km 的 MISO 信道参数，用来仿真分析在 MISO 信道中，方案的发射分集性能。表 5-3 中 SD、RD 分别表示发射、接收水深，表中数据用最先到达路径的参数对其他路径参数进行了归一化处理。在表 5-3 中，仿真的 4 条路径的多径时延为 0.7～354.7ms，归一化后得到的传播时延为 7.3～38.9ms，传播时延与多径时延有相同的数量级。

表 5-3 $R = 70\text{km}$，RD = 106m 时的信道参数

SD/m	相对衰减系数								传播时延/ms							
92.5	0.97	0.37	0.83	0.62	0.46	0.54	0.55	0.48	25.6	28.3	48.0	61.2	72	125.3	196.7	210.4
96	0.94	0.93	0.96	0.88	0.71	0.61	0.32	0.40	7.3	8.0	18.0	68.5	83.9	205.7	324.5	362
101	1.0	1.0	1.02	0.53					0	48.6	49.1	154.2				
104.5	0.67	0.81	1.38	1.40	0.47	0.41	0.32	0.07	38.9	39.5	47.6	94	104.5	222.9	257.3	314.2

仿真时，发射序列为独立同分布的二进制序列，数据帧长为 100。STBC 采用 Alamouti 编码，扩频码采用两个 32 位的相互正交的 Gold 码，DSSS 序列采用 DPSK 和 FSK 调制，信号频率为 10kHz，采用不同的码片速率 R_c。接收端首先利用 LFM 信号相关估计的信道参数进行码元同步，相关解扩后利用式（5-87）进行 STBC 译码，判决得到信息序列。采用蒙特卡罗仿真，测试数据数为 10000 个。

图 5-13 是采用 FSK 调制，多发射、一接收时，STS 方案和 DSTS 方案的 BER 曲线。当 BER 为 10^{-2}，$R_c = 500$bit/s 时，$M = 2$ 时，DSTS 方案相比单发射有近 2.5dB 的 SNR 增益。当 $M = 4$ 时，DSTS 有 6dB 以上的增益，实现了完全发射分集。当 $R_c = 1$kbit/s 时，采用 STS 方案的两发射及单发射的 BER 曲线接近发散，而 DSTS 方案的 BER 曲线正常。这说明，DSTS 方案相比 STS 方案有更好的抗多径性能。

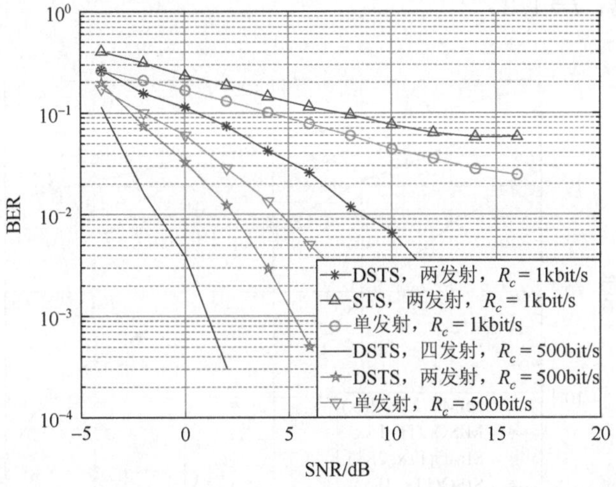

图 5-13　采用 FSK 调制，多发射、一接收时 STS 方案和 DSTS 方案的 BER 曲线

2）MIMO 信道中的性能分析

MIMO 水声信道模型参数如表 5-4 所示。表中，HL 表示信道相对衰减系数，TP 表示相对时延。相同接收深度的信道用最先到达的路径参数进行了归一化。

表 5-4　MIMO 水声信道模型参数

路径数		1	2	3	4	5	6	7	8	9
SD = 70m RD = 77m	HL	0.730	0.718	0.403	0.255	0.274				
	TP/ms	0	55	272.1	82.3	92.9				

续表

路径数		1	2	3	4	5	6	7	8	9
SD = 70m RD = 81m	HL	1.000	0.999	0.964	0.385	0.325	0.438	0.229		
	TP/ms	45.1	24.9	17.3	79.4	0	131.3	132.2		
SD = 74m RD = 77m	HL	0.896	0.895	0.887	0.886	0.631	0.538	0.504		
	TP/ms	0	102.4	30.1	72.8	260.9	24.2	168.9		
SD = 74m RD = 81m	HL	0.955	0.971	0.979	1.000	0.370	0.617	0.540	0.322	0.523
	TP/ms	55	115	0	50.3	107.5	76	209.8	231	68.3

图 5-14 为不同信道中 DSTS 方案的 BER 曲线。仿真时，DSTS 方案采用 PSK 调制，并假设信道可以进行稳定的相位跟踪，实现 PSK 信号解调。码片速率为 1kbit/s，仿真次数为 20000 次。图 5-14 中，iTx 与 iRx 分别表示 i 个发射换能器和 i 个接收水听器，$i = 1, 2$。

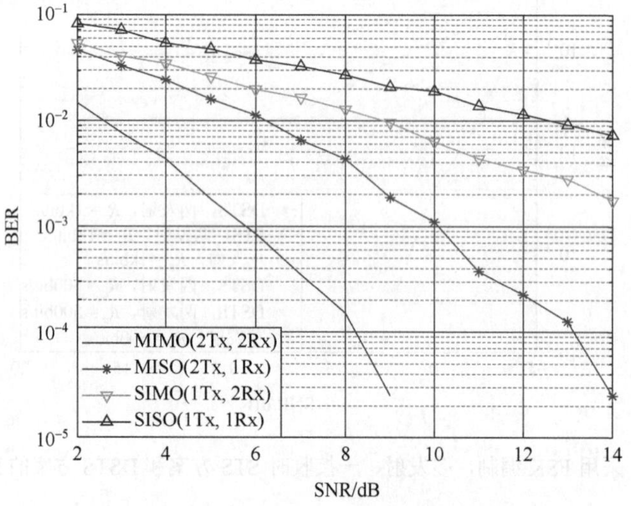

图 5-14　不同信道中 DSTS 方案的 BER 曲线

由图 5-14 可知，MIMO 通信由于可以同时获得发射分集与接收分集增益，相比 SISO、SIMO 及 MISO 通信，其可以获取最大的分集增益。

5. 湖试结果

项目组对水声 STBC-MIMO 通信系统进行了水池及水库湖试。试验时共测试了 4 种方案，分别是带有信道标识的空时扩展 LSTS 方案、延时 STS（DSTS）与 FSK 调制、DPSK 调制结合。采用 FSK 调制时，载波频率为 24kHz 和 26kHz。采用 DPSK 调制时，载波频率为 25kHz。每种发射方案发 5 组数据，每组信息码 100 位，扩频序列采用码长为 31 位的 Gold 码，码片速率为 5kbit/s 和 10kbit/s。信道探测信号（即信道标识信号）采用 LFM 信号，其带宽为 5kHz，持续时间为 200ms。

湖试方案及其处理结果如表 5-5 所示。由表 5-5 可见，在 860m 和 910m 处有两组数据误码率较高且总是间隔出现。仔细对比分析各组接收数据后发现，在出错的两组数据中，第一路信号发射正确，第二路信号在进行发射延迟时错误地多延迟了一个码元间隔，对后面四组的数据造成了影响，导致第二信号、第四组信号完全叠加，两路信号的相位信息产生了干扰抵消畸变，从而造成数据无效。

表 5-5　湖试方案及其处理结果

距离/m	方案	数据率/(kbit/s)	有效数据/组	BER/%
760	LSTS + FSK	5	5	9
800	LDSTS + FSK	5	5	0
840	LSTS + DPSK	5	5	0
860	LDSTS + DPSK	5	3	0
910		10	3	0

上述仿真分析与湖试结果表明，在有传播时延和多径时延的水声信道中，无论是采用 FSK 调制还是采用 PSK 调制，标识延迟空时扩展方案可以获得完全的发射分集。若与 MIMO 结构相结合，则可以带来显著的分集增益。这种分集带来的 SNR 改善可以用来增加系统的传输距离或提高系统的传输速率。

与没有发射延迟的空时扩展方案相比，DSTS 方案接收的信号有时延，且随着发射换能器的数量增加，时延也随着增加，但从仿真和湖试结果看，这种不同发射之间的延迟可以明显地减少多径的影响。

5.3.3　基于频谱扩展分层空时编码方案

LST 码将信道的数据分为 M 个子数据流，独立地进行编码、调制，通过 M 根发射天线在相同的频带范围内同时发射，接收机采用 N 根天线接收信号，分离和检测出 M 个子数据流。从本质上说，LST 码是一种空域的并行发射，其核心是接收机中的信号分离和干扰抵消算法。

接收端一般是利用信道矩阵提供的信息来恢复信号。典型的 LST 检测算法，如 ZF 算法、MMSE 算法都是对信道矩阵的不同处理方法，一般要求接收天线数不能少于发射天线数。ML 算法虽然无此限制，但算法复杂度会随着发射天线数呈指数增加的趋势。为了改善 LST 系统的性能或使 LST 可以应用于频率选择性衰落信道，可以将 LST 与直接序列扩频或 OFDM 结合在一起，利用相关解扩或 OFDM 来分离发射信号，解除了 LST 对接收天线数的限制。而基于 DFE 的 LST 结构，可以用来消除码间干扰。

当 LST 应用于水声通信系统中，不仅会受到水声信道频率选择性衰落甚至码间干扰的影响，还会遇到不同发射路径之间的传播时延，其数值与多径时延相当，同样会造成系统性能下降。

文献[16]根据水声信道的特点，提出了一种基于 DSSS 的空时分层方案，简称 LST-DSSS，该方案的特点在于基于信道估计，利用水声信道的不同路径的传播时延来进行信号的分层，利用 Rake 接收机进行各层信号的独立接收。其优势在于只需要一个接收换能器就可以实现 LST 信号的分离和干扰抵消，且在多径信道中具有良好的性能。

1. *LST-DSSS 方案的系统模型*

设系统有 M 个发射换能器，N 个接收水听器，LST-DSSS 方案的系统框图如图 5-15 所示。

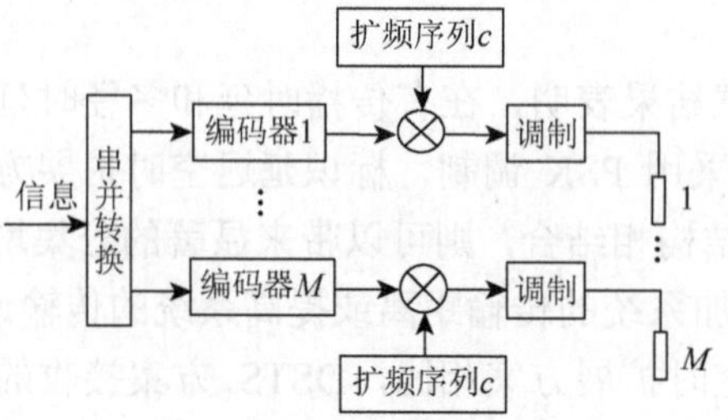

(a) 发射系统框图

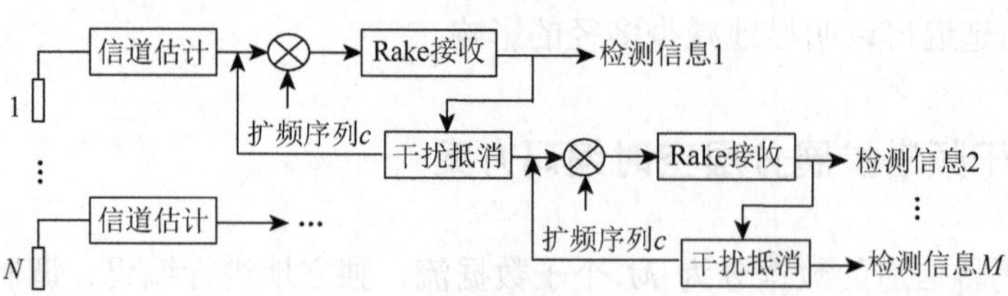

(b) 接收系统框图

图 5-15　LST-DSSS 方案的系统框图

信号流首先经串并转换后，分成 M 层独立地进行编码，然后用同一扩频序列进行扩频、调制后经 M 个换能器发射。经信道传输后，由 N 个水听器接收，对于每路接收信号，首先进行信道估计，按照传播时延，对最先到达的分层信号进行 Rake 接收并得到该层信息，检测后的信号利用信道估计参数进行重构，并从总的接收信号中减除，进行该层信号的干扰抵消。然后再对干扰抵消后的接收信号中最先到达的分层信号进行 Rake 接收，得到检测信号后再进行干扰抵消。重复上述过程直至所有分层的信号被完全检出，恢复原始信息。

N 个水听器的接收信号可以同时独立地进行信号分离与干扰抵消过程，对所得到的 N 路检测信号进行最大比合并，可以获得接收分集。下面以 M 个发射，$N=1$ 个接收为例来说明基于信道估计，利用信道中的传播时延和 Rake 接收进行信号分离及干扰抵消的方法。

2. 信号分离及干扰抵消的方法

假设信道为频率选择性衰落信道，h_m 为第 m 个发射换能器和接收水听器之间的信道响应，表示为

$$h_m(t)=\sum_{l=1}^{L_m}\alpha_{ml}(t)\cdot\delta(\tau-\tau_{ml})=\sum_{l=1}^{L_m}h_{ml}(t) \tag{5-93}$$

式中，α_{ml} 为发射换能器 m 与接收水听器之间信道中第 l 条路径的时变衰减系数；τ_{ml} 为第 l 条路径的时延；L_m 为信道长度。

假设各路径的衰减系数是均值为零，方差为 $\sigma^2{}_{ml}$ 的复高斯随机变量，各路径间的信道响应相互独立且将信道响应归一化，使 $\sum_{l=1}^{L_m}\sigma_{ml}^2=1$。

在码元周期内，发射信号表示为

$$x_m(k)=\sqrt{E_s/M}\,s_m(k)\cdot c(k),\ m=1,2,\cdots,M,\ \ k=1,2,\cdots \tag{5-94}$$

式中，$\{s_m\}$ 为经串并转换后第 m 个换能器发射的二进制信息序列；$\{c\}$为二进制扩频序列，其扩频增益为 N_c，且对所有的分层都是一样的。

发射时，每路发射信号的能量用发射换能器数 M 进行归一化，以使多路发射时总的发射功率 E_s 与单发射时相同。经信道传输后，接收信号表示为

$$r(k)=\sum_{m=1}^{M}h_m(k)\cdot x_m(k)+\boldsymbol{n}(k)=\boldsymbol{H}^{\mathrm{T}}\cdot\boldsymbol{X}(k)+\boldsymbol{n}(k) \tag{5-95}$$

式中，$\boldsymbol{H}$ 为信道矩阵，表示为

$$\boldsymbol{H}=\begin{bmatrix}\boldsymbol{h}_1\\ \boldsymbol{h}_2\\ \vdots\\ \boldsymbol{h}_M\end{bmatrix}=\begin{bmatrix}h_{11} & h_{12} & \cdots & h_{1L}\\ h_{21} & h_{22} & \cdots & h_{2L}\\ \vdots & \vdots & \ddots & \vdots\\ h_{M1} & h_{M2} & \cdots & h_{ML}\end{bmatrix} \tag{5-96}$$

其中，L 为各信道中的最大信道长度。$\boldsymbol{H}^{\mathrm{T}}$ 为 H 的转置；$\boldsymbol{X}(k)=[x_1(k),x_2(k),\cdots,$

$x_M(k)]^{\mathrm{T}}$，$\boldsymbol{n}(k)$为 $M\times 1$ 的向量，它的每一元素都是独立同分布的、均值为零，方差为 σ_n^2 的高斯白噪声抽样。

接收机通过信道估计，得到信道矩阵的估计 $\hat{\boldsymbol{H}}$，并按各发射信道的传播时延对 $\hat{\boldsymbol{H}}$ 进行重新排序得到 $\boldsymbol{H}_P$，表示为

$$\hat{\boldsymbol{H}}_P = \begin{bmatrix} \hat{\boldsymbol{h}}_{P_1} \\ \hat{\boldsymbol{h}}_{P_2} \\ \vdots \\ \hat{\boldsymbol{h}}_{P_M} \end{bmatrix} = \begin{bmatrix} \hat{\boldsymbol{h}}_{P_1 1} & \hat{\boldsymbol{h}}_{P_1 2} & \cdots & \hat{\boldsymbol{h}}_{P_1 L} \\ \hat{\boldsymbol{h}}_{P_2 1} & \hat{\boldsymbol{h}}_{P_2 2} & \cdots & \hat{\boldsymbol{h}}_{P_2 L} \\ \vdots & \vdots & \ddots & \vdots \\ \hat{\boldsymbol{h}}_{P_M 1} & \hat{\boldsymbol{h}}_{P_M 2} & \cdots & \hat{\boldsymbol{h}}_{P_M L} \end{bmatrix} \tag{5-97}$$

式中，$1\leqslant P_i\leqslant M$，表示按传播时延的排序，如 P_1 表示传播时延最小，$\hat{\boldsymbol{h}}_{P_1 1}$ 表示传播时延最小信道的信道响应，用 $\hat{\boldsymbol{h}}_{P_1 1}$ 进行第 P_1 层发射信号的分离，得到第 P_1 层接收信号：

$$y_{P_1} = \hat{\boldsymbol{H}}_{P_1}^* \cdot \boldsymbol{r} = \hat{\boldsymbol{h}}_{P_1}^* \cdot r_{P_1} \tag{5-98}$$

式中，*表示复共轭。对分离出来的第 P_1 信号进行 Rake 接收，得到统计判决为

$$\begin{aligned}\hat{\boldsymbol{d}}_{P_1} &= \hat{\boldsymbol{h}}_{P_1}^* \cdot \boldsymbol{r}_{P_1} \cdot \boldsymbol{c}^* = \hat{\boldsymbol{h}}_{P_1}^* \cdot \left(\boldsymbol{h}_{P_1} \cdot \sqrt{E_s/M_s} \cdot \boldsymbol{s}_{P_1} \cdot \boldsymbol{c}_{P_1}\right) \cdot \boldsymbol{c}^* \\ &= \sqrt{E_s/M_s}\, \boldsymbol{s}_{P_1} \sum_{l=1}^{L_{P_1}} \left|\boldsymbol{h}_{P_1 l}\right|^2 R_{lm}\end{aligned} \tag{5-99}$$

式中，$\boldsymbol{c}_{P_1} = [c_1, \cdots, c_{L_{P_1}}]$为经第 P_1 条信道传输后的扩频码；R_{lm} 为扩频码的相关函数，表示为

$$R_{lm} = \int_{\tau_{P_1 l}}^{2T+\tau_{P_1 l}} \boldsymbol{c}\left(t-\tau_{P_1 l}\right) \boldsymbol{c}^*\left(t-\tau_{P_1 m}\right) \mathrm{d}\tau \tag{5-100}$$

将统计判决输入到第 P_1 层的译码器进行最大似然译码，产生第 P_1 层传输符号的硬判决

$$\hat{\boldsymbol{s}}_{P_1} = \underset{\hat{\boldsymbol{s}}_{P_1} \in S}{\arg\min} \left\| \hat{\boldsymbol{d}}_{s_{P_1}} - \tilde{\boldsymbol{s}}_{P_1} \right\| \tag{5-101}$$

从接收信号 r 中减去硬判决 $\hat{\boldsymbol{s}}_{P_1}$ 的干扰分量，进行下一层的判决。在对第 P_i 层进行处理时，第 P_i 层分离信号为

$$y_{P_i} = \boldsymbol{h}_{P_i}^* \cdot \left(r_{P_{i-1}} - \hat{\boldsymbol{x}}_{P_{i-1}} \cdot \hat{\boldsymbol{h}}_{P_{i-1}}\right), \quad 1\leqslant P_i\leqslant M \tag{5-102}$$

式中，$\hat{\boldsymbol{x}}_{P_{i-1}} = \sqrt{E_s/M}\, \tilde{\boldsymbol{s}}_{P_{i-1}} \boldsymbol{c}$ 为第 P_{i-1} 层信号的重构。

第 P_i 层信号的统计判决为

$$\hat{\boldsymbol{d}}_{P_i} = \hat{\boldsymbol{h}}_{P_i}^* \cdot r_{P_i} \cdot \boldsymbol{c}^* = \sqrt{E_s/M_s} \cdot \boldsymbol{s}_{P_i} \cdot \sum_{l=1}^{L_{P_i}} \left|\boldsymbol{h}_{P_i l}\right|^2 \cdot R_{lm} \tag{5-103}$$

其硬判决为

$$\hat{s}_{P_i}=\arg\min_{\hat{s}_{P_i}\in S}\left\|\hat{d}_{s_{P_i}}-\tilde{s}_{P_i}\right\| \tag{5-104}$$

重复式（5-99）～式（5-104）的判决过程，直至所有分层的发送序列检测完毕。

将上述结果扩大到接收换能器 $N>1$ 的情况，设 $h_{mn}=[h_{mn}(1),h_{mn}(2),\cdots,h_{mn}(L_{mn})]$表示从第 m 个发射换能器到第 n 个接收水听器之间信道的响应，L_{mn} 为该信道长度，在采用基于信道估计的信号分离和 Rake 接收后，沿该信道传送的第 P_i 分层的统计判决为

$$\hat{d}_{P_i}=\sqrt{E_s/M_s}\cdot s_{P_i}\cdot\sum_{n=1}^{N}\sum_{l=1}^{L_{mn}}\left|h_{P_in}(l)\right|^2\cdot R_{lm},\quad 1\leqslant P_i\leqslant M \tag{5-105}$$

由式（5-103）、式（5-105）可能看到，对于 $N=1$ 的单接收系统，LST-DSSS 方案可以获得 L_{Pi} 阶多径分集，对于 $N>1$ 的多接收系统，除多径分集外，LST-DSSS 方案还可以获得接收分集。

3. LST-DSSS 方案的性能分析

1）MISO 信道的仿真分析

表 5-6 为 RD = 106m 时用射线模型计算的 MISO 的信道参数。表 5-6 中，水深 200m，传播距离 $R=70$km。SD、RD 分别表示发射深度、接收深度。表 5-6 中各路径的衰减系数和传播时延都用最先到达路径的参数进行了归一化。表 5-4 中，4 条路径的多径时延为 0.7～354.7ms。传播路径时延为 7.3～38.9ms。传播时延与多径时延有相同的数量级。

表 5-6　RD = 106m 时用射线模型计算的 MISO 的信道参数

SD/m	衰减系数								传播时延/ms							
92.5	0.97	0.37	0.83	0.62	0.46	0.54	0.55	0.48	26.5	28.3	48.0	61.2	72	125.3	196.7	210.4
96	0.94	0.93	0.96	0.88	0.71	0.61	0.32	0.40	7.3	8.0	18.0	68.5	83.9	205.7	324.5	362
101	1.0	1.0	1.02	0.53					0	48.6	49.1	154.2				
104.5	0.67	0.81	1.38	1.40	0.47	0.41	0.32	0.07	38.9	39.5	47.6	94	104.5	222.9	257.3	314.2

仿真时，发射序列为随机二进制码，扩频序列采用 32 位 m 序列，信号采用 BDPSK 调制。载波频率 $f_c=2$kHz，码片速率 $R_c=1$kbit/s；采用两个（$M=2$）发射换能器时，发射深度分别为 92.5m 和 96m。取发射换能器数 $M=1$、2、4，接收水听器数 $N=1$，采用 LFM 信号进行信道估计。空时编码时采用 HLST 编码，无信道编码。采用蒙特卡罗仿真，测试数据为 2×10^4 个。

图 5-16 为 70km 信道 LST-DSSS 方案的 BER 曲线，图中同时给出 MISO、SISO 方案的性能及等效数据率相同时 MISO 方案与 SISO 方案的性能比较。

由图 5-16 可以得到两方面的结论。

（1）由 $M>1$ 的 BER 可以看到，LST-DSSS 方案在只有一个接收换能器的条件下，可以有效地进行信号的分离和干扰抵消。利用信道时延和 DSSS 信号的相关接收，即使没有干扰抵消，LST-DSSS 也有良好的性能。不过，随着发射数的增加，干扰抵消的难度加大，性能会下降。

（2）当发射换能器数 $M>1$ 时，通信系统的等效码片速率为 MR_c。图 5-16 中给出的码片速率 R_c 为等效后码片速率。比较当 R_c 相同，单发射（$M=1$）和两发射（$M=2$）时，LST-DSSS 方案的 BER 性能。由图 5-16 可以看到，在低速率（等效 $R_c=1$kbit/s），当 $M=1$ 和 $M=2$ 时，方案的 BER 相当；而在高速率（等效 $R_c=2$kbit/s）时，两发射（$M=2$）时的方案有更好的 BER 性能。

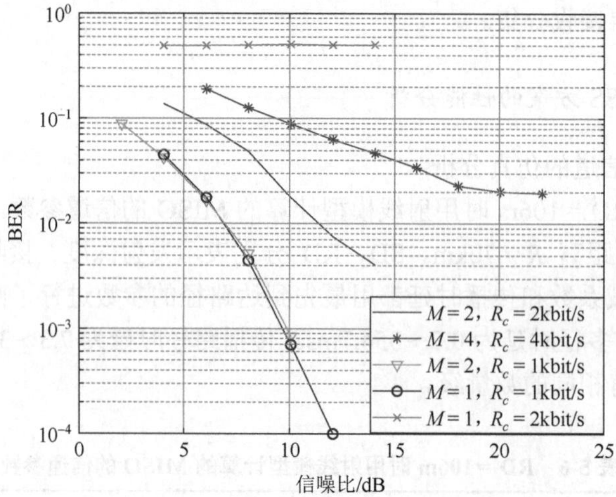

图 5-16　70km 信道 LST-DSSS 方案的 BER 曲线

这不难理解，因为随着速率的增加，信道多径对系统性能的影响更为复杂。分层空时编码从实质上来说，是将发射信息通过多个换能器并行发射。因此，在相同系统传送速率的条件下，分层空时编码信号可以有更大的符号间隔，因而有更强的抗码间干扰能力。

2）MIMO 信道的仿真分析

表 5-7 为采用射线模型仿真的 MIMO 信道参数，SD 和 RD 分别表示发射和接收深度，PL 表示信道的衰减系数，TP 表示相对传播时延，表中数据用相同接收水听器的最先到达路径的数据进行归一化。仿真时，码片速率为 1kbit/s，信号频率为 2kHz，仿真次数为 20000 次。

表 5-7　采用射线模型仿真的 MIMO 信道参数

SD = 81m，RD = 92.5m		SD = 91m，RD = 92.5m		SD = 81m，RD = 103m		SD = 91m，RD = 103m	
PL	TP/ms	PL	TP/ms	PL	TP/ms	PL	TP/ms
0.730	P186	1.0	0	0.896	947	0.955	550
0.718	736	0.999	1024	0.896	745	0.971	1150
0.403	2907	0.964	301	0.887	669	0.979	0
0.255	1009	0.785	728	0.887	1290	1.0	503
0.274	1115	0.385	2609	0.631	496	0.370	1075
		0.438	242	0.538	1809	0.617	760
		0.229	1689	0.504	1818	0.540	2098
						0.322	2310
						0.523	683
						0.678	601
						0.148	1457

图 5-17 是相同信息数据率条件下的 BER 曲线。由图 5-18 可以看到，与 MISO（两发射、一接收）相比，MIMO（两发射、两接收）可以获得约 2.5dB 的接收分集。另外，在相同信息速率的条件下，采用 MIMO 结构的 LST-DSSS 方案可以获得约 6dB 的分集增益。

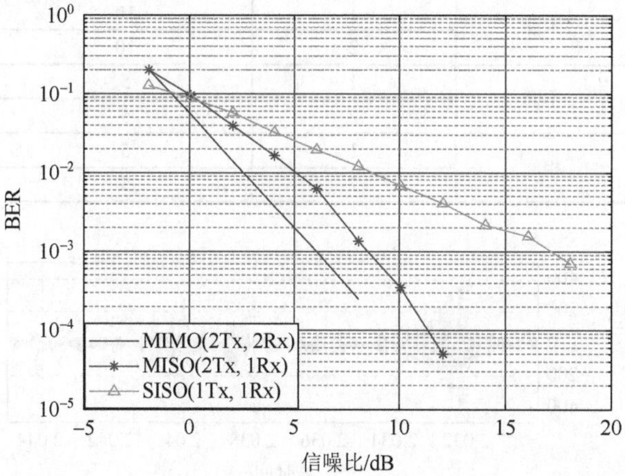

图 5-17　MIMO 信道中 LST-DSSS 方案的 BER 曲线

综上所述，LST-DSSS 方案只需要一个接收换能器就能实现信号分离和干扰抵消，改善了 LSTC 系统的分集性能，扩大了其在小体积载体上的应用。

由于 LST-DSSS 方案采用空域并行发射，单位频带内传送的信息量随发射换能器数量的增加而增加，从而在不显著地增加系统成本和计算复杂度不变的情况下获得了系统频谱利用率。我们的研究表明，采用合适的编码和信号处理方法，空域并行发射技术在高速、大容量水声通信系统中具有很大的潜力。

4. LST-DSSS 方案的湖试结果

本节对 LST-DSSS 方案进行了水库试验。试验时，信息数据采用 200 位独立同分布的随机二进制码元序列，两个发射换能器分别独立发射 100 位信息数据，连续发射五组，试验数据共计为 1000 位信息序列。发射信息数据由用作信道探测的 LFM 信号及采用 DPSK 调制及直接序列扩频的信息信号组成。扩频序列分别采用两组不同的 32 位 m 序列和两组相同的 32 位 m 序列，其码片速率分别为 5kchip/s 和 10kchip/s，载波频率 $f_c = 25\text{kHz}$，采样率 $f_s = 100\text{kHz}$。在水声信道中传输后，在接收换能器端，两个接收换能器的接收信号分别经过 30dB 的放大电路和带通滤波后，存入数据记录仪，再在 MATLAB 上进行后续处理。

表 5-8 给出了 LST-DSSS 方案的湖试处理结果。图 5-18 是 1030m 处两路水听器接收的探测信号的相关输出。在对接收信号进行数据处理时，可以利用这两路探测信号的相关输出，对两层发射信号分别进行定位，分离出两层发射信号，进而实现分层空时信号的译码。

表 5-8 LST-DSSS 方案的湖试处理结果

距离/m	扩频序列	接收水听器	数据率/kcps	BER/%
970	不同	1	10	6
		2	10	12
1030	不同	1	5	11.5
		2	5	11.5
1100	相同	1	5	12
		2	5	14

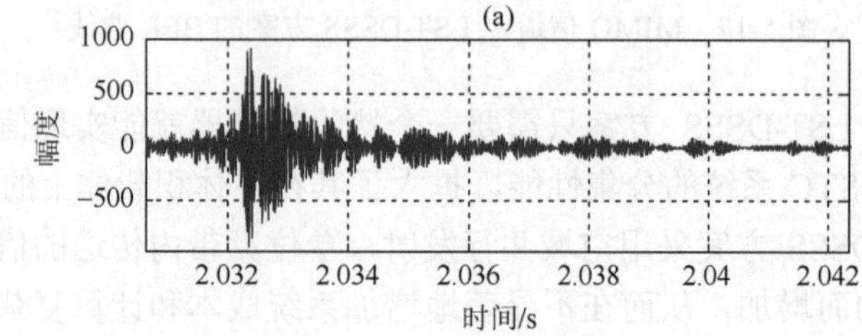

(a)

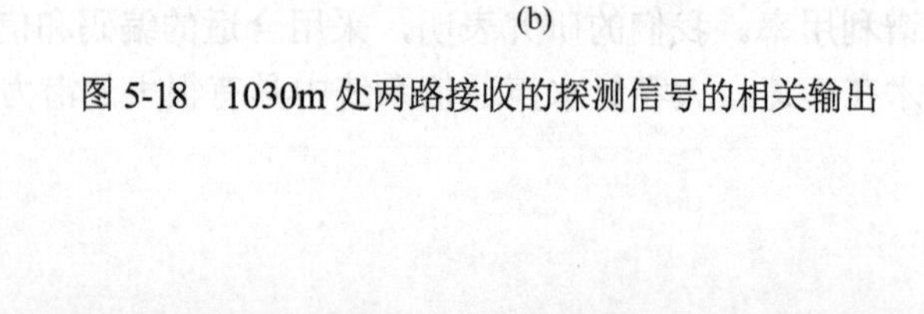

(b)

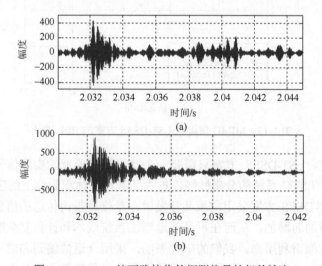

图 5-18 1030m 处两路接收的探测信号的相关输出

由表 5-8 可知，LST-DSSS 方案有较大的 BER。本节对此进行了对比分析和仿真。湖试时，接收端收到的两层信号的幅度差别很大。这种幅度差异可以从对探测信号进行相关处理后得到的相关峰值中看出：信号幅值越大，探测信号的相关峰值越大。由图 5-18 可以看到，第二层接收探测信号的相关峰值[图 5-18（b）]约为第一层相关峰值[图 5-18（a）]的 2.18 倍，第二层信号在解调过程中对第一层信号有严重的干扰，所以在解调结果中，第二层信号可以正确译码，而第一层信号的译码有误码，这造成了 5kbit/s 数据的误码。对此结果我们重新进行了仿真，得到了同样的结果，即当两相关峰的幅度差别在 2 倍以上时，LST-DSSS 方案的译码会出现误码。

另外，当码片速率为 10kbit/s 时，由于选择的载波频率为 25kHz，不是 10kbit/s 的整数倍，这造成了 970m 处数据的 BER。此结果在仿真中也得到了证明。

虽然 LST-DSSS 方案的湖试没有取得预期的 BER 效果，但信号幅值大的发射层信号可以无误检测这一结果，仍可以表明 LST-DSSS 方案只用一个接收机就可以实现信号分离的特点。从这一点看，湖试结果仍是成功的。

仿真和湖试结果表明，LST-DSSS 方案具有只需要一个接收换能器就能实现信号分离和干扰抵消的优势，这种优势大大降低了 LST 编码系统的接收复杂度。由于 LST-DSSS 方案采用空域并行发射，单位频带内传送的信息量随发射换能器数量的增加而增加，从而在不显著地增加系统成本和计算复杂度不变的情况下获得了系统频谱利用率。

5.4　采用自适应均衡的 MIMO 通信

5.3 节将 DSSS 序列和 STBC、LST 码结合，形成空时频编码，利用扩频序列的抗多径能力来抵消多径水声信道中的码间干扰。虽然这种方法简单，且能有效地抵消多径衰落的影响，但也存在影响数据率、无法抵消发射数据层之间干扰等问题。自适应均衡技术是克服码间干扰的有效方法，但应用于 MIMO 通信中存在接收机结构复杂的问题。因此，本节将讨论两方面的问题：一是采用自适应时频域均衡来抵消 MIMO 通信中的码间干扰；二是降低接收机复杂度的方法。

5.4.1　MIMO 时域自适应均衡器

1. MIMO 自适应均衡器的结构

设分层空时编码系统有 M 个发射换能器，N 个接收水听器，则 MIMO 自适应线性均衡器由 $M\times N$ 个最大抽头数为 L 的滤波器组成，其结构如图 5-19 所示。

均衡器的输出为

$$z_i(n) = \sum_{j=1}^{N} y_j(n) \cdot w_{i,j}(n) \tag{5-106}$$

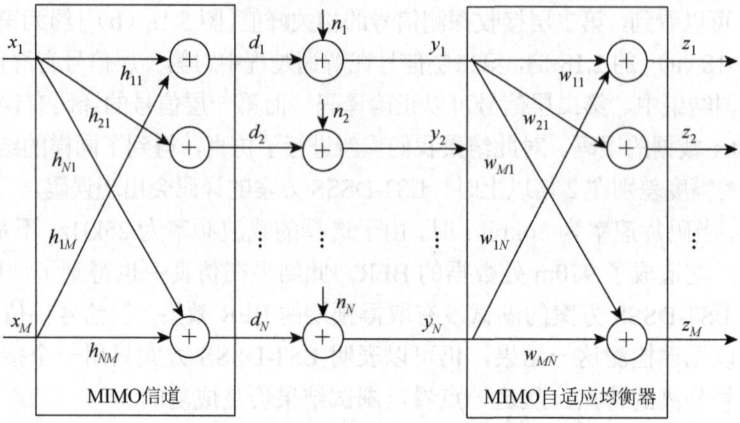

图 5-19　MIMO 自适应均衡器结构

第 i 个均衡器输出的误差为

$$e_i(n) = z_i(n) - x_i(n) \tag{5-107}$$

线性均衡器在克服严重码间干扰方面具有很大的局限性。为了消除严重的信道失真现象，可以采用非线性的 DFE。它能提供比一般的线性均衡器更小的 BER，同时能够解决线性均衡器不能完全抵消码间干扰和存在后尾效应的问题。

MIMO 自适应 DFE 的组成如图 5-20 所示，图中的自适应 DFE 结构如图 5-21 所示。

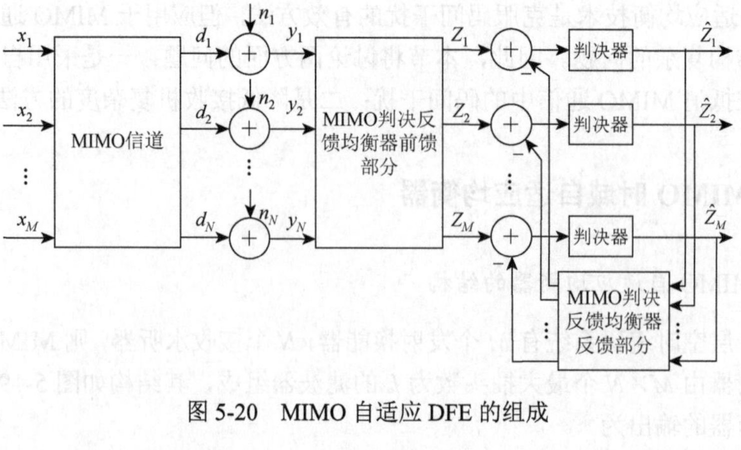

图 5-20　MIMO 自适应 DFE 的组成

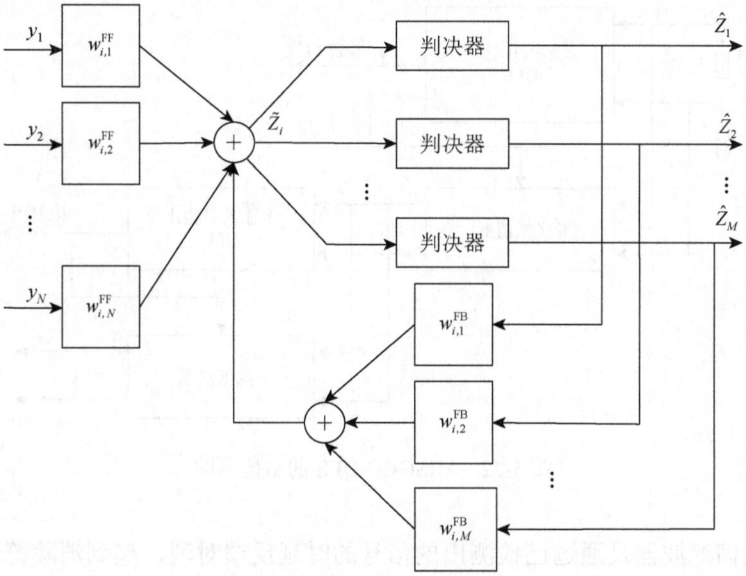

图 5-21　自适应 DFE 结构

MIMO-DFE 包括 FFF 和 FBF。横向滤波器的抽头延时均等于输入信号 $y(n)$ 的采样间隔 T。FBF 用于进一步抑制当前时刻之前的信息码元所产生的码间干扰。DFE 第 i 个输出为

$$\tilde{z}_i(n)=\sum_{j=1}^{N} y_j(n)\cdot w_{i,j}^{\mathrm{FF}}(n)-\sum_{j=1}^{M}\hat{z}_j(n)\cdot w_{i,j}^{\mathrm{FB}}(n) \tag{5-108}$$

第 i 个 DFE 的误差为

$$e_i(n)=\tilde{z}_i(n)-\hat{z}_i(n) \tag{5-109}$$

注意到 FFF 只用到了非因果的抽头系数，这是因为 FBF 可以去除所有先前信号所引起的码间干扰。若有深衰落，则 DFE 的误差将显著地小于线性均衡器。所以，DFE 适用于有严重失真的无线信道。

2. MIMO 自适应干扰抵消 DFE

基于串行干扰抵消原理得到的 MISO、自适应干扰抵消（interference canceling，IC）和 DFE 的整体（MISO-IC-DFE）结构框图如图 5-22 所示。

MISO-IC-DFE 由 M 个均衡器级联而成，每个均衡器由一个 MISO-DFE 和一个 IC 构成。每级 DFE 都由 N 个 k_f+1 阶 FFF 和一个 k_d 阶反馈滤波器组成。FFF 是要从接收信号矢量中提取出第 m 个换能器上的信号，起到抑制信道间干扰的作

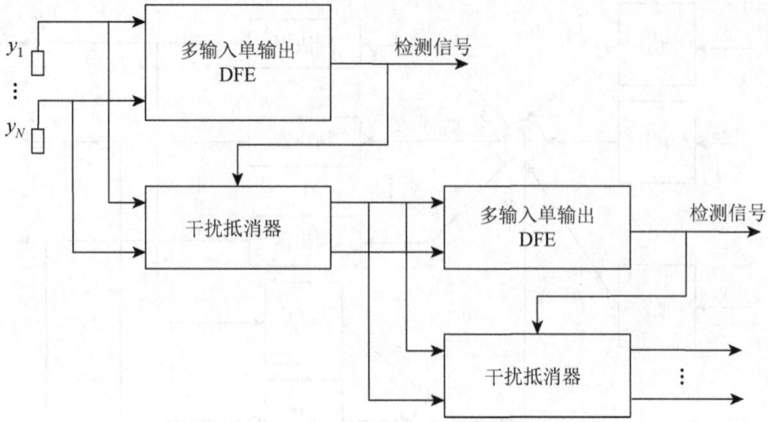

图 5-22　MISO-IC-DFE 的结构框图

用，而反馈滤波器是通过已检测出的信号的时延反馈对消，起到消除符号间干扰的作用。

根据最小均方误差准则，可以得到 MISO-IC-DFE 算法的计算步骤。

（1）根据接收端 SNR 将发射信号排序，找出接收 SNR 最高的那一路信号，并根据最小均方准则对输入信号进行均衡

$$z_m(k)=\boldsymbol{W}_m^{\mathrm{H}}y(k)-\boldsymbol{b}_m^{\mathrm{H}}\hat{z}_m(k-d-1)=\begin{bmatrix}\boldsymbol{W}_m\\ \boldsymbol{b}_m\end{bmatrix}^{\mathrm{H}}\begin{bmatrix}y(k)\\ -\hat{z}_m(k-d-1)\end{bmatrix} \tag{5-110}$$

$z_m(k)$经判决后，就得到第 m 路发射信号的估计：

$$\hat{z}_m(k)=Q(z_m(k)) \tag{5-111}$$

（2）根据下面的公式，和已经检测得到的信号，计算干扰对消之后的 $y(k)$：

$$\begin{aligned}y(k+1)&=y(k)-(H_m)_1\hat{z}_m(k)\\ y(k+2)&=y(k+1)-(H_m)_2\hat{z}_m(k)\\ &\vdots\\ y(k+L)&=y(k+L-1)-(H_m)_L\hat{z}_m(k)\end{aligned} \tag{5-112}$$

（3）根据更新后的 $y(k)$重复上面的信号检测步骤，迭代计算 $m+1$ 根发射天线的信号。以此类推，直至 M 路信号都被检测出来。

如果将 MISO-IC-DFE 结构中的 MISO-DFE 改为多输入多输出判决反馈均衡器（MIMO-DFE），那么可得到另外一种多输入多输出自适应干扰对消判决反馈均衡器（MIMO-IC-DFE），其整体结构框图如图 5-23 所示。

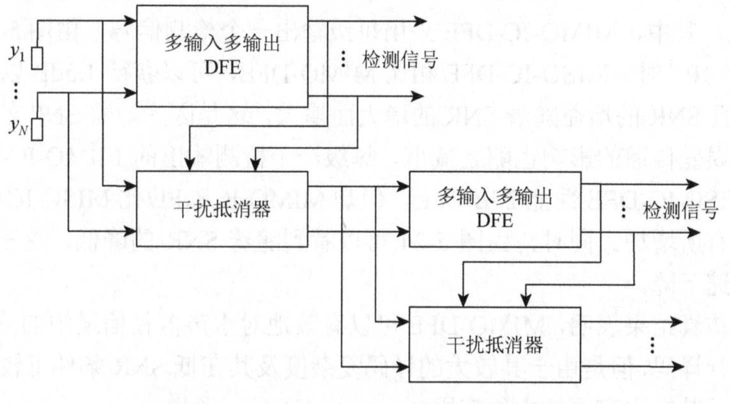

图 5-23　MIMO-IC-DFE 的整体结构框图

3. MIMO 自适应均衡的性能分析

下面对采用 V-LAST 编码和自适应时域均衡的 MIMO 通信性能进行仿真分析。假设 MIMO 系统具有两个发射、接收换能器，即 $N_T = 2$，$N_R = 2$。信道模型是用射线模型计算获得的 MIMO 水声信道，水深 50m，传播距离为 10km，其模型参数如表 5-9 所示。表 5-9 中 SD 为发射深度，RD 为接收深度。表 5-9 中，到达两个接收水听器的多径信号各路径的衰减系数和传播时延分别用每个接收水听器中最先到达的路径参数进行了归一化。

表 5-9　MIMO 水声信道模型参数

SD/m	RD/m	衰减系数	传播时延/ms
70	77	0.93　0.87	6.5　4.9
74	77	1.00　0.52	0　1.2
70	81	1.03　1.08	24.7　40.1
74	81	1.00　0.67	0　21.8

仿真时，信息数据采用独立同分布的随机二进制码元序列，数据总长度为 1×10^4。采用 QPSK 调制，由表 5-9 可知，对应的发射换能器与接收水听器之间，有 2 条多径信号。仿真中码元速率为 1kbit/s，载波频率 $f_c = 10$kHz，采样率 $f_s = 60$kHz，SNR 为 25dB，均衡器的训练序列为 200 个码元。

均衡器采用 MIMO 自适应 DFE，其前馈阶数为 32，反馈阶数为 64。均衡器的抽头间隔采用 1/2 的码元间隔（$T/2$），MIMO 自适应均衡算法分别采用 LMS 算法和 RLS 算法。其中，LMS 算法中选择参数 $\mu = 0.01$；RLS 算法中选择参数 $\mu = 0.01$，$\lambda = 0.97$。

图 5-24 为采用 RLS 算法的 MIMO-DFE、MISO-IC-DFE 及 MIMO-IC-DFE 的

BER 曲线，其中，MIMO-IC-DFE 采用每级输出一个检测信号。由图 5-24 可知，当 BER 为 10^{-3} 时，MISO-IC-DFE 相比 MIMO-DFE，可以获得 1.5dB 以上的 SNR 增益，并且 SNR 的增益随着 SNR 的增大而增大，这是因为随着 SNR 的增加在干扰抵消中误差传递的影响也随之减小。每级一个检测输出的 MIMO-IC-DFE 的性能优于 MISO-IC-DFE 性能 2dB 以上，但是 MIMO-IC-DFE 比 MISO-IC-DFE 的运算复杂度有所增加。同时，由图 5-24 可以看到随着 SNR 的降低，这三种均衡器的性能迅速下降。

上述仿真结果表明，MIMO-DFE 可以有效地对水声多径信道中的分层空时编码系统进行译码，但是由于其较大的译码复杂度及其在低 SNR 条件下较差的 BER 性能限制了其在水声通信中的应用。

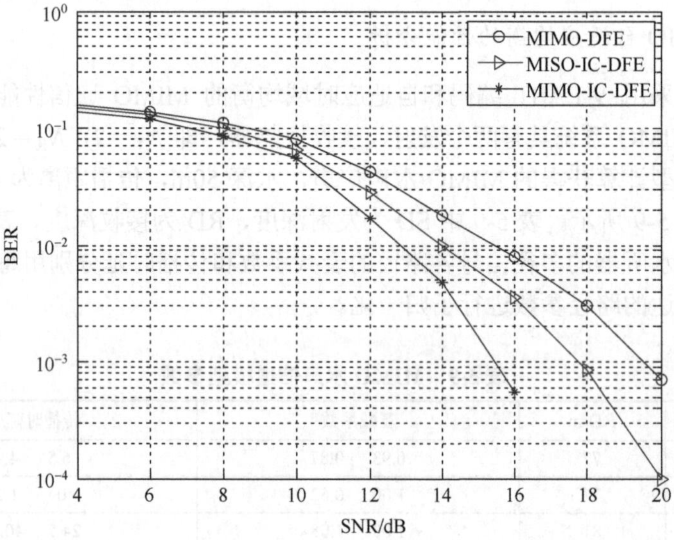

图 5-24　MIMO-DFE、MISO-IC-DFE、MIMO-IC-DFE 的 BER 曲线

5.4.2　基于信道时延排序的 OSIC 算法与 MIMO 频域均衡

水声信道中不仅有多径衰落造成的码间干扰，还存在各路径由于到达时延差造成的分层信号间的干扰。文献[28]和[29]提出一种基于子信道传播时延排序的排序连续干扰抵消（ordered successive interference cancellation，OSIC）信号检测算法，这种检测算法利用子信道间的传播时延差进行信号检测排序，可实现使差错概率最小的最佳检测。文中同时给出了利用信道估计来确定排序的方法，这种排序方法计算量极低，从而显著降低了整个信号检测过程的计算复杂度。同时，考

虑到 SC-FDE 的低复杂度，还可以采用 SC-FDE 来抵消多径干扰和异步到达干扰。

因此，本节将利用基于信道时延排序的 OSIC 算法和 IB-DFE 来降低 MIMO 接收机的复杂度。

1. 基于信道时延排序的 OSIC 算法

设计低复杂度的信号检测方案一直是分层空时信号处理研究的重点。采用最大似然接收可以实现最佳的分集和差错性能，但其复杂度随发射天线的数量呈指数增加的趋势，这促使各种次最佳但复杂度降低的检测方案的研究。其中，连续干扰抵消（successive interference cancellation，SIC）是最常用的方案之一。SIC 算法将已检测的信号从接收信号集中减去，以减少对下一层信号检测的干扰，是一种性能和复杂度折中的检测方案。但 SIC 检测存在差错传播的问题，若在当前的信号检测中出现了判决错误，则在干扰抵消过程中，不可避免地要传到下一层信号的检测中。因此，检测顺序对 SIC 算法的性能有着重要影响。

对于 MIMO 水声通信来说，由于声波传播速度慢，不同的发射和接收条件下，各子信道之间有明显的传播时延，造成同时发射的信号，异步到达，同样引起类似多径时延的干扰。因此，低复杂度的水声 MIMO 空时信号处理会遇到更大的挑战。另外，最先到达的信号受到的信号间干扰最小，因此，完全可以考虑利用水声 MIMO 子信道中的传播时延差对空时信号的检测进行排序。

假设在 MIMO-LST 系统中有 M 个发射换能器和 N 个接收换能器，信源采用 VLST 编码。假设信道慢衰落，即信道传递矩阵在一帧信号的传播时间内不变。第 k 个时刻的接收信号为

$$\boldsymbol{Y}_k = \boldsymbol{H}_k \boldsymbol{X}_k + \boldsymbol{n}_k \tag{5-113}$$

将矩阵形式展开可得

$$y_{i,k} = \sum_{j=1}^{M}\sum_{l=0}^{L-1} h_{ij}(k,l) x_{j,k} + n_{i,k} \tag{5-114}$$

式中，$\boldsymbol{h}_{ij} = [h_{ij}(0), h_{ij}(1), \cdots, h_{ij}(L-1)]$ 为发射换能器 j 至接收换能器 i 所形成的子信道的时域响应；$h_{ij}(k, l)$为 k 时刻该子信道第 l 个复衰落系数；L 为信道长度。

由于传播时延造成接收信号的异步到达，对信号检测的影响近似于多径时延，可以用类似于表示多径时延的方法来表示传播时延。设(i, j)子信道的等效传播时延差为 τ_{ij}，它表示(i, j)子信道中首先到达的路径与所有子信道中最先到达的路径的传播时延差，并用码元时间进行了归一化。设所有子信道中最大等效时延差为 $\tau_{\max}$，则(i, j)子信道的信道响应矢量可以表示为

$$\begin{aligned}\boldsymbol{h}_{ij} &= [\underbrace{0, \cdots, 0}_{\tau_{ij}}, h_{ij}(0), \cdots, h_{ij}(L-1)] \\ &= [\boldsymbol{0}_{\tau_{ij}}, h_{ij}(0), \cdots, h_{ij}(L-1)]\end{aligned} \tag{5-115}$$

式中，$\mathbf{0}_{\tau_{ij}}$ 为长度为 τ_{ij} 的零向量。

若用 $\boldsymbol{h}_j$ 表示与第 j 层有关的信号，即 $\boldsymbol{h}_j=[h_{1j},h_{2j},\cdots,h_{Nj}]$，$j=1,2,\cdots,M$，那么信道矩阵可以表示为

$$\boldsymbol{h}=[\boldsymbol{h}_1,\boldsymbol{h}_2,\cdots,\boldsymbol{h}_N]^{\mathrm{T}} \tag{5-116}$$

在基于时延排序的 OSIC 检测中，假设按照传播时延对 $\boldsymbol{h}$ 进行排序后的信道矩阵为

$$\boldsymbol{h}'=[\boldsymbol{h}_1',\boldsymbol{h}_2',\cdots,\boldsymbol{h}_N'] \tag{5-117}$$

式中，$\boldsymbol{h}_1'$ 为各接收信道中具有最小时延的信道，其等效时延差 $\tau_1=0$，而 $\boldsymbol{h}_i'$ 为时延差排第 i 位的接收信道的响应，$i=1,2,\cdots,N$，其时延差为 τ_i，即在 $\boldsymbol{h}_i'$ 的最前面有 τ_i 个零分量。

当采用基于迫零准则的 SIC 检测算法时，第 i 步检测后的 SNR 为

$$\gamma_i=\frac{\left|\boldsymbol{h}_{i\perp}'\right|^2}{\sigma_n^2} \tag{5-118}$$

式中，σ_n^2 为噪声功率；$\boldsymbol{h}_{i\perp}'$ 为 $\boldsymbol{h}_i'$ 在由 $\boldsymbol{h}_{i+1}',\cdots,\boldsymbol{h}_M'$ 张成的空间上的投影。

根据式（5-118）可知，当 $\boldsymbol{h}_{i\perp}'$ 最大化时，可以获得最大的检测后的 SNR。

当采用时延对信道矩阵进行排序时，$\boldsymbol{h}_i'\ (i=2,\cdots,M)$ 相对于 $\boldsymbol{h}_1'$ 分别有 $\tau_2\sim\tau_M$ 个零分量。因此 $\boldsymbol{h}_1'$ 相较于其他 $\boldsymbol{h}_i'$ 在 $\{\boldsymbol{h}_2',\cdots,\boldsymbol{h}_N'\}$ 张成的子空间上具有更好的正交性，可以获得最大的投影，因此，按照式（5-116）的写法，即根据与各层信号有关的子信道 $\boldsymbol{h}_j=[h_{1j},h_{2j},\cdots,h_{Nj}]$，分别计算出 $\boldsymbol{h}_j(j=1,2,\cdots,M)$ 的最小传播时延 $\tau_j=\min\{\tau_{1j},\tau_{2j},\cdots,\tau_{Nj}\}$，进而选择具有最小的传播时延的层 j 进行检测，即可获得最大的检测 SNR。

根据以上的理论，并参照基于 SNR 的 OSIC 检测过程，现将基于迫零准则和时延排序（ZF-OSIC）算法的检测过程整理如下。

（1）根据信号矩阵的估计计算各子信道传递函数的时延 τ_{ij}。

（2）根据 τ_{ij} 计算与第 j 层信号有关的所有信道 h_j 中的最小的等效相对传播时延：

$$\tau_j=\min\{\tau_{1j},\tau_{2j},\cdots,\tau_{Nj}\} \tag{5-119}$$

（3）根据 τ_j 从小到大进行排序确定信号检测的顺序为 $k_1,k_2,\cdots,k_M$。

（4）计算逆滤波矩阵 $\boldsymbol{G}_{\mathrm{ZF}}^1$，并开始对 k_1 层信号进行检测。

（5）选择矩阵 $\boldsymbol{G}_{\mathrm{ZF}}^i$ 的第 k_i 行作为滤波向量，一次进行零化、判决和干扰抵消操作。

（6）完成第 i 层的检测和干扰抵消后，对应的接收信号中已无该层信号的干扰，这就相当于该层信号未经过信道传输到达接收端，即对应的信号传递函数为 0。因此此时可以将信道矩阵 $\boldsymbol{h}$ 的第 i 列置零，进而计算出下次处理的逆滤波矩阵

G_{ZF}^{i}。重复步骤（5），所有层信号均可以被检测出来。

以上即为基于时延排序的 OSIC 检测过程。对比基于信道增益排序的 OSIC 检测过程可知，两者均是基于检测后 SNR 最大的原理且在计算过程中均需要知道信道矩阵或其估计值。然而基于信道增益排序的信号检测过程中，每次干扰抵消完成计算新的逆滤波矩阵后，需要重新计算各行的范数并排序决定下一个检测层。在基于信道时延排序的信号检测过程中，只需在信道估计完成后进行一次排序，即可决定检测顺序。因此，基于信道时延排序过程更为简单，复杂度更低，其总体性能将更优。

2. 采用 OSIC 和 SC-FDE 的信号检测

采用 OSIC 算法及 SC-FDE 均衡器的 MIMO 接收系统结构框图如图 5-25 所示。

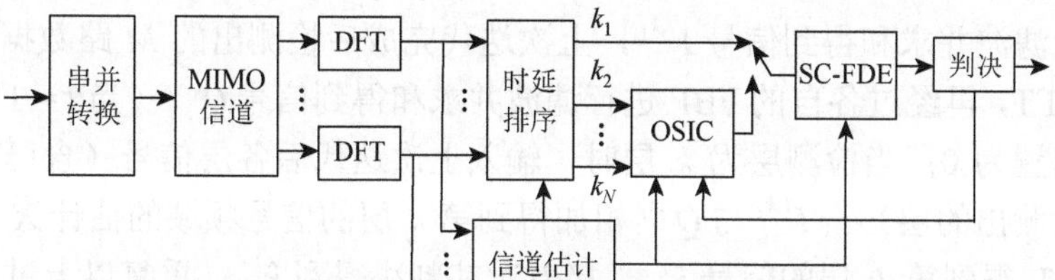

图 5-25　采用 OSIC 算法及 SC-FDE 均衡器的 MIMO 接收系统结构框图

若在这个系统采用 IB-DFE 均衡器，则可以在检测完每层信号后利用频域均衡，消除码间干扰，降低干扰抵消过程中的误差传播。第 l 次迭代过程中对第 k_j 层信号检测时的 IB-DFE 结构框图如图 5-26 所示。

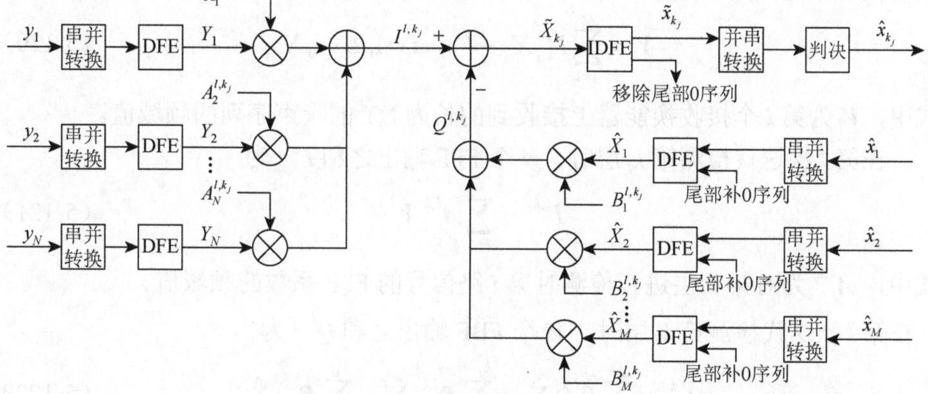

图 5-26　第 l 次迭代过程中对第 k_j 层信号检测时的 IB-DFE 结构框图

在图 5-25、图 5-26 所示的系统中，空时信号检测将不再是逐符号处理，而是按分组进行的。在发射端，长度为 NB 的数据用长度为 NC 的循环前缀进行周期性扩展，组成长度为 P 的发射序列 s_j，$j=1,\cdots,M$。选择 NC＞L，NB＞L，以保证信道矩阵是循环的。经 MIMO 信道传输后，接收信号经 DFT 转换到频域。接收端首先用训练序列进行时频域信道估计，并利用各子信道的时域信道响应估计传播时延排序，确定 OSIC 算法的检测顺序$[k_1, k_2, k_3,\cdots, k_M]$，这里$[k_1, k_2, k_3, \cdots, k_M]$是$[1, 2, \cdots, M]$的一个置换。

迭代开始前 N 路接收信号首先各自独立地进行 FFT，得到频域接收分组 $\boldsymbol{y}$。假设总共进行 NI 次迭代操作，当进行第 l 次迭代时，$l=1, 2, \cdots, \mathrm{NI}$，根据上面的排序，接收端将首先检测第 k_1 层信号。假设此时对第 k_j 层进行检测，经过上次迭代后，经过干扰抵消的频域数据块为$\boldsymbol{Y}^{l,k_j}$。这里，上标 l 表示当前进行第 l 次迭代，k_j 表示当前对第 k_j 层信号进行检测，$k_j\in\{k_1, k_2, k_3,\cdots, k_M\}$。$\boldsymbol{Y}^{l,k_j}$ 分别经过各自的 FFF 进行滤波并求和得到信号 $\boldsymbol{I}^{l,k_j}$，上次迭代完成后检测出的 M 路数据 $\hat{\boldsymbol{x}}^{l-1,k_{j-1}}$ 分别进行 FFT，再经过各自的 FBF 进行滤波并求和得到信号 $\boldsymbol{Q}^{l,k_j}$（当 $l=1$ 时，上次迭代输出置为 0；当检测层为 k_j 层时，输入上次迭代后各层信号（含已检测出的层及未检测出的层））。$\boldsymbol{I}^{l,k_j}$ 与 $\boldsymbol{Q}^{l,k_j}$ 相加得到第 k_j 层的信号频域的估计 $\tilde{\boldsymbol{X}}^{l,k_j}$，对其进行 IFFT 得到第 k_j 层的信号 $\tilde{\boldsymbol{x}}_{k_j}^{l}$。接着对其判决得到 $\hat{\boldsymbol{x}}_{k_j}^{l}$。重复以上过程，对所有 M 层信号进行检测，完成第 l 次迭代，接着进行 NI 次迭代。

在 MIMO 系统中 IB-DFE 对 FFF 的参数设计原则为减小码间干扰和不能被 FBF 抵消的部分干扰。FBF 的参数设计原则为使已判决信号对当前检测层的干扰最小。

假设处理第 p 个数据块时，第 j 个发射换能器发送的数据块 $\boldsymbol{x}_j$ 经过子信道 $\boldsymbol{h}_{ij}$ 的传播到达接收换能器 i，对应的接收数据块为 $\boldsymbol{y}_i$。对发射数据块 $\boldsymbol{x}_j$、接收数据块 $\boldsymbol{y}_i$ 及子信道 $\boldsymbol{h}_{ij}$ 分别做 NT 点 FFT 得到对应的频域值为 $\boldsymbol{X}_j$、$\boldsymbol{Y}_i$ 和 $\boldsymbol{H}_{ij}$。因此可得

$$\boldsymbol{Y}_i=\sum_{j=1}^{M}\boldsymbol{H}_{ij}\boldsymbol{X}_j+\boldsymbol{V}_i,\quad i=1,2,\cdots,N \tag{5-120}$$

式中，$\boldsymbol{V}_i$ 为第 i 个接收换能器上接收到的长为 NT 的噪声序列的频域值。

在第 l 次迭代检测第 k_j 层时，N 个 FFF 输出之和 $\boldsymbol{I}^{l,k_j}$ 为

$$\boldsymbol{I}^{l,k_j}=\sum_{i=1}^{N}\boldsymbol{A}_i^{l,k_j}\boldsymbol{Y}_i^{l,k_j} \tag{5-121}$$

式中，$\boldsymbol{A}_i^{l,k_j}$ 为对第 k_j 层进行检测时第 i 路信号的 FFF 系数的频域值。

在第 l 次迭代检测第 k_j 层时，M 个 FBF 输出之和 $\boldsymbol{Q}^{l,k_j}$ 为

$$\boldsymbol{Q}^{l,k_j}=\sum_{j=1}^{M}\boldsymbol{B}_j^{l,k_j}\hat{\boldsymbol{X}}_j=\sum_{j=k_1}^{k_j-1}\boldsymbol{B}_j^{l,k_j}\hat{\boldsymbol{X}}_j^{l}+\sum_{j=k_j}^{k_M}\boldsymbol{B}_j^{l,k_j}\hat{\boldsymbol{X}}_j^{l-1} \tag{5-122}$$

式中，$\boldsymbol{B}_j^{l,k_j}$ 为第 j 层数据块与当前 k_j 检测层间的 FBF 系数的频域值。

由于对第 k_j 层信号进行检测时，尚有 $M-j$ 层信号未检测，因此，此时 FBF 的输入分为两部分：对于检测出的 $j-1$ 层，以第 l 次迭代结果为输入，对应于式（5-122）中的 $\sum_{j=k_1}^{k_j-1}\boldsymbol{B}_j^{l,k_j}\hat{\boldsymbol{X}}_j^l$。对于未检测出的 $M-j$ 层，以第 $l-1$ 次迭代结果为输入，对应于式（5-122）中的 $\sum_{j=k_j}^{k_M}\boldsymbol{B}_j^{l,k_j}\hat{\boldsymbol{X}}_j^{l-1}$。

此时可以求出总的输出为

$$\tilde{\boldsymbol{X}}_{k_j}^l = \boldsymbol{I}^{l,k_j} - \boldsymbol{Q}^{l,k_j} = \sum_{i=1}^{N}\boldsymbol{A}_i^{l,k_j}\boldsymbol{Y}_i^{l,k_j} - \sum_{j=k_1}^{k_j-1}\boldsymbol{B}_j^{l,k_j}\hat{\boldsymbol{X}}_j^l - \sum_{j=k_j}^{k_M}\boldsymbol{B}_j^{l,k_j}\hat{\boldsymbol{X}}_j^{l-1} \tag{5-123}$$

再对 $\tilde{\boldsymbol{X}}_{k_j}^l$ 做 IFFT 和判决即可得到第 l 次迭代后的第 k_j 层信号的判决 $\hat{\boldsymbol{x}}_{k_j}^l$。

下面对 FFF 系数 $\boldsymbol{A}_i^{l,k_j}$ 及 FBF 系数 $\boldsymbol{B}_j^{l,k_j}$ 进行推导。

式（5-122）中 FBF 的输入 $\hat{\boldsymbol{X}}_j$ 可以写作

$$\hat{\boldsymbol{X}}_j = \rho_j^l\boldsymbol{X}_j + \varDelta_j^l \tag{5-124}$$

即每次检测判决后的一层信号 $\hat{\boldsymbol{X}}_j$ 等于这层信号 $\boldsymbol{X}_j$ 乘以一个相关系数 ρ_j^l 再加上残差 $\varDelta_j^l$。相关系数 ρ_j^l 可以表示为

$$\rho_j^l = \frac{E[\hat{\boldsymbol{X}}_j\cdot\boldsymbol{X}_j^*]}{E\left[\left|\boldsymbol{X}_j\right|^2\right]} = \frac{E[\hat{\boldsymbol{x}}_j\cdot\boldsymbol{x}_j^*]}{E_{s,j}} \tag{5-125}$$

式中，$\boldsymbol{X}_j^*$为信号 X_j 的复共轭；$E_{s,j}$ 为第 j 层信号 X_j 的发射功率，表示为

$$E_{s,j} = E\left[\left|\boldsymbol{x}_j\right|^2\right] = \frac{E\left[\left|\boldsymbol{X}_j\right|^2\right]}{\mathrm{NT}} \tag{5-126}$$

因为 $E[\varDelta_j\cdot\boldsymbol{X}_j^*]\approx 0$，所以可得

$$E\left[\left|\varDelta_j\right|^2\right] = \left(1-\left(\rho_j^l\right)^2\right)\cdot\mathrm{NT}\cdot E_{s,j} \tag{5-127}$$

与式（5-124）相似，可以在时域上将判决前的信号 $\tilde{\boldsymbol{x}}_j$ 写做发射信号 $\boldsymbol{x}_j$ 的线性表示：

$$\tilde{\boldsymbol{x}}_j = \beta_j^l\boldsymbol{x}_j + \boldsymbol{\varepsilon}_j \tag{5-128}$$

式中，$\boldsymbol{\varepsilon}_j$ 为总噪声与层间干扰的和；

$$\beta_j^l = \frac{1}{\mathrm{NT}}\sum_{i=0}^{N}\sum_{k=1}^{\mathrm{NT}}A_{i,k}^{l,k_j}H_{ij,k} \tag{5-129}$$

将式（5-128）变换至频域可得

$$\tilde{\boldsymbol{X}}_j = \beta_j^l\boldsymbol{X}_j + \boldsymbol{E}_j \tag{5-130}$$

式中，$\boldsymbol{E}_j$ 为干扰及噪声和 $\boldsymbol{\varepsilon}_j$ 的频域表示，即 $\boldsymbol{E}_j = \mathrm{DFT}\{\boldsymbol{\varepsilon}_j\}$。

信号与干扰及噪声和的比值，即信干噪比 SNIR 可以表示为

$$\mathrm{SNIR} = \frac{\left|\beta_j^l\right|^2 \cdot \mathrm{NT} \cdot E_{s,j}}{\left[\left|\boldsymbol{E}_j\right|^2\right]} \tag{5-131}$$

联合式（5-123）～式（5-131）可得 FBF 的最佳系数为

$$\boldsymbol{B}_j^{l,k_j} = \rho_j^l \left(\sum_{i=1}^{N} \boldsymbol{A}_i^{l,k_j} \boldsymbol{H}_{ij} - \beta_j^l \right),\ j = 1,2,\cdots,M \tag{5-132}$$

参数 ρ_j^l 及参数 β_j^l 分别可以由式（5-125）、式（5-129）求出。

而 FFF 的最佳系数可以由以下 N 个方程组求解得到

$$\sum_{j=1}^{M} \left\{ \left(1 - \left(\rho_j^l\right)^2\right) \cdot (\boldsymbol{H}_{ij})^* \cdot \sum_{i=1}^{N} \left(\boldsymbol{A}_i^{l,k_j} \boldsymbol{H}_{ij} \right) \right\} + \frac{2E_v^2 \boldsymbol{A}_i^{l,k_j}}{E_{s,j}} = \left(1 - \left(\rho_j^l\right)^2\right) \cdot (\boldsymbol{H}_{ij})^* \tag{5-133}$$

式中，E_v 为噪声功率。

通过求解式（5-132）和式（5-133）中的 M 个方程组，即可计算出 FBF 及 FFF 的最佳系数。

3. 基于 Chu 序列的信道估计和传播时延估计

在上述均衡和检测过程中，需要了解信道的时频域响应及传播时延的排序。可以利用具有良好时频域特性的 Chu 序列来完成信道估计和时延排序的估计。

为了同时得到各子信道的信道估计，采用交错的训练序列格式。以两发射、两接收的 MIMO 系统为例，其训练序列的数据格式如图 5-27 所示。训练序列与数据采用同样的分组长度 P，不同的是 Chu 序列用长度为 N_c 的全零序列进行周期性扩展，以便于接收端进行噪声功率的估计[14]。

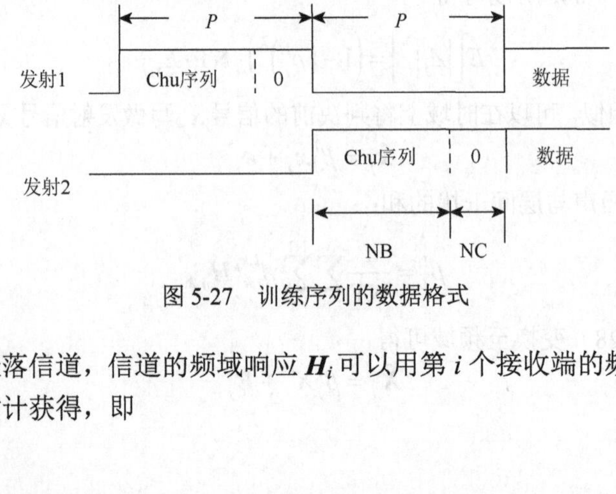

图 5-27　训练序列的数据格式

对于慢衰落信道，信道的频域响应 $\boldsymbol{H}_i$ 可以用第 i 个接收端的频域训练信号进行最小方差估计获得，即

$$\hat{\boldsymbol{H}}_i = \arg\min\{\boldsymbol{R}_{\mathrm{T}} - \boldsymbol{H}\boldsymbol{X}_{\mathrm{T}}\} = \frac{\boldsymbol{R}_{\mathrm{T}i}}{\boldsymbol{X}_{\mathrm{T}}} \tag{5-134}$$

式中，$\boldsymbol{R}_{\mathrm{T}i}$ 为第 i 个接收端的频域训练信号；$\boldsymbol{X}_{\mathrm{T}}$ 为发射的训练信号。

由于采用图 5-27 所示的交错数据格式，用式（5-134）可以同时得到所有发射到第 i 个接收之间子信道的频域响应，经 IDFT 后，得到各子信道的时域响应 $\hat{\boldsymbol{h}}_{ij}$，按式（5-115）构成循环信道矩阵估计 $\hat{\boldsymbol{h}}_{ij}$，再经分组 DFT，得到对角化频域信道矩阵 $\hat{\boldsymbol{H}}$，用于信号均衡和检测。

同时，对各子信道的信道冲激响应的最大值对应的时间进行估计。由于每个子信道的传播时延不同，其信道响应最大值对应的时间也不同，借此可以对各子信道的等效传播时延 τ_{ij} 进行排序估计，选择有最小 τ_{ij} 值的第 j 层作为首先检测的层，进而确定其余各层的检测顺序。

在强信号先检测的排序方法中，需要计算信道矩阵中与发射子序列对应的列的弗罗贝尼乌斯（Frobenius）范数，从中选择有最小范数的层进行检测，而且每层检测时都要重新计算与排序，需要 $M^2/2$ 个排序过程。基于时延的排序需要对 $M+N$ 个子信道进行排序，其计算量与 $M+N$ 成正比。更重要的是这种排序可以借助于子信道的信道估计一次性获得，在信号检测过程中无须重新计算，而且，估计子信道传播时延所需的计算量远小于估计信道矩阵 $\boldsymbol{\Lambda}$ 各列范数所需的计算量。因此，基于时延的排序方法不仅简化了排序过程，更显著地降低了计算量。

4. 性能分析

下面对基于时延排序和 IB-DFE 的 MIMO 水声通信性能进行仿真分析。表 5-10、表 5-11 为采用射线模型计算的 200m 水深，2 个不同传播条件下的信道参数，SD 与 RD 分别表示发射和接收深度，PL 表示信道衰减系数，TP 表示传播时延，表中参数用最先到达的路径的参数进行了归一化，两个信道分别称为信道 1 和信道 2。信道中的多径时延为 4.7～49.4ms，而路径传播时延差为 0.7～3.5ms。

表 5-10　信道 1 的仿真参数

信道	（1, 1）SD = 89m，RD = 91m	（1, 2）SD = 96m，RD = 91m
衰减系数	0.708	0.696　0.507　0.626　0.787
传播时延/ms	24.0	5.6　12.2　16.3　24.3
信道	（2, 1）SD = 89m，RD = 96m	（2, 2）SD = 96m，RD = 96m
衰减系数	0.808	1.0　0.987　0.989
传播时延/ms	6.9	0　6.7　7.2

表 5-11 信道 2 的仿真参数

信道	（1, 1） SD = 55m，RD = 60m							（2, 1） SD = 65m，RD = 55m						
PL	0.520	0.629	0.182	0.357	0.178	0.183		0.415	0.304	0.219	0.379	0.142	0.364	0.301
TP/ms	21.0	37.5	56.7	81.9	86.3	124.3		25.0	59.2	60.1	82.4	83.0	89.3	112.4
信道	（2, 1） SD = 55m，RD = 65m							（2, 2） SD = 65m，RD = 65m						
PL		0.341	0.547	0.174	0.178			1.0	0.890	0.346	0.332	0.307	0.243	0.275
TP/ms		67.0	70.5	75.6	139.9			0.0	29.9	47.9	59.5	71.0	86.5	169.8

仿真时，发射数据用二进制随机数据，发射数据分组由长度为 NB 的数据序列和长度为 NC 的全零扩展序列组成。根据等效的信道长度 L 确定 NB 和 NC 且使 NB＞L，NC＞L，以满足循环卷积的信道条件。当信道长度随系统的波特率变化时，数据分组的长度也随之变化。信号采用无信道编码的 QPSK 调制，信号频率为 4kHz，假设在接收端有良好的符号和相位同步，采用蒙特卡罗仿真。

1）时延估计与排序

利用 Chu 序列来完成信道估计和时延排序的估计，为了同时得到各子信道的信道估计，采用交错的训练序列格式。对各子信道的信道冲激响应的最大值对应的时间进行估计。由于每个子信道的传播时延不同，其信道响应最大值对应的时间也不同，借此可以对各子信道的等效传播时延 τ_{ij} 进行排序估计，选择有最小 τ_{ij} 值的第 j 层作为首先检测的层，进而确定其余各层的检测顺序。

表 5-12 是两个信道在不同波特率条件下子信道的等效时延估计及排序结果。

表 5-12 两个信道在不同波特率条件下子信道的等效时延估计及排序结果

信道	数据率/(kbit/s)	τ_{11}	τ_{12}	τ_{21}	τ_{22}	排序
1	2.5	61	15	18	1	（2, 1）
	3.6	87	21	26	1	
2	2.0	76	53	142	1	
	3.6	136	94	255	1	

当按时延排序时，先检测第 2 层，再检测第 1 层子数据流。而未排序时，按照第 1 层、第 2 层顺序检测。

由于多径传播的影响，水声信道具有较长的信道长度，且随着数据率的增加而增加。因此，以 $\boldsymbol{h}_{ij}$ 为元素的信道矩阵具有庞大的阶数。而按照$\|\boldsymbol{h}_j\|$的降序进行排序的最佳排序方法有较大的计算量。因此，按照时延的排序方法可以显著地降低计算量和计算复杂度。

由表 5-10 和表 5-11 可知，子信道（2, 2）具有最小的传播时延，同时具有最大的信道增益。因此，给定的条件下，时延排序也对应信道强度排序。

2）信道 1 中 MIMO 通信系统的误码率

图 5-28 和图 5-29 为信道 1 中基于时延排序的 OSIC 算法和未排序的 SIC 算法在不同波特率条件下的 BER 曲线，图中结果都是迭代检测器在第二次迭代时的结果。

图 5-28 显示的是信道 1 中数据率为 2.5kbit/s 时，分别采用未排序和排序 SIC 算法得到的 BER 曲线。

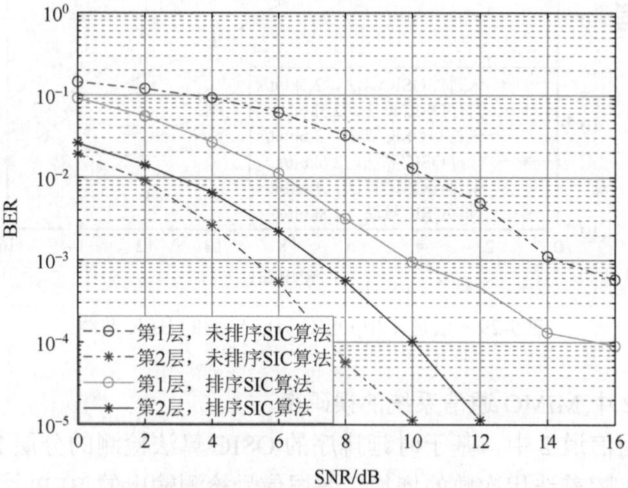

图 5-28　未排序和排序 SIC 算法的 BER

由图 5-28 可见，采用未排序 SIC 算法时，第 2 层信号检测后的 BER 最小。这是因为第 2 层信号较强，且对第 1 层信号进行了干扰抵消。但总的结果表明，当 BER = 10^{-2} 时，相比未排序的 SIC 算法，采用时延排序的 OSIC 算法对两层信号进行检测，获得整体约 2.5dB 的 SNR 增益。当波特率为 3.6kbit/s 时也有类似的结果，即采用基于时延排序的 OSIC 算法对两层信号进行检测，相比采用未排序的 SIC 算法，获得约 2.5dB 的 SNR 增益。

将图 5-28 的结果与表 5-10 的信道参数联系起来，可以得到以下结论：①信道时延和增益对层间干扰有显著的影响。在基于时延的 OSIC 检测中，由于子信道的时延较长，增益较小，第 1 层受到第 2 层的干扰较大，即使在干扰消除后检测，也存在较多的误码。②检测得益于干扰抵消处理。由于第 2 层的检测是在第 1 层干扰消除后进行的，所以采用无排序 SIC 算法对第 2 层进行检测比采用 OSIC 算法有更好的 BER 性能。

仿真结果表明，相比于未排序的 SIC 算法（简称未排序），基于时延排序的 OSIC 算法（简称排序）在波特率分别为 2.5kbit/s、3.6kbit/s 和 4.8kbit/s 时，可以获得 4dB、3.5dB 和 2.2dB 的总 SNR 增益，如图 5-29 所示。上述结果表明，最优排序对检测性能起着重要作用。

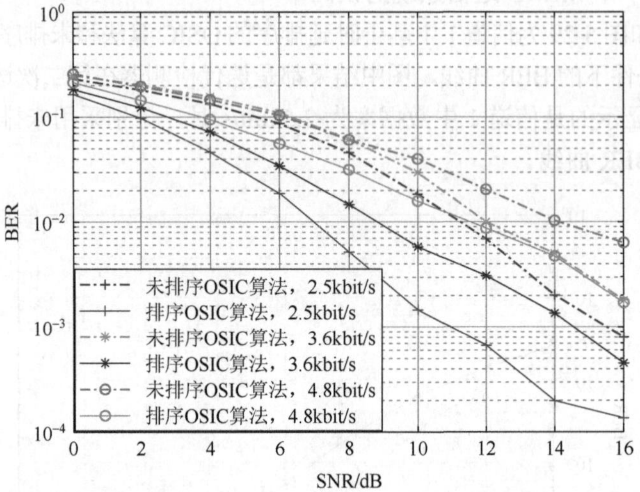

图 5-29　信道 1 中 OSIC 算法检测的 BER 曲线

3）信道 2 中 MIMO 通信系统的误码率

图 5-30 为信道 2 中，基于时延排序的 OSIC 算法检测的分层 BER 曲线。由图 5-30 可知，随着迭代次数的增加，各层信号检测输出的 BER 性能都有提高。考虑到第 1 次迭代的 IB-DFE 等价于 MMSE 均衡器，图 5-30 的结果表明，IB-DFE 的 BER 性能要比 MMSE 均衡器好得多。

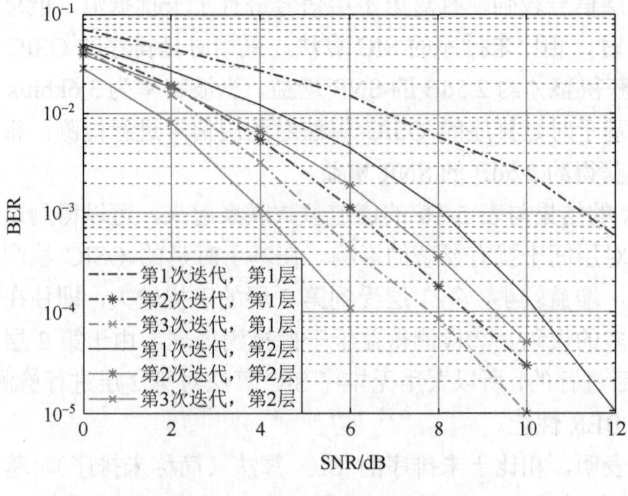

图 5-30　信道 2 中 OSIC 算法检测的分层 BER 曲线

图5-31为信道2中，不同传输波特率情况下，采用未排序SIC算法（简称未排序）和基于时延排序的SIC算法(简称排序)的BER曲线，图中结果是在IB-DFE采用两次迭代后的结果。由图5-31可见，当数据速率为2.0kbit/s和3.6kbit/s时，相比未排序SIC算法，基于时延排序的OSIC算法分别获得了1.2dB和1.8dB的性能增益。

上述仿真结果表明，结合了IB-DFE及OSIC分层空时信号检测的MIMO系统复杂度低，性能优异，适用于高速水声通信。

上述研究表明，利用水声信道的传播特点，采用有效的信号处理方法，可以使水声信道中造成信号检测干扰的传播时延成为改善系统性能的有利因素。

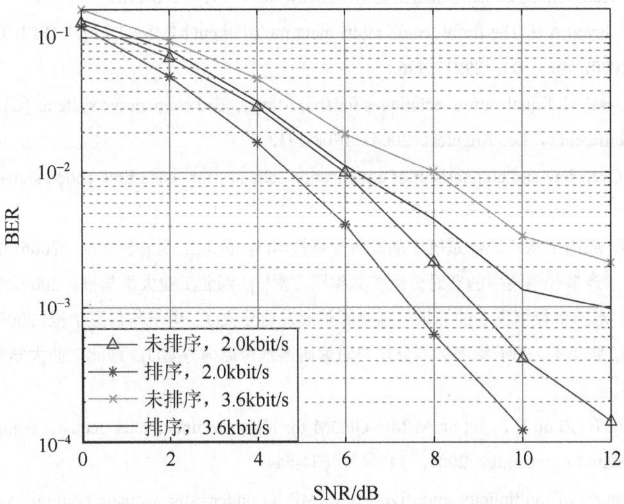

图5-31　信道2中OSIC算法检测的BER曲线

综上所述，在MIMO系统中，通过空时编码技术可以将水声多径衰落信道的影响减少到最小，并且能够改善水声通信系统的传输数据率和可靠性。

参考文献

[1] Tarokh V，Seshadri N，Calderbank A R. Space-time codes for high data rate wireless communication：Performance criterion and code construction[J]. IEEE Transactions on Information Theory，1998，44（2）：744-765.

[2] Tarokh V，Naguib A，Seshadri N，et al. Space-time codes for high data rate wireless communication：Performance criteria in the presence of channel estimation errors，mobility，and multiple paths[J]. IEEE Transactions on Communications，1999（47）：199-207.

[3] Biglieri E，Proakis J，Shamai S. Fading channels：Information-theoretic and communications aspects[J]. IEEE

Transactions on Information Theory，1998，44（6）：2619-2629.

[4] Marzetta T L，Hochwald B M. Capacity of a mobile multiple-antenna communication link in Rayleigh flat fading[J]. IEEE Transactions on Information Theory，1999，45（1）：139-176.

[5] Vucetic B，Yuan J H. 空时编码技术[M]. 王晓海，等译. 北京：机械工业出版社，2004.

[6] Naguib A F，Calderbank R. Space-time coding and signal processing for high data rate wireless communications[J]. IEEE Signal Process Magazine，2000，17（3）：76-92.

[7] Foschini G F. Layered space-time architecture for wireless communication in fading environment when using multiple antennas[J]. Bell Labs Technical Journal，1996，1（2）：41-59.

[8] Tarokh V，Jafarkhani H，Calderbank A R. Space-time block codes from orthogonal designs[J]. IEEE Transactions on Information Theory，1999，45（5）：1456-1467.

[9] Grong Y，Letaief K B. Performance evaluation and analysis of space-time coding in unequalited multipath fading links[J]. IEEE Transactions on Communications，2000，48（11）：1778-1782.

[10] Al-Dhahir N，Sayed A H. The finite-length multi-input multi-output MMSE-DFE[J]. IEEE Transactions on Signal Processing，2000，48（10）：2921-2936.

[11] Mheidat H，Uysal M. Equalization techniques for space-time coded cooperative systems [C]. IEEE 60th Vehicular Technology Conference，Los Angeles，2004：1708-1712.

[12] Al-Dhahir N. Overview and comparison of equalization schemes for space-time-coded signals with application to EDGE[J]. IEEE Transactions on Signal Processing，2002，50（10）：2477-2488.

[13] 张歆，张小蓟. 应用于水声通信系统中的发射分集技术[J]. 西北工业大学学报，2006，24（6）：717-720.

[14] 张歆，李永. 水声多径信道中的空时分组扩频编码方案[J]. 西北工业大学学报，2009，27（4）：503-506.

[15] 张歆，张小蓟. 水声多径信道中的标识延迟空时扩展发射分集[J]. 电子与信息学报，2009，31（8）：2024-2027.

[16] 张歆，孙小亮，张小蓟. 基于频谱扩展分层空时编码的水声通信方案[J]. 西北工业大学学报，2010，28（2）：192-196.

[17] Li B S，Huang J，Zhou S L，et al. MIMO-OFDM for high-rate underwater acoustic communications[J]. IEEE Journal of Oceanic Engineering，2009，34（4）：634-644.

[18] Yang T C. A study of multiplicity and diversity in MIMO underwater acoustic communications[C]. Conference Record of the 43rd Asilomar Conference on Signals，Systems and Computers，Pacific Grove，2009：595-599.

[19] Zhou Y H，Tong F，Song A J，et al. Exploiting spatial-temporal joint sparsity for underwater acoustic multiple-input-multiple-output communications[J]. IEEE Journal of Oceanic Engineering，2021，46（1）：352-359.

[20] 张歆，张小蓟. 水声通信理论与应用[M]. 西安：西北工业大学出版社，2012.

[21] Paulraj A，Nabar R，Gore D. 空时无线通信导论[M]. 刘威鑫，译. 北京：清华大学出版社，2007.

[22] Zhou Y H，Tong F. Channel estimation based equalizer for underwater acoustic multiple-input-multiple-output communication[J]. IEEE Access，2019，7：79005-79016.

[23] Al-Dhahir N. Single carrier frequency domain equalization for space time block coded transmissions over frequency selective fading channels[J]. IEEE Communications Letters，2001，5（7）：304-306.

[24] Mheidat H，Uysal M，Al-Dhahir N. Time-and frequency-domain equalization for quasi-orthogonal STBC over frequency-selective channels[C]. IEEE International Conference on Communications，Paris，2004：697-701.

[25] Lindskog E，Paulraj A. A transmit diversity scheme for channels with intersymbol interference[C]. 2000 IEEE International Conference on Communications，New Orleans，2000：307-311.

[26] Diggavi S N，Al-Dhahir N，Calderbank A R. Algebraic properties of space-time block codes in intersymbol interference multiple-access channels[J]. IEEE Transactions on Information Theory，2003，49（10）：2403-2414.

[27] 张歆，张小蓟，邢晓飞，等. 单载波频域均衡中的水声信道频域响应与噪声估计[J]. 物理学报，2014，63（19）：8.

[28] 张歆，邢晓飞，张小蓟，等. 基于水声信道传播时延排序的分层空时信号检测[J]. 物理学报，2015，64（16）：8.

[29] Zhang X，Zhang X J，Chen S L. Delay-based ordered detection for layered space-time signals of underwater acoustic communications[J]. Journal of the Acoustical Society of America，2016，140（4）：2714-2719.

[30] Carrascosa P C，Stojanovic M. Adaptive channel estimation and data detection for underwater acoustic MIMO-OFDM systems[J]. IEEE Journal of Oceanic Engineering，2010，35（3）：635-646.

[31] Lindskog E，Flore D. Time-reversal space-time block coding and transmit delay diversity-separate and combined[C]. Conference Record of the 34th Asilomar Conference on Signals，Systems and Computers，Pacific Grove，2000：572-577.

[32] Diggavi S N，Al-Dhahir N，Calderbank A R. Algebraic properties of space-time block codes in intersymbol interference multiple-access channels[J]. IEEE Transactions on Information Theory，2003，49（10）：2403-2414.

第6章　水声通信中的信道编码

水声信道的时变、多径衰落传播特性和信道噪声的共同影响使得水声通信信号出现畸变，即使采用了抗衰落的信号处理方法，也很难避免恢复的通信信号出现差错，导致通信误码。对于在浅海海域等恶劣海洋环境中进行高速通信系统来说尤其如此，强码间干扰、强环境噪声会造成不可克服的误码，使得水声数字通信系统的通信可靠性受到了严重的影响。海上试验表明，在50m水深、15km传输距离的情况下，发射87组11位巴克码，有15组巴克码出现1个以上的错码，错组率约为17%。当传输距离为25km时，错组率为30.4%[1]。为了提高系统抗噪声的性能，可以采取增大发射功率、选择合适的调制解调方式等措施，但这些只能将差错减小到一定的程度。要进一步提高系统的可靠性，就需要采用信道编码技术，对可能或已经出现的差错进行控制。因此在当前水声数字通信系统的研究中，除了高速大容量数据传输技术，越来越多的研究将水声通信差错控制技术作为一个重要的研究课题，正如差错控制是无线电通信技术中的重要组成部分一样。

本章首先概述差错控制的基本方式，其次借助于编码信道模型分析水声信道的差错统计规律，最后介绍水声通信的LDPC编码。

6.1　信道编码概述

6.1.1　差错控制的基本方式

差错控制是对原始的数字信号进行检错或纠错编码，使得原始的数字信号带有较强的规律性，信道译码器则利用这些规律性或鉴别是否发生错误，或纠正错误。按纠错或检错码所加位置和方式的不同，差错控制的基本工作方式如图6-1所示。图6-1中有斜线的方框图表示在该端检出错误或纠错。

差错控制的基本工作方式的工作过程如下所示。

（1）前向纠错（forward error correction，FEC）方式。发射端发送纠错码，接收端译码器自动发现并纠错。FEC的特点是能单向连续传输，实时性好，控制电路简单，但译码电路比较复杂，所选用的纠错码必须与干扰情况相匹配，故对信道的适应性较差。

（2）检错重发（automatic repeat request，ARQ）方式。发射端发出检错码，通过正向通道送到接收端，接收端译码器判决码组中有无错误出现，并通过反馈信道送回发射端，发射端根据判决信号，把接收端认为有错的信息再次发送，直到正确接收。ARQ 的特点是需要反馈信道，但译码器比较简单，检错码的检错能力与信道的干扰情况基本无关，因而系统的适应性强，对突发错误特别有效。

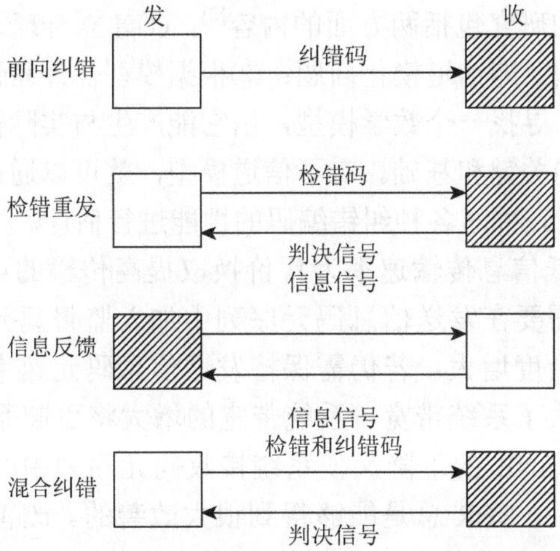

图 6-1　差错控制的基本工作方式

（3）信息反馈（information repeat request，IRQ）方式。接收端将收到的消息原封不动地通过反馈信道送回发射端，发射端把反馈回来的信息与原发送信息进行比较，从而发现错误，并把错误的部分重发到接收端。IRQ 的特点是没有纠（检）错码，电路比较简单，但需要反馈信道且传输速率低。

（4）混合纠错（hybrid error correction，HEC）方式，是 FEC 和 ARQ 的混合。发射端发出便于检错和纠错的码，通过正向通道送到接收端，接收端对纠错能力范围内的错误自动纠正。当纠正不了时，接收端通过反馈信道，要求发射端重新传送有错的消息。这种方式具有 FEC 和 ARQ 的特点，能充分地发挥检纠错码的能力，在较差的信道中也能收到较好的效果。

在水声通信中，由于声传播时延长，较少地采用反馈通道，因而，只有 FEC 方式比较常用。在 FEC 方式中，纠错码或称信道编码，是差错控制的关键，纠错码的选择应与信道的情况相匹配。而且选用何种码与码的纠错能力和实现的复杂性有关。若纠错能力越强，则可能意味着编译码设备越复杂。因此，若能了解信道的差错情况及其统计规律，就能在满足纠错性能要求的条件下，合理地选用纠错码，提高码的成功率和利用率。

从信道的差错情况考虑，在差错控制设计方面非常重视下述的差错（误码）情况：误码的分布、错码间正确码的分布及连续差错的误码群分布等。只有对误码的分布情况进行仔细分析并找出原因，才能为纠错码技术提供依据。

要了解信道的误码情况及其统计规律，可以对信道进行大量的测试和统计分析，也可以通过信道模型进行测试和统计分析。建立信道模型，通过模型对信道的差错特性进行分析，是差错控制技术的基础和关键[2]。

差错控制技术的研究包括两方面的内容[2]：①建立合理、准确地描述信道的差错特性的信道模型，即信道模化问题；②根据模型估计差错控制方案的性能。如何根据实测数据，寻找一个数学模型，由它能产生与实际信道有相同统计分布的差错序列是问题的关键和基础。有了信道模型，就可以通过计算机对信道的差错统计规律进行分析，并对各种纠错编码的性能进行估计。

差错控制以降低信息传输速率为代价换取提高传输的可靠性。为了减少接收错误码元数量，需要在发送信息码元序列中加入监督码元。这样做的结果使发送序列增长，冗余度增大。若仍需保持发送信息码元速率不变，则传输速率必须增大，因而增大了系统带宽。系统带宽的增大将引起系统中噪声功率的增大，使 SNR 下降。SNR 的下降又使系统接收码元序列中的错码增多。一般来说，采用纠错编码后，BER 总是能够得到很大改善的。改善的程度和所用的编码有关。

目前在水声信道，有关纠错码的研究文献不是很多，水声编码信道模型的研究更是极少。本章将介绍编码信道模型的概念，信道差错统计特性的描述方法，适合于水声信道的编码信道模型[1, 3]，以及利用信道模型对系统性能的分析[4]等。

6.1.2　信道编码的基本概念

信道编码又称为差错控制编码、纠错编码，其基本思想是在信息码元序列中增加一些差错控制码元，又称为监督码元。这些监督码元和信息码元之间有确定的关系，使得接收端有可能利用这种关系发现或纠正可能存在的错码。其实质是增加冗余度，扩大信号空间，增大信号间距离，从而提高抗干扰能力，使 BER 最小。可以把信道编码看成提高通信系统的性能而设计的信号变换，其目的是提高通信的可靠性。

不同的编码方法，有不同的检错或纠错能力。可以从不同的角度对信道编码进行分类。

1. 分组码与卷积码

按照对信息序列的处理方法，信道编码可以分成分组码和卷积码。分组码将

信息序列每 k 位分为一组，编码器对每组的 k 位信息按一定的规律产生 r 个校验位（监督元），输出长度为 $n=k+r$ 的码字。每一码组的 $n-k$ 个校验位仅与本码组的 k 个信息位有关，而与别组的信息无关。

卷积码的编码器给每 k_0 位信息加上 n_0-k_0 位校验后得到长度为 n_0 的码字。与分组码不同的是，卷积码的编码运算不仅与本段 k_0 位信息有关，而且还与位于其前面的 m 组 k_0 位信息有关。

2. 线性码与非线性码

按照校验位与信息位的关系，信道编码可以分为线性码与非线性码。线性码的校验元是信息元的线性组合，编码器不带反馈回路。非线性码的校验元与信息元不满足线性关系。由于非线性码的分析比较困难，早期实用的纠错码多为线性码，但当今发现的好码很多恰恰是非线性码。

目前常用的信道编码体制有 BCH 码、RS 码、卷积码、Turbo 码和 LDPC 码等。其中 BCH 码和 RS 码都属于线性分组码的范畴，在较短和中等码长下具有良好的纠错性能。卷积码在编码过程中引入了寄存器，增加了码元之间的相关性，在相同复杂度下可以获得比线性分组码更高的编码增益。Turbo 码采用并行级联递归的编码器结构，其分量采用系统的卷积码，能够在长码时逼近香农极限。但它的译码复杂度较高，且码长较长时，交织器的存在使得译码具有较大的时延。

LDPC 编译码技术可以在较高传输速率下将有噪信道下的突发错误尽可能地无限减小，从而将系统的传输容量可以无限地逼近香农容限。LDPC 码校验矩阵的稀疏性使得相应编码及迭代译码算法复杂度降低，硬件实现较容易，所以具有很好的应用前景。目前，LDPC 码被认为是迄今为止性能最好的码，是当今信道编码领域最令人瞩目的研究热点。

将 LDPC 码应用于水声通信技术中除了上述优势，还有保密性好、抗突发错误、码率可调的优点。因为 LDPC 码的校验矩阵不同，会导致产生的编码码字不同，在不知道正确校验矩阵的情况下敌方将难以对截获的信息进行正确译码，另外其可以在较低 SNR 下保证系统信息传输可靠性，这样可以使信号发射功率较低，使信号隐藏在水声噪声中不易被敌方发现，进而使 LDPC 码在水声通信中获得良好的保密性。LDPC 码自身带有交织性，使得它不仅可以抵抗水声信道复杂环境导致的随机错误，还可以抵抗突发错误。LDPC 码具有码率可以任意构造的特性，这使其编码具有较大的灵活性，当所处的海域不同时，可以通过调整码率及码长来对不同海域的信道环境进行适应，以确保通信系统在海域不同时仍然具有一定的可靠性。

总而言之，不同的信道编码既有不同的纠错能力，也有不同的实现复杂度。因此，在水声通信中选用何种信道编码，应该根据实际信道的差错情况、信道编码的纠错能力，以及实现的难易程度来综合考虑。

6.2　编码信道的差错统计特性

6.2.1　编码信道

信道是指发送设备和接收设备之间用于传输信号的传输介质。在通信系统的分析研究中，为了简化系统的模型和突出重点，常根据所研究的问题，把信道的范围扩大。除了传输介质，还包括有关的部件和电路，称为广义信道。编码信道是从研究编码和译码的角度进行定义的，它的范围是从编码器的输出端到译码器的输入端，如图 6-2 所示。

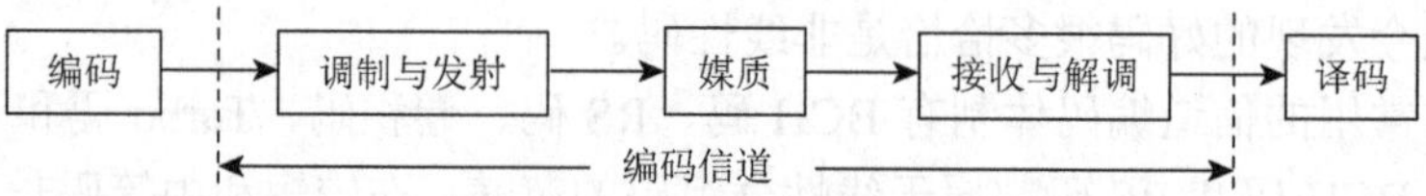

图 6-2　编码信道模型

以二进制序列为例讨论信号通过信道后的情况。编码信道的作用是把编码器的输出传输到译码器的输入，信道中干扰的影响使得信道输出的信号产生了失真，当信号进入接收机进行判决时，不可避免地会出现差错。

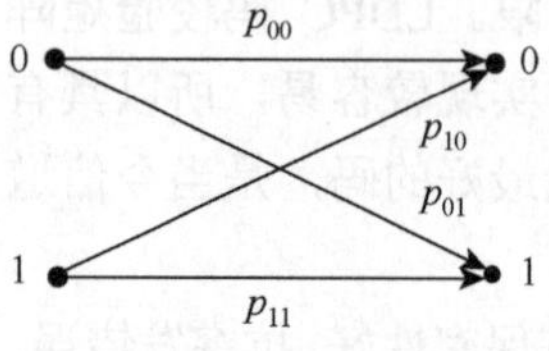

图 6-3　BSC 编码信道模型

例如，当信道输入为 1 时，信道输出由于传输差错而变成了 0，或者信道输入为 0，信道输出为 1。显然，对编码信道而言，最主要的是看数字码元经信道传输后是否出现差错及出现差错的概率有多大，这时信道可以用状态转移概率来表示，如图 6-3 所示[2]。图 6-3 中，p_{01} 和 p_{10} 分别是 0 错成 1 及 1 错成 0 的概率，称为信道转移概率。

该信道的信道转移概率矩阵可用

$$\boldsymbol{P}=\begin{bmatrix} p_{00} & p_{01} \\ p_{10} & p_{11} \end{bmatrix}=\begin{bmatrix} 1-p_{01} & p_{01} \\ p_{10} & 1-p_{10} \end{bmatrix} \tag{6-1}$$

来描述。如果 $p_{01}=p_{10}=p_e$，那么称这种信道为二进制对称信道（binary symmetric channel，BSC），否则称为不对称信道。通常，BSC 是一种无记忆信道，即信道输出序列的每个码元只与相应的输入序列的码元及信道特性有关。无记忆信道也称随机信道，它说明数据序列中错误的出现是随机的，错误之间彼此无关。

许多实际的信道如水声信道，由于各种干扰所造成的错误，往往不是单个而是成群成串地出现的，也就是一个错误的出现，往往引起其前后码元的错误，表现为错误之间的相关性，这种错误称为突发错误。产生这种错误的信道称为有记忆信道或突发信道。在水声信道中由信道起伏引起的信号衰落所造成的信号码元错误，就属于这种类型。但由于实际信道干扰的复杂性，所引起的错误往往不是单纯的一种，而是随机错误与突发错误并存，这种信道称为组合信道或复合信道。

6.2.2 差错统计特性

设信道输入的二进制序列为 $C=\{c_0, c_1, c_2, \cdots\}$，输出为二进制序列 $R=\{r_0, r_1, r_2, \cdots\}$，由于信道中干扰的影响，$C$ 序列与 R 序列不一定相等，它们之间的关系是 $R=C+E$（模 2）或 $E=R-C=\{e_0, e_1, e_2, \cdots\}$。其中，$E$ 是信道输入与输出序列之差，称为信道的差错序列。

差错序列 E 中某一位取值为 1，表示该位有错，为 0 则表示该位没错。若接收序列与发射序列完全一致，则 E 序列是一个全 0 序列。对于随机信道，E 序列中 1 随机地散布在成串的 0 之间；而对于突发信道，E 序列中会出现密集的 1。因此，信道的差错情况可以在 E 序列中完全反映出来，而且 E 序列仅与信道的干扰有关，与信道的输入无关[3]。信道的差错统计规律，就是 E 序列中 0、1 的分布规律。

要了解信道的差错统计规律，最直接方法是对所用的信道进行大量的测试、调查和分析，这是一项繁重的工作。另一种方法是通过差错序列 E 的测试寻找适合于信道差错统计规律的信道模型，这就是信道模化问题。利用信道模型的最大优点是不必全面测量所有的数据，而主要测量模型的几个必要参数，就可以求得所需的各种统计数据，从而估计差错控制系统的性能。得到信道模型及其参数后，可以用计算机模拟信道，确定在此信道条件下最佳的差错控制方案和纠错码参数。因此，寻找并应用信道模型有很大的现实意义。但由于信道情况的复杂性，对不同的实际信道需要采用不同的模型，且在性能计算时只能进行数量级的估计。

在分析比较各种差错控制系统的性能时，需要从 E 序列中得到的重要的差错统计参数是信道的误码率 p_e、码长为 n 的码组内无差错（正确）的概率 $p(n, 0)$、出现 m 个错误的概率 $p(n, m)$、出现不少于 m 个错误的概率（又称错组率）$p(n, \geqslant m)$、出现长度为 b 的突发错误的概率 $p(n, b)$等，其中，错组率 $p(n, \geqslant m)$分布和 $p(n, b)$ 最为重要。由于在信道中，所传送的信息大都以 n 位为一组发送，所以错组率分布可直观地反映出信道的随机错误和突发错误的分布规律。

误码率是衡量信道质量的最主要指标之一，它通常也称为信道的转移概率，定义为

$$P_e = \frac{\text{总错误码元数}}{\text{信道输出的总码元数}} = \frac{E\text{中1的数量}}{E\text{中总的码元数}} \tag{6-2}$$

6.2.3 编码信道模型的分类

编码信道模型有很多种。迄今为止提出的模型大致可以分成两类[2]：生成型和描述型。生成型是一种状态模型，通过状态的转移产生一个信道的差错序列 E。模型产生的序列越逼近实际的 E 序列，模型的精度越高。描述型是根据 E 序列的某些统计特性，从数学上寻找一个公式对它进行描述，公式产生的序列越逼近实际的 E 序列，公式的精度越高。

生成型与描述型模型又可以分为更新型和非更新型。更新型模型是指差错序列中相邻两个无误间隔的长度彼此无关，序列中所有间隔长度组成一个随机过程，且服从同一分布。即当出现一个错误后，信道消失了它以前的记忆性。但在许多实际信道中，错误之间的间隔并不是一个更新过程，这就是非更新型模型。

从更广义的角度，模型还可以分成无记忆 BSC 模型和有记忆 BSC 模型。文献[5]列出了各种模型。这些模型都是从某一特定信道中所测的数据中分析得到的，仅适合于某些特定的信道。例如，BSC 模型适合于深空、卫星、光纤等随机信道；GBSC 模型适用于多种信道；吉尔伯特模型适合于有线信道；马尔可夫（Markov）模型[2, 6-11]适用于有衰落特性的通信信道。

BSC 信道是指信道的输入与输出都是二进制序列，且 0，1 等概发射，它是一种无记忆信道。BSC 信道中，一个 n 长码组内出现 m 个随机错误的概率为[2]

$$p(n,m)=\begin{pmatrix} n \\ m \end{pmatrix}\cdot p_e^m\cdot q_e^{n-m},\quad 0\leqslant m\leqslant n \tag{6-3}$$

式中，$\begin{pmatrix} n \\ m \end{pmatrix}$为二项式系数；$q_e=1-p_e$。

由式（6-3）不难得到码组错误概率和正确概率分别为

$$p(n,\geqslant 1)=1-q_e^n \tag{6-4}$$

$$p(n,0)=(1-p_e)n=q_e^n \tag{6-5}$$

BSC 模型非常简单，它经常被用作基础，用来分析比较各种通信系统和差错控制方式的性能，它是一个用得最为广泛、提出最早的基本信道模型。但在水声信道，只有深海或极短距离的信道才能用 BSC 模型描述。

6.3 水声信道的 GBSC 模型

对 BSC 信道，只要一个参数信道的误码率 p_e，就能完全描述这种信道。但对于有记忆的信道，也就是错误密集的信道，如水声信道，直接用 BSC 模型来描述是很不精确的，但可以增加一个或几个反映信道错误相关性的参数来模化有记忆信道，由此得到修正 BSC，即 GBSC 模型。

6.3.1　GBSC 模型

首先引入信道错误密度概念。设在所有 n 长码组中，出现大于等于 m 个码元错误的错组中的错误总数是 $\eta_m(n)$，$m = 0, 1, \cdots, n$，令 p_{im} 是在大于等于 m 个码元错误的错组中正好错 i 个的错组出现的概率，则有

$$\sum_{i=m}^{n} p_{im} = 1 \tag{6-6}$$

$$p_{im} = \frac{\eta_i(n) - \eta_{i+1}(n)}{\eta_m(n)}, \quad m \leqslant i \leqslant n \tag{6-7}$$

式（6-7）也可以写成

$$p_{im} = \frac{p(n,i)}{\sum_{i=m}^{n} p(n,i)} \tag{6-8}$$

令 $\eta_m(n)$的数学期望为 $\mu_m(n)$，则

$$\mu_m(n) = E\{\eta_m(n)\} = \sum_{i=m}^{n} ip_{im} \tag{6-9}$$

将式（6-8）代入可得

$$\mu_m(n) = \sum_{i=m}^{n} i \cdot \frac{p(n,i)}{\sum_{j=m}^{n} p(n,j)} \tag{6-10}$$

进行归一化后得

$$\gamma_m(n) = \frac{\mu_m(n)}{n} = \frac{1}{n}\sum_{i=m}^{n} i \cdot p_{im} \tag{6-11}$$

$\gamma_m(n)$称为信道差错序列的 m 阶错误密度，它有如下性质。

（1）0 阶错误密度是每一个码元的平均错误数，且与 n 无关。

由式（6-11）可得

$$\gamma_0(n) = \frac{\mu_0(n)}{n} = \frac{1}{n}\sum_{i=0}^{n} ip_{i0} = \frac{1}{n}\sum_{i=0}^{n} ip(n,i) \tag{6-12}$$

$\sum_{i=0}^{n} p(n,i)$ 是所有长度为 n 的码组中码元错误为 0～n 的所有概率之和，因此 $\sum_{i=0}^{n} ip(n,i)$ 是总码组中每个码组内平均错误的数目，所以

$$\gamma_0(n)=\frac{1}{n}\sum_{i=0}^{n}ip(n,i)=p_e \tag{6-13}$$

（2）当 n 一定时，错误密度 $\gamma_m(n)$ 随 m 的增加是非降的，即

$$\gamma_m(n)\leqslant\gamma_{m+1}(n)$$

并由式（6-13）可知，对于任何的 n 和 m，有 $\gamma_m(n)\geqslant p_e$。

（3）对任何信道的差错序列，其一阶错误密度的下限为

$$\gamma_1(n)\geqslant\left(\frac{1}{n}\right)^{1-\alpha} \tag{6-14}$$

式中，α 为错误密度指数，$0\leqslant\alpha\leqslant1$。

若差错序列内的错误是完全随机的，则 $\alpha=0$；若全为 1（高度相关），则 $\alpha=1$。因此可以用 α 表示差错序列中错误相关（记忆性）的程度：α 越大错误的相关性越大，错误趋于密集，反之错误相关性越小，错误趋于随机。

（4）在 1～n 内，m 阶错误密度处在如下的上下限之间：

$$\frac{m}{n}\leqslant\gamma_m(n)\leqslant\left(\frac{m}{n}\right)^{1-\alpha} \tag{6-15}$$

当 m/n 较小时，$\gamma_m(n)$ 趋近于它的上限 $(m/n)^{1-\alpha}$；而当 m/n 较大时，$\gamma_m(n)$ 趋近于它的下限 m/n。

α 的求法如下所示。由实测数据可得 m 阶错误密度 $\gamma_m(n)$，做 $\gamma_m(n)$～m/n 的双对数坐标图，把各 $\gamma_m(n)$ 点连成一近似直线，得其上限 $(m/n)^{1-\alpha}$，由此直线可得

$$\alpha=\frac{1}{\lg\left(\frac{m}{n}\right)}\left[\lg\left(\frac{m}{n}\right)-\lg\gamma_m(n)\right] \tag{6-16}$$

利用错误密度指数可以计算各种差错概率。由式（6-10）可得

$$\sum_{i=m}^{n}p(n,i)\mu_m(n)=\sum_{i=m}^{n}ip(n,i) \tag{6-17}$$

$$p(n,\geqslant m)\cdot\mu_m(n)=mp(n,m)+\sum_{i=m+1}^{m}ip(n,i) \tag{6-18}$$

因为

$$p(n,\geqslant m+1)\mu_{m+1}(n)=\sum_{i=m+1}^{n}ip(n,i) \tag{6-19}$$

且

$$p(n,\geqslant m)=p(n,m)+p(n,\geqslant m+1) \tag{6-20}$$

由式（6-19）和式（6-20）可得以下递推关系：

$$p(n,\geqslant m)=p(n,m)+p(n,\geqslant m+1) \tag{6-21}$$

若用错误密度表示，则

$$p(n,\geqslant m)=\frac{\mu_m(n)-m}{\mu_{m+1}(n)-m}p(n,\geqslant m) \tag{6-22}$$

或
$$p(n,\geqslant m)=\prod_{i=1}^{m}\frac{\gamma_{i-1}(n)-\dfrac{i-1}{n}}{\gamma_i(n)-\dfrac{i-1}{n}} \tag{6-23}$$

由式（6-22）和式（6-23）可得错组率：
$$p(n,\geqslant 1)=\frac{\gamma_0(n)}{\gamma_1(n)} \tag{6-24}$$

将式（6-13）代入式（6-24），得
$$p(n,\geqslant 1)=\frac{p_e}{\gamma_1(n)} \tag{6-25}$$

通常 m/n 较小，故由性质（4）可得
$$\gamma_m(n)=\left(\frac{m}{n}\right)^{1-\alpha}，\ m\geqslant 1 \tag{6-26}$$

所以对小的 m/n，式（6-23）可以写为
$$p(n,\geqslant m)=n^{1-\alpha}\cdot p_e\cdot\prod_{i=2}^{m}\frac{\left(\dfrac{i-1}{n}\right)^{1-\alpha}-\dfrac{i-1}{n}}{\left(\dfrac{i}{n}\right)^{1-\alpha}-\dfrac{i-1}{n}} \tag{6-27}$$

式中
$$p(n,\geqslant 1)=n^{1-\alpha}p_e \tag{6-28}$$

出现 m 个错误的错组率 $p(n,m)$为
$$p(n,m)=p(n,\geqslant m)-p(n,\geqslant m+1) \tag{6-29}$$

有了式（6-27）和式（6-28）的递推关系，就可以求各差错概率。

由以上的讨论可知，应用 GBSC 模型只要知道两个参数即误码率 p_e 和错误密度指数 α，就可以计算各种错组率。

采用 GBSC 模型进行差错概率计算的程序流程图如图 6-4 所示。

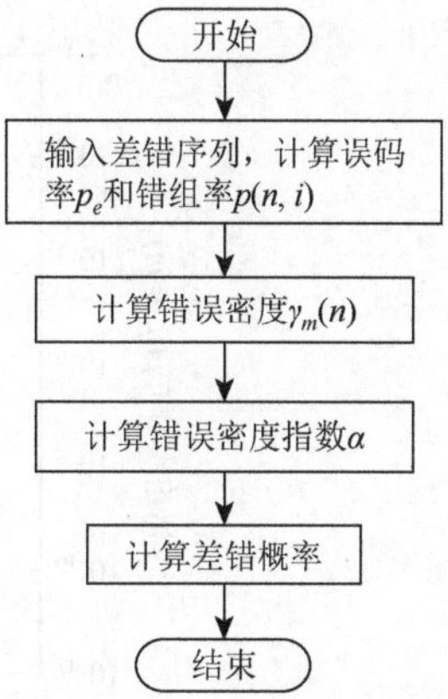

图 6-4　采用 GBSC 模型进行差错概率计算的程序流程图

6.3.2　基于 GBSC 模型的水声信道分析

文献[1]借助实测的水声通信数据，用 GBSC 模型来分析水声信道的差错统计特性。所用的数据是 1991 年 6 月在大连某海区进行水声遥控试验时采集存储的数据。试验时，遥控距离为 15～25km，海深 40～50m，发射

信号为 11 位巴克码，码元宽度为 100ms，采用 BFSK 调制。接收的模拟信号及解调信号记录在磁带机上，通过磁带机回放数据，检查接收码的差错情况。

试验时，有效地接收了 87 组码，其中完全正确的有 72 组，错组率 $p(11, 1) = 0.092$，$p(11, 2) = 0.0345$，$p(11, 3) = 0.0115$，$p(11, 4) = 0.0115$，$p(11, 5) = 0.0230$，误码率 $p_e = 0.0324$。根据上述数据，建立此信道的 BSC 模型和 GBSC 模型。

图 6-5 为通信距离为 15km 时水声信道中的 m 阶错误密度图，由图可以看出，当 m/n 较小时，$\gamma_m(n)$ 趋近于它的上限，而当 m/n 较大时，$\gamma_m(n)$ 趋近于它的下限，并可以求出错误密度指数 $\alpha = 0.3024$。

由式（6-25）～式（6-29）可以计算错组率。图 6-6 为通信距离为 15km 时水声信道中的错组率 $p(n, \geqslant m)$ 分布，图 6-7 为通信距离为 15km 时水声信道中

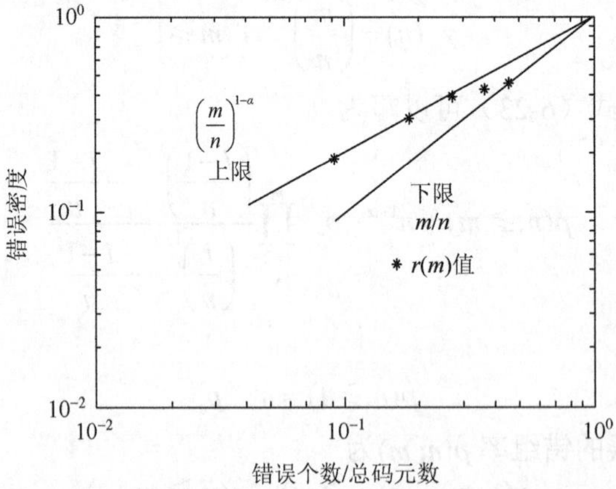

图 6-5　通信距离为 15km 时水声信道中的 m 阶错误密度图

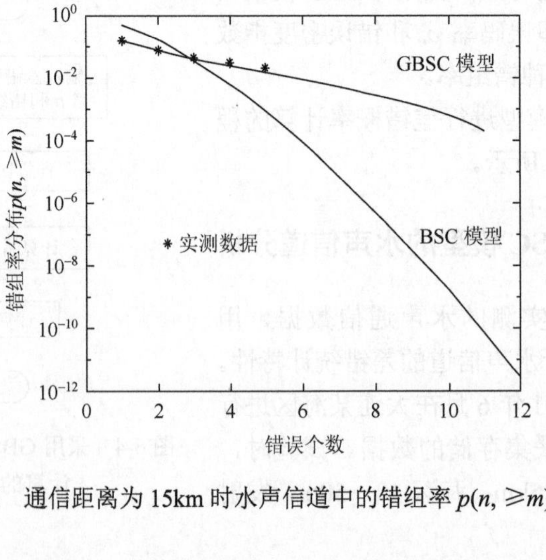

图 6-6　通信距离为 15km 时水声信道中的错组率 $p(n, \geqslant m)$分布

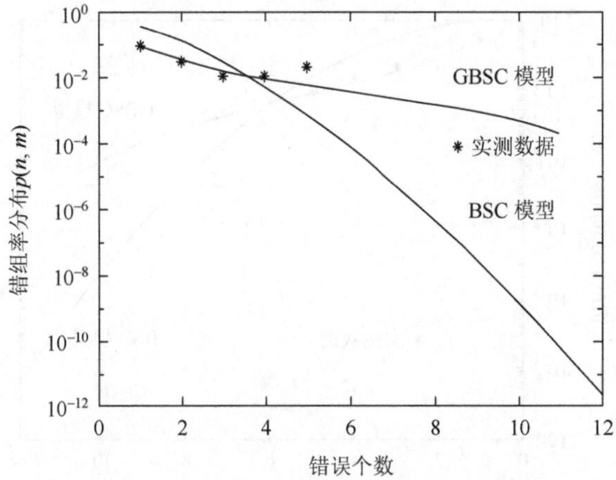

图 6-7　通信距离为 15km 时水声信道中的 $p(n, m)$分布

的 $p(n, m)$分布。由图 6-6 可以看出，用 GBSC 模型所算得的 $p(n, \geqslant m)$与实测数据吻合得相当好。图 6-5、图 6-6 还给出了用 BSC 模型计算得到的错组率分布，它们与实测数据相差较远，即此信道不能用 BSC 模型来描述。

文献[1]还对 25km 的海试数据进行了分析和仿真，除距离外，其他试验条件不变，有效接收 79 组码，错组率 $p(11, 1) = 0.1899$，$p(11, 2) = 0.1266$，$p(11, 3) = 0.1646$，$p(11, 4) = 0.0759$，$p(11, 5) = 0.1392$，BER $p_e = 0.1761$。图 6-8 为通信距离为 25km 时水声信道中的 m 阶错误密度图，GBSC 模型中，$\alpha = 0.4267$。图 6-9 为通信距离为 25km 时水声信道中的错组率 $p(n, \geqslant m)$分布。由图 6-9 可以看出，用 GBSC 模型算出的值与实测数据也比较吻合。

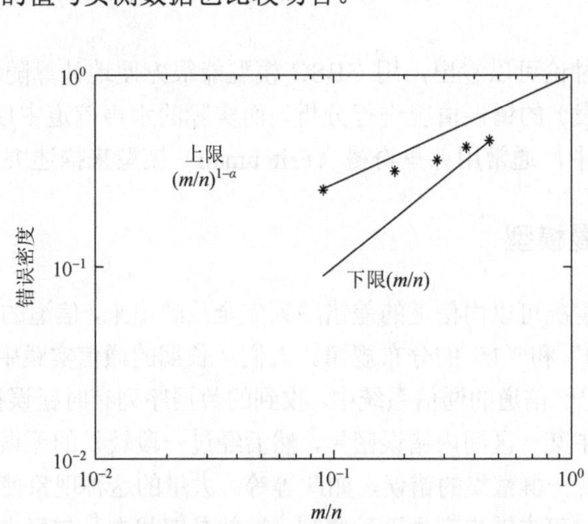

图 6-8　通信距离为 25km 时水声信道中的 m 阶错误密度图

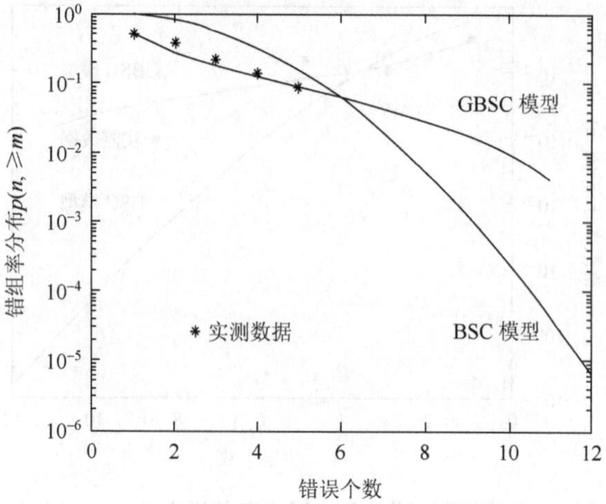

图 6-9　通信距离为 25km 时水声信道中的错组率 $p(n, \geqslant m)$分布

由上述分析结果可知，只要知道信道误码率 p_e 和错误密度指数 α 两个参数，就可以建立水声信道的 GBSC 模型，而且用它计算的错组率分布$(n, \geqslant m)$与实测数据吻合较好。用 GBSC 模型能对信道中随机错误分布情况进行仿真研究。

由上述计算结果也可以看到，对于 15km 传播距离的信道，$\alpha = 0.3024$；对于 25km 传播距离的信道，$\alpha = 0.4267$。从信道分析的角度看，25km 传播距离的信道有更严重的衰落，即 α 与信道的衰落有很大的关系。

6.4　水声信道的简单 F 模型

从 6.3 节的讨论可以看出，用 GBSC 模型能很方便地计算随机错误分布，但无法对密集（突发）的错误情况进行分析，而实际的水声信道中以突发错误为多。在编码信道模型中，通常用弗里奇曼（Fritchman）模型来描述突发错误信道。

6.4.1　弗里奇曼模型

信道的差错情况可以由信道的差错序列完全反映出来，信道的差错统计规律就是差错序列中“0”和“1”的分布规律。人们从长期的通信实践中发现，在有线、高频、散射等有记忆信道的通信系统中，收到的数据序列有时错误很多，有时很少，表现在差错序列中某一区间内错误密集，然后经过一段较长的无误（或只有个别错误）区间，又出现一群密集的错误，如此等等。大量的这种现象使人们认识到，可以用两状态的马尔可夫链来产生这种序列，这就是双状态马尔可夫模型。若信道的差错序列能用这种模型近似地产生，差错序列的统计模型就能用此模型描述。

模型中的两个状态可以分别用无误状态 A 和错误状态 B 来表示，信道处于 A 状态时不发生错误，处于 B 状态时产生错误，这两个状态之间能够转移。模型可以用状态转移概率矩阵来描述：

$$\boldsymbol{P}=\begin{bmatrix} p_{AA} & p_{AB} \\ p_{BA} & p_{BB} \end{bmatrix}$$

式中，p_{ij} 是由状态 i 转移到状态 j 的转移概率。

在某些实际的信道，特别是散射、短波、水声等衰落信道中，各种干扰情况很复杂，差错序列中“0”和“1”分布的规律很难找，无误区间的长度或错误的密集程度有很大的差异，很难用两状态的模型来表示。为了描述或模化这些实际信道中差错序列的统计规律，Fritchman[7]提出了有 K 个无误状态、$N\text{–}K$ 个错误状态的分群马尔可夫模型，简称 F 模型，来描述信道的差错序列。

一般来说，F 模型是非更新型的，模型的状态数 N 与信道的差错序列的统计规律有关。这 N 个状态也划分为两类：无误状态 A 和错误状态 B，如图 6-10 所示。信道处在 A 类状态时不产生错误，反之以概率 1 产生错误。

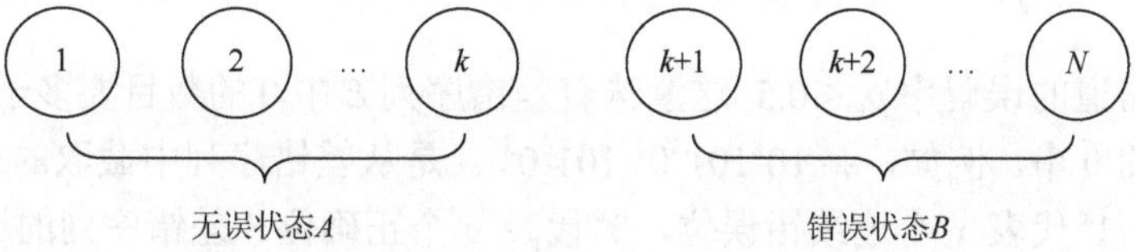

图 6-10　F 模型各状态间的分类

F 模型也可以由下列的状态转移矩阵描述。

$$\boldsymbol{P}_{M1}=\begin{bmatrix} p_{11} & \cdots & p_{1k} & p_{1(k+1)} & \cdots & p_{1N} \\ \vdots & & \vdots & \vdots & & \vdots \\ p_{k1} & \cdots & p_{kk} & p_{k(k+1)} & \cdots & p_{kN} \\ p_{(k+1)1} & \cdots & p_{(k+1)k} & p_{(k+1)(k+1)} & \cdots & p_{(k+1)N} \\ \vdots & & \vdots & \vdots & & \vdots \\ p_{N1} & \cdots & p_{Nk} & p_{N(k+1)} & & p_{NN} \end{bmatrix}=\begin{bmatrix} \boldsymbol{P}_A & \boldsymbol{P}_{AB} \\ \boldsymbol{P}_{BA} & \boldsymbol{P}_B \end{bmatrix} \tag{6-30}$$

式中，p_{ij}，$i,j=1,2,\cdots,N$，为经过一步转移后，由第 i 状态转移到第 j 状态的转移概率，称为一步转移概率；$\boldsymbol{P}_A$ 为 A 类状态之间的转移概率矩阵；$\boldsymbol{P}_B$ 为 B 类状态之间的转移概率矩阵；$\boldsymbol{P}_{AB}$、$\boldsymbol{P}_{BA}$ 为 A 类至 B 类及 B 类至 A 类的状态转移概率矩阵。

若以 P_i 表示停留在 i 状态的概率，由于马尔可夫链是时间离散、无后效的随机过程，并假定 p_{ij} 是齐时的，因而有

$$\boldsymbol{P}_i=\sum_{j=1}^{N}P_i p_{ij}\,,\ \ i=1,2,\cdots,N \tag{6-31}$$

且
$$\sum_{i=1}^{M} P_i = 1$$

设 $p_{ij}(m)$表示经 m 步转移后，由第 i 状态转移到第 j 状态的概率，则相应的 m 步状态转移概率矩阵为

$$\boldsymbol{P}_{Mm} = \begin{bmatrix} p_{11}(m) & \cdots & p_{1N}(m) \\ \vdots & & \vdots \\ p_{N1}(m) & \cdots & p_{NN}(m) \end{bmatrix} \tag{6-32}$$

这里讨论的是无后效马尔可夫过程，是一个平稳的随机过程，所以

$$\boldsymbol{P}_{Mm} = \boldsymbol{P}_{M1}^{m} \tag{6-33}$$

在实际信道模化中广泛采用的是简单分群马尔可夫（简称简单 F 模型），它是一般分群马尔可夫链模型的一个重要特例。在介绍简单 F 模型前，首先介绍差错序列的无误间隔分布及它与 F 模型的关系。

6.4.2 无误间隔分布

一般信道的误码率 $p_e<0.5$，这意味着差错序列 E 中 0 的数目要多于 1 的数目，且有大量的 0 串。例如，$\cdots 10^2101^30^{17}101^30^3\cdots$ 是从差错序列中截取的一段，在这个序列中，1^x 代表 x 个连续错误位，0^x 代表 x 个正确位。差错序列的这种性质通常用间隔描述。若两个相邻错误码元(1)之间无误码元(0)的个数为 $m-1$，则此无误码元串称为一个长为 m 的无误间隔，简称长为 m 的间隔。一个差错序列可以看成由一组长度随机地间隔组成的随机间隔序列。设 G_k 表示长为 k 的间隔，则出现 G_k 的概率为

$$P(G_k) = p(0^{k-1}1/1) \tag{6-34}$$

显然
$$\sum_{k=1}^{\infty} P(G_k) = \sum_{k=1}^{\infty} P(0^{k-1}1/1) = 1 \tag{6-35}$$

这些不同长度的间隔可以由无误间隔分布 $G(m)$来描述，记

$$G(m) = P(0^m/1) = \sum_{i=m}^{\infty} P(0^i1/1) \tag{6-36}$$

我们称 $G(m) = P(0^m/1)$为无误间隔分布，简称间隔分布。由此可知，无误间隔分布就是 E 序列中，一个 1 以后出现大于等于 m 个 0 的条件概率，即所有无误串中大于等于 m 个 0 的串所占的百分比。该分布说明了长为 m 的间隔出现的相对密集情况，它是描述 E 序列的一个重要的高阶统计特性，由它可以导出设计差错控制系统所必需的其他统计数据。例如，由它可以得到长为 k 的无误串的概率为

$$p(k)=p(0^k1/1)=p(0^k/1)-p(0^{k+1}/1)=G(k)-G(k+1) \tag{6-37}$$

对于有 K 个无误状态、$N-K$ 个有误状态的简化 F 模型的无误间隔分布可以表示为指数和的形式[2]：

$$G(m)=P(0^m/1)=\sum_{v=1}^{K}\hat{f}(v)\lambda_v^m, \quad m\geqslant 1 \tag{6-38}$$

式中，$\hat{f}(v)$ 为与模型参数有关的加权系数；λ_v 为模型参数的函数。

另一个比较重要的分布是错误密度分布，即差错序列中一个 0 以后、连续出现大于等于 m 个 1 的概率：

$$W(m)=P(1^m/0)=\sum_{v=1}^{N-K}\tilde{f}(v)\tilde{\lambda}_v^m, \quad m\geqslant 1 \tag{6-39}$$

式中，$\tilde{f}(v)$、$\tilde{\lambda}_v$ 为与状态转移概率有关的系数。

由式（6-38）和式（6-39）可以看出，对于有 K 个无误状态、$N-K$ 个错误状态的分群马尔可夫链模型，无论是无误间隔分布还是错误密度分布，都可以用不多于 K 或 $N-K$ 项的加权指数和表示。

6.4.3　简单 F 模型

简单 F 模型是分群马尔可夫模型的一个重要特例，它只有一个错误状态，$N-1$ 个无误状态，各无误状态之间不能转移，但一个错误状态和各无误状态之间可以转移，其一般结构如图 6-11 所示[2]。

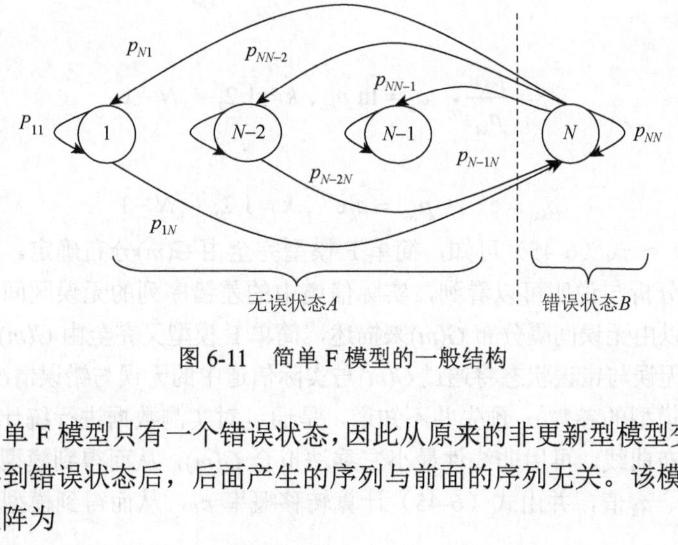

图 6-11　简单 F 模型的一般结构

由于简单 F 模型只有一个错误状态，因此从原来的非更新型模型变为更新型，即一旦转移到错误状态后，后面产生的序列与前面的序列无关。该模型状态之间转移概率矩阵为

$$\boldsymbol{P}=\begin{bmatrix} p_{11} & & 0 & p_{1N} \\ & \ddots & & \\ 0 & & p_{(N-1)(N-1)} & p_{(N-1)N} \\ p_{N1} & p_{N2} & \cdots & p_{NN} \end{bmatrix} \quad (6\text{-}40)$$

结合式（6-38），并进行简化，简单 F 模型的无误间隔分布 $G(m)$可以表示为[2]

$$G(m)=P(0^m/1)=\sum_{v=1}^{N-1}\frac{p_{Nv}}{p_{vv}}(p_{vv})^m,\quad m\geqslant 1 \quad (6\text{-}41)$$

理论分析表明，对于有 K 个错误状态、$N-K$ 个无误状态的分群马尔可夫链模型，最多有 $2K(N-K)$个独立参数，所以简单 F 模型至多有 $2(N-1)$个独立参数。由式（6-41）看到简单 F 模型中的参数可以由 $G(m)$完全确定，也就是说，简单 F 模型可以由 $G(m)$分布完全确定。

间隔分布 $G(m)$表示式（6-41）的物理意义是信道处在 N 状态（已知产生一个错误）下，其后再产生连续大于等于 m 个无错（0）的概率，就是由错误状态 N 转到 $N-1$ 个无误状态中的任意一个后，在无误状态下再连续产生 $m-1$ 个 0 的概率之和。因为无误状态之间不能转移，所以，不考虑在一个 0^{m-1} 串中状态之间的转移关系。

同理，简单 F 模型的错误密集分布为

$$W(m)=P(1^m/0)=p_{NN}^{m-1}\sum_{k=1}^{N-1}p_{kN},\quad m\geqslant 1 \quad (6\text{-}42)$$

其物理意义与间隔分布相似。

把式（6-41）表示成以自然数 e 为底的指数和的形式，即

$$G(m)=c_1\mathrm{e}^{a_1 m}+\cdots+c_{N-1}\mathrm{e}^{a_{n-1}m}=\sum_{k=1}^{N-1}c_k\mathrm{e}^{a_k m} \quad (6\text{-}43)$$

式中

$$c_k=\frac{p_{Nk}}{p_{kk}},\quad a_k=\ln p_{kk},\ k=1,2,\cdots,N-1 \quad (6\text{-}44)$$

或

$$p_{kk}=\mathrm{e}^{a_k},\quad p_{Nk}=c_k\mathrm{e}^{a_k},\ k=1,2,\cdots,N-1 \quad (6\text{-}45)$$

由式（6-43）～式（6-45）可知，简单 F 模型完全由 $G(m)$分布确定。

从以上分析与说明可以看到，实际信道中的差错序列的无误区间长度或错误密集程度可以由无误间隔分布 $G(m)$来描述，简单 F 模型又完全由 $G(m)$来确定，因此模型中的无误与错误状态将通过 $G(m)$与实际信道中的无误与错误情况联系起来。

实际中模型的参数 p_{ij} 预先并不知道，是通过对实测数据进行统计分析，得到无误间隔分布曲线，再用非线性最小二乘法拟合 $G(m)$，从而得到模型状态数目 N 及对应的 c_k、a_k 值，并由式（6-45）计算转移概率 p_{ij}，从而得到模型的状态转移概率矩阵 $\boldsymbol{P}$。

6.4.4　差错概率计算

对于简单 F 模型而言，任意 n 长码元中没有错误的概率 $p(n,0)$为

$$p(n,0)=p(0^n)=P_N P(0^n/1)+\sum_{v=1}^{N-1}P_v P(0^n/0)$$

把无误间隔分布的表达式（6-41）代入上式，得到

$$\begin{aligned}P(n,0)&=P_N\sum_{v=1}^{N-1}p_{Nv}p_{vv}^{n-1}+\sum_{v=1}^{N-1}P_v p_{vv}^n\\&=\sum_{v=1}^{N-1}p_{vv}^{n-1}(P_N p_{Nv}+P_v)\end{aligned}\tag{6-46}$$

式中，P_v为稳态概率。

由式（6-31）可知

$$P_i=P_N p_{Ni}+\sum_{v=1}^{N-1}P_v p_{vi}\tag{6-47}$$

简单 F 模型只要一个错误状态 N，因此平均误码率 p_e 就是错误状态的稳态概率 P_N。由此可知，有 N 个状态的简单 F 模型中，各状态的稳态概率为

$$\begin{cases}P_N=\left[1+\sum_{v=1}^{N-1}\dfrac{p_{Nv}}{p_{vv}}\right]^{-1}, \quad i=1,2,\cdots,N-1\\P_i=P_N P_{Ni}P_{in}^{-1}\end{cases}\tag{6-48}$$

在 n 长码组中出现 m 个随机错误的错组率 $p(n,m)$为[7]

$$\begin{cases}p(n,m)=\sum_{i=1}^{N}P_i f_i(n,m)\\f_i(n,m)=\sum_{j=1}^{N-1}p_{ij}f_j(n-1,m)+p_{1N}f_j(n-1,m-1)\end{cases}\tag{6-49}$$

式中，$f_i(n,m)$为转移概率，它具有如下性质：

$$f_i(n,m)=0,\ m>n,\ n<0,\ m<0\tag{6-50}$$

$$f_i(0,0)=1\tag{6-51}$$

$f_i(n,m)$的值可由式（6-50）和式（6-51）递推而得。

在 n 长码组中，出现大于等于 m 个随机错误的错组率 $p(n,\geqslant m)$，由 $p(n,m)$很容易求得

$$p(n,\geqslant m)=\sum_{i=m}^{n}p(n,i)\tag{6-52}$$

在 n 长码组内的突发错误有两种类型：循环型（首尾相接）和非循环型（集中型），如图 6-12 所示。

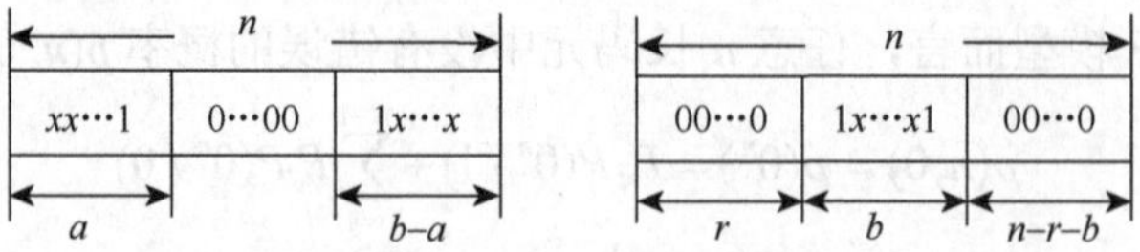

图 6-12　n 长码组内突发错误的两种类型

在 n 长码组中出现长为 b 的集中型突发错误的概率为

$$P_c(n,b)=\sum_{r=0}^{n-b}p(0^r1x^{b-2}10^{n-r-b})$$

$$=\sum_{r=0}^{n-b}p(0^r1)p(x^{b-2}1/1)p(0^{n-r-b}/1) \tag{6-53}$$

因为简单 F 模型是更新型模型，间隔之间彼此独立且服从同一分布，所以

$$p_c(n,b)=\sum_{r=0}^{n-r}p_e p(0^r/1)p(x^{b-2})p(0^{n-b-r}/1)$$

$$=P_e\sum_{r=0}^{n-r}G(r)G(n-b-r)p(x^{b-2}1/1) \tag{6-54}$$

式中，x 取值为 0 或 1。要精确计算 $p(x^{b-2}1/1)$比较困难，考虑一般情况下，信道处在错误状态的概率小于处在无误状态的概率，因此 $p(x^{b-2}1/1)$处在下述范围内：

$$p(1^{b-1}/1)\leqslant p(x^{b-2}1/1)\leqslant p(0^{b-2}1/1)$$

而且

$$p(1^{b-1}/1)=p_{NN}^{b-1}$$

$$p(0^{b-1}1/1)=p(0^{b-1}/1)-p(0^{b-1}/1)$$

$$=G(b-2)-G(b-1)$$

由此可以给出 $p_c(n,b)$的上限、下限

$$p_e p_{NN}^{b-1}\sum_{r=0}^{n-b}G(r)G(n-b-r)\leqslant p_c(n,b)$$

$$\leqslant p_e[G(b-2)-G(b-1)]\sum_{r=0}^{n-b}G(r)G(n-b-r) \tag{6-55}$$

6.4.5　简单 F 模型的计算程序流程图

简单 F 模型的计算程序流程图如图 6-13 所示。

6.4.6　基于简单 F 模型的水声信道分析

下面用实测数据建立水声信道的简单 F 模型。实测数据是 1991 年 6 月在大连某海区进行海试获得的记录数据经整理后得到的，试验海区水深为 50m、传输距离为 25km，分组发射 11 位巴克码，有效接收 79 组。将这 79 组码连成一个 869 位的长序列，从中得到的差错序列具有如下的形式：$1^3\,0^8\,1^3\,0^3\,10^4\,1^3\,0^3\cdots10^7\,10^{13}\,10\,10^{10}$，由 E 序列得到的无误间隔分布 $G(m)$如表 6-1 和图 6-14 中*所示。用 3 个指数项的和来拟合 $G(m)$，得到如图 6-15 中的拟合曲线，其表达式为

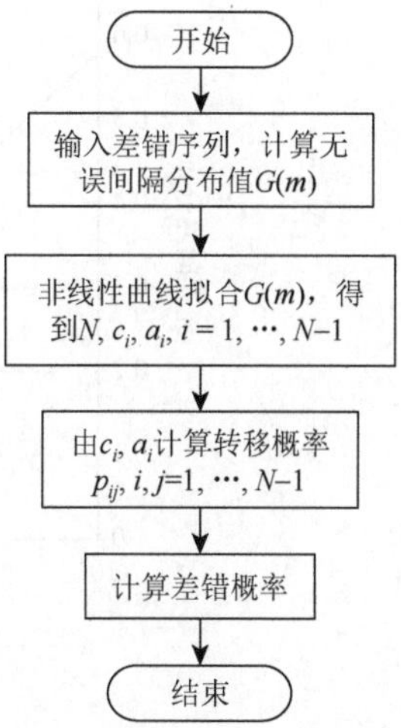

图 6-13　简单 F 模型的计算程序流程图

$$G(m) = 0.4260\mathrm{e}^{-0.45m} + 0.3396\mathrm{e}^{-0.084m} + 0.00004\mathrm{e}^{-0.0048m}$$

表 6-1　无误间隔分布 $G(m)$

m	$G(m)$	m	$G(m)$	m	$G(m)$	m	$G(m)$
1	0.5752	8	0.2092	15	0.1046	29	0.0327
2	0.4832	9	0.1503	16	0.0850	32	0.0261
3	0.3791	10	0.1438	17	0.0719	34	0.0196
4	0.2745	12	0.1307	18	0.0588	52	0.0131
7	0.2288	14	0.1111	20	0.0458	86	0.0065

由图 6-14 可以看出，该水声信道的短间隔比长间隔出现的概率要大，说明该信道是一个错误密集的突发信道。

由 $G(m)$表达式可得 4 状态简单 F 模型，由式（6-45）和式（6-40）计算可得简单 F 模型的状态转移概率矩阵为

$$\boldsymbol{P} = \begin{bmatrix} 0.6376 & & 0 & 0.3624 \\ & 0.9194 & & 0.0806 \\ 0 & & 0.9952 & 0.0048 \\ 0.2716 & 0.3122 & 0.00004 & 0.4161 \end{bmatrix}$$

由式（6-46）可得无误码组概率为

$$p(n,0) = 0.1818(0.6376)^{n-1} + 0.7433(0.9194)^{n-1} + 0.0016(0.9952)^{n-1}$$

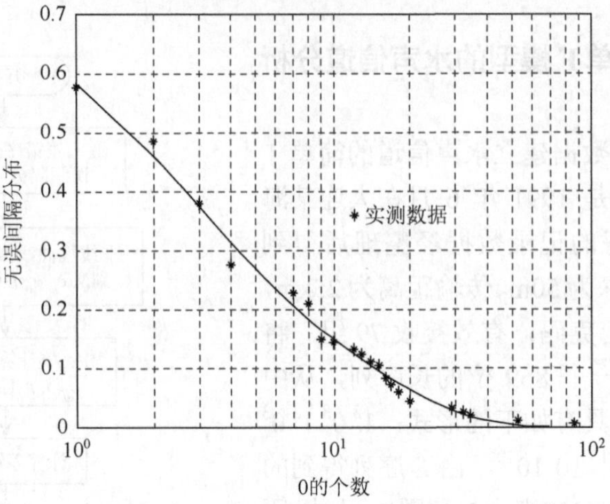

图 6-14　无误间隔分布图

当 $n=11$ 时，$p(11, 0)\approx 0.3244$，与实测的 30.4%比较接近。当 $n=49$ 时，$p(49, 0)\approx 0.0145$。由此可见，在 25km 传输距离的水声信道中，错误的影响十分严重，在未加信道编码的情况下，以 11 位为一组进行传送的数字序列，只有约 32%的码组没有发生误码，当以 49 位为一组传送时，误码的情况更加严重，因此在此信道传输的通信系统，若不加纠错措施，则无法进行可靠通信。

图 6-15 为随机错误的错组率分布 $p(n, \geqslant m)$。由图 6-15 可知，由模型计算得到的 $p(n, \geqslant m)$ 与实测数据较好地吻合，说明 4 状态的简单 F 模型比较精确地描述了该信道的差错统计特性。图 6-16 为由模型计算的突发错误的错组率分布 $p(n, b)$ 的上下限。

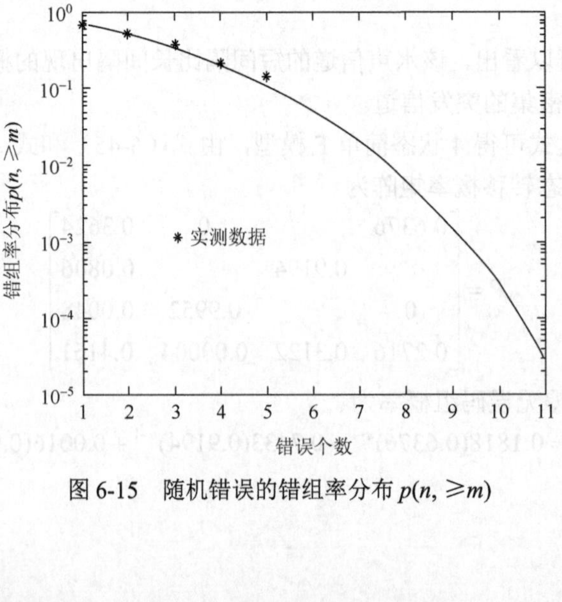

图 6-15　随机错误的错组率分布 $p(n, \geqslant m)$

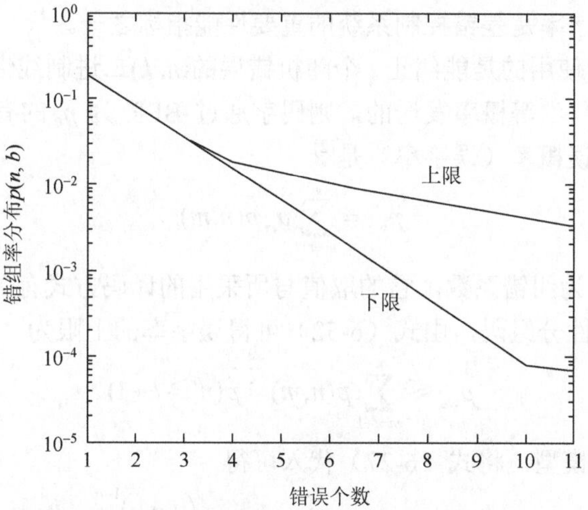

图 6-16　突发错误的错组率分布 $p(n, b)$的上下限

比较图 6-15 和图 6-16 可以看出，在此信道中出现单个随机错误的概率比较大，而对于长错误则以密集突发错误为主。也就是说，虽然单个随机错误出现的概率要大于单个突发错误，但这些密集的随机错误最终形成了长突发错误。这再一次说明水声信道是一个随机错误和突发错误同时存在且以密集突发错误为主的信道。

借助于模型可以给出不同码长时的随机错误和突发错误的错组率分布。

需要说明的是，用于简单 F 模型的数据应该是通过对信道进行连续不间断的测试得到的[7]，而这里采用分组数据连接而成且所得模型与实际信道吻合较好，说明水声信道是一个缓慢时变的信道，信道的相干时间在秒级以上，因而对数据连续性的要求降低。这一结论不仅能简化水声信道的测试，也将有利于水声信道中的自适应信号处理。

6.5　信道编码的性能估计

6.3 节和 6.4 节分别用 GBSC 模型和简单 F 模型对水声信道的差错统计特性进行了模化，并由模型计算了信道的错组率分布，与实测数据的对比结果表明，由这两种模型来描述水声信道的差错情况都具有较好的精度。

因为信道的差错统计规律与信道的输入无关，有了信道的模型，就能对不同码长和纠错能力的码进行分析，进而进行差错控制系统的性能分析和纠错码的设计。在水声通信系统中，比较常用的是纯纠错的 FEC 方式，所用的码仅用来纠错，若接收码字中的错误个数超出信道编码的纠错能力，译码器一般要产生错译，产生错误信息。误字率是差错控制系统的重要性能指标之一。

设在 FEC 中使用的是能纠正 t 个随机错误的(n, k)二进制线性分组码，2^k 个码字中的“0”和“1”等概率发送的，则码字通过 BER 为 p_e 的有扰信道后，译码器输出的码字错误概率（误字率）是[2]

$$p_{\mathrm{we}} = \sum_{m=t+1}^{n} a_m p(n,m) \tag{6-56}$$

式中，$0 \leqslant a_m \leqslant 1$ 为纠错系数，它的取值与所采用的译码方式有关。

对一般的线性分组码，由式（6-52）可得误字率的上限为

$$p_{\mathrm{we}} \leqslant \sum_{m=t+1}^{n} p(n,m) = p(n, \geqslant t+1) \tag{6-57}$$

对于 GBSC 模型，将式（6-27）代入可得

$$P_{\mathrm{we}}^{\mathrm{GBSC}} \leqslant p(n, \geqslant t+1) = n^{1-\alpha} p_e \prod_{i=2}^{t+1} \frac{\left(\dfrac{i-1}{n}\right)^{1-\alpha} - \dfrac{i-1}{n}}{\left(\dfrac{i}{n}\right)^{1-\alpha} - \dfrac{i}{n}} \tag{6-58}$$

如果$(m/n) < 0.3$，那么式（6-58）还可以进一步简化

$$p(n, \geqslant m) \approx p_e \left(\frac{n}{m}\right)^{1-\alpha} \tag{6-59}$$

$$p_{\mathrm{we}}^{\mathrm{GBSC}} \leqslant p(n, \geqslant t+1) \approx p_e \left(\frac{n}{t+1}\right)^{1-\alpha} \tag{6-60}$$

由此可见，GBSC 的误字率与错组率 $p(n, \geqslant m)$有直接的关系，并和码长与纠错位数的比值有关。

对于简单 F 模型，由式（6-49）、式（6-52）和式（6-57）就可以得到简单 F 模型的误字率。

同样，若系统采用纠长度小于等于 b 的突发错误的（n, k）分组码，并用捕错方法译码，则译码器输出的码字错误概率为[3]

$$p_{\mathrm{weFb}} = \sum_{l=b+1}^{n} p(n,l) \tag{6-61}$$

将式（6-55）中的上限代入可得

$$p_{\mathrm{weFb}} \leqslant \sum_{l=b+1}^{n} p_e [G(l-2) - G(l-1)] \sum_{r=0}^{n-l} G(r) G(n-l-r) \tag{6-62}$$

在各种纠错码中，BCH 码既能纠随机错误，又能纠突发错误，是常用的纠错码之一。下面用 GBSC 模型对不同码长并具有较强纠错能力的 BCH 码的性能进行仿真。图 6-17 为不同码长时纠随机错误码的错组率分布，表 6-2 为不同码长及纠错能力的误字率 $p(n, \geqslant t+1)$。

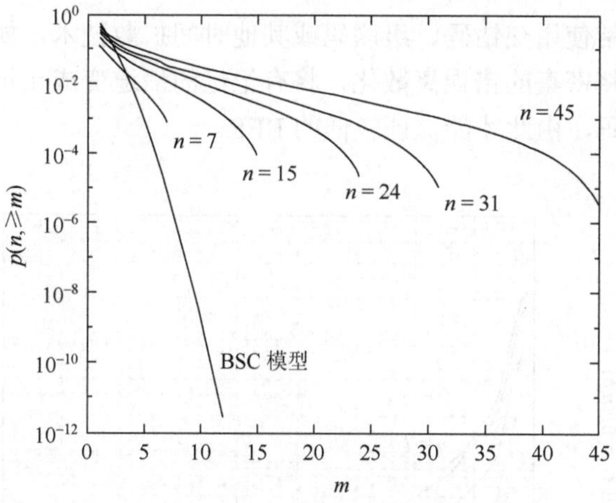

图 6-17　不同码长时纠随机错误码的错组率分布

表 6-2　不同码长及纠错能力的误字率 $p(n,\geqslant t+1)$

码	纠错能力（t）	$n/(t+1)$	$p(n,\geqslant t+1)$
(7, 4)	1	7/2 = 3.5	0.0525
(15, 5)	3	15/4 = 3.75	0.0375
(31, 6)	7	31/8 = 3.875	0.0271
(45, 7)	7	45/8 = 5.625	0.0434
(24, 12)	3	24/4 = 3	0.0620

由表 6-2 可以看出，码长 n 与纠错位数 $t+1$ 的比值越小，误字率越低。在相同或相近比值的情况下，码长越长，误字率越小，码长对误字率的影响更大。由图 6-17 可以看出，码长越长，越能达到更低的错组率，但对纠错位数要求更苛刻，对于 BSC 模型，应用码长为 50、纠 8～9 个随机错误的分组码就使 $p_{\mathrm{we}}^{b}<10^{-4}$，而对于实际信道，要求 50 码长内纠 45～50 个错，这显然是无法达到的。

图 6-18 为用简单 F 模型计算的不同码长时纠突发错误码的错组率分布。由图 6-18 可以看到，对于水声信道来说，当应用纠单个突发错误的(n, k, b)分组码时，码长越长，取得的效果越好。但随着码长的增加，一个码组内出现多个突发错误的概率也在增加。从图 6-18 中也可以看出，随着码长的增加，错组率并没有迅速地下降，这意味着用纠单个突发错误的码也不能取得明显的效果。

由上述讨论可知，在 BSC 信道，用普通的纠随机错误的分组码就能取得较好的效果，而在水声信道中用普通的纠随机错误的码和纠单个突发错误的码都不能取得良好的效果，因此，在水声信道这样 BER 较高，E 序列中有密集 1 存在的有记忆信道中，通常使用交错码、级联码或其他时间扩散技术，如带内分集、扩散卷积码等，首先将密集的错误离散化，将有记忆的信道变成无记忆的信道，然后再用纠随机错误码，由此才能保证较低的 BER。

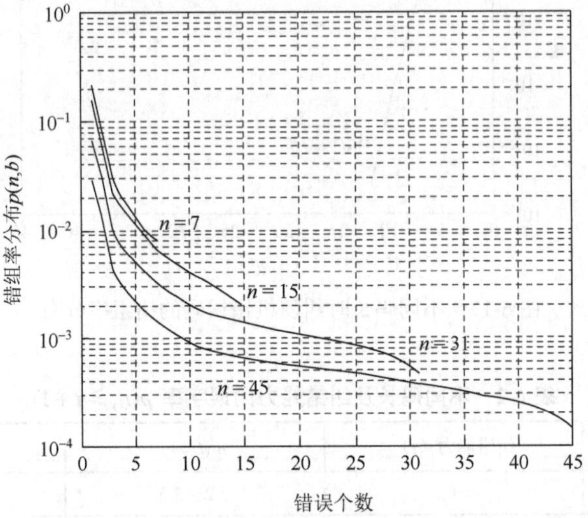

图 6-18　用简单 F 模型计算的不同码长时纠突发错误码的错组率分布

以二级级联码为例，它由内码和外码级联而成，先将信息按外码的编码规则编码，再将外码看作内码的信息，按内码的编码规则进行编码，译码时则先译内码，后译外码。当信道中产生少量随机错误时，通过内码就能纠正。当产生较长的突发错误或随机错误很多，超出内码的纠错能力时，内码错译，输出错误码字，但这仅相当于外码的几个码元错误，外码译码器比较容易纠正。这样通过内外码两级编码，就能将密集的错误离散，降低误字率。

按照信道编码理论[6]，每个信道具有确定的信道容量 C，对任何小于 C 的码率 R，存在码率为 R、码长为 n 的码，若用最大似然译码，则随着码长的增加其译码错误概率 p 可以任意小。

该理论包含了两方面的含义：一是当 $R<C$ 时，若 $n\to\infty$，则使 $p\to 0$ 的好码（又称渐近好码或香农码）是存在的，由此也给出了对于给定信道，通过编码方式，在理论上所能达到的编码增益的上限；二是为达到这些理论限，应该利用最大似然译码。

一直以来，信道编码理论的发展正是沿着这两条基本路线：一是构造码长 $n\to\infty$的渐近好码或香农码；二是在人们所能接受的译码复杂性范围内，如何实现最大似然译码。

6.6　LDPC 编译码算法

6.6.1　LDPC 的基本理论

LDPC 是由 Gallager 在他的博士论文中提出的一种具有稀疏校验矩阵的分组纠错码，几乎适用于所有的信道。LDPC 的性能逼近香农极限，且描述和实现简单，易于进行理论分析和研究，译码简单且可实行并行操作，适合硬件实现，成为近年信道编码理论研究的热点问题[12-20]。

目前，人们对 LDPC 码主要从两方面进行研究：一方面是对 LDPC 码本身的研究，包括优异性能的 LDPC 码的构造、编码算法和译码算法及其简化改进；LDPC 码的属性，如 LDPC 码率的界、最小距离、节点次数分布、码的纠错性能等的分析；另一方面是对 LPDC 码应用的研究，即将 LDPC 编码技术和其他通信技术结合起来进行研究，如编码调制（如高效调制和高阶调制）、编码同步、编码均衡、编码辅助信道估计、编码在实际系统中的联合优化等。

1. LDPC 编码的定义及表示方法

LDPC 码是一种可以由校验矩阵对其进行唯一定义的线性分组码。它的校验矩阵 $\boldsymbol{H}$ 中每行或者每列之中只有极少数是非零元素，剩余大部分是零元素，这种稀疏特性是其称为低密度校验码的重要原因。在 LDPC 码的校验矩阵 $\boldsymbol{H}$ 中，其行重就是每行中包含的非零元素的个数；列重就是每列中包含的非零元素的个数。如果用(n, k)表示码长为 n，信息位为 k 的二进制 LDPC 码，则其 $m\times n$ 的校验矩阵 $\boldsymbol{H}$ 为

$$\boldsymbol{H}=\begin{bmatrix} h_{11} & h_{12} & \cdots & h_{1n} \\ h_{21} & h_{22} & \cdots & h_{2n} \\ \vdots & \vdots & \ddots & \vdots \\ h_{m1} & h_{m2} & \cdots & h_{mn} \end{bmatrix} \tag{6-63}$$

式中，$\boldsymbol{H}$ 中的每行都会与一个校验方程相对应，每列也与码字中的一个信息位相对应。如果码字用 $\boldsymbol{C}$ 表示，当其满足等式 $\boldsymbol{H}\boldsymbol{C}^{\mathrm{T}}=\boldsymbol{0}$ 时，即满足了校验矩阵 $\boldsymbol{H}$ 中行变量所确定的 m 个校验方程。根据 LDPC 码的校验矩阵的不同，可以将其分为规则或非规则两种类型。由于非规则 LDPC 码的校验矩阵中每行（列）含有的非零元素是不同的，这使得其比每行（列）中含有固定非零元素的规则 LDPC 码有更好的性能。

除了用校验矩阵形式表示，LDPC 码还可以用另一种形式表示，即 Tanner 图或者称二分图[15]，它可以使人们很直观地对 LDPC 码的编译码性能进行分析。

2. LDPC 码的构造方法

LDPC 码的构造实际上就是对其校验矩阵 $\boldsymbol{H}$ 进行构造，构造出的校验矩阵结构对译码起着十分重要的作用。因此，构造出性能优异而且在编译码时又相对简单的 LDPC 码成为重要目标之一。

一般来说，LDPC 码校验矩阵的构造方式主要包括随机构造法和结构构造法两种类型。采用随机构造法构造的 LDPC 码是按照特定的规则或者图结构，然后利用计算机进行搜索最终得到校验矩阵，其数学结构具有不确定性。Gallager、Mackay 等构造法[12, 13]属于随机构造法，但是采用这种方法，要先对校验矩阵做一些属性上的限制，然后随机生成校验矩阵 $\boldsymbol{H}$，这种做法构造的 LDPC 虽然有着极好的纠错性能，却无法使编译码简单化，不利于硬件实现。

而结构构造法则是利用代数几何或组合理论等方式对校验矩阵进行构造，这种做法使校验矩阵具有特定的结构，如循环码或者准循环码的性质且没有短环，编译码相对简单，硬件实现也相对容易。具有代表性的结构构造法包括有限几何构造法、平衡不完全组合构造法等。

在 LDPC 码的构造方法中，虽然采用随机构造法会比结构构造法在性能上有所提高，但通过随机构造法产生的校验矩阵具有随机性，没有确定的结构，这样在编码时就会造成编码复杂度偏高，在译码时使信息存储复杂度较高。而结构化构造法构造的校验矩阵具有确定的结构，循环长度较大，能够抑制短环的产生，在编码上可以实现线性编码且实现简单，在译码上其实现也较简单。因此，在工程实现上一般采用由结构构造法构造的 LDPC 码，如准循环 LDPC 码。此外，由于水声信道的特殊性，其要求使用的码长较短，而具有确定结构的准循环 LDPC 具有码长短、性能好的优点，且在水声信道中也被证明具有良好的性能，如果没有特别说明，LDPC 码将默认选取准循环 LDPC 码。

6.6.2　LDPC 的编码方法

由于 LDPC 码是众多线性分组码中的一种，其编码方式可以采用线性分组码的标准来进行，但是采用这种通过对校验矩阵 $\boldsymbol{H}$ 进行高斯消元得到生成矩阵 $\boldsymbol{G}$ 的方式，计算量较大且编码过程复杂。为了解决这一编码复杂的问题，人们不断探索相继提出了一些相对简单的编码方法如 RU 编码算法、基于循环码和准循环码的编码算法等。而在译码算法方面硬判决译码算法虽然复杂度低，但是译码性能较差。软判决译码算法译码性能优异但是却存在实现复杂度较高的问题。针对这一问题人们对译码性能良好且实现复杂度较低的译码算法不断地进行探索。

下面首先介绍 LDPC 码的编码方法[12]。

1. RU 编码算法

LDPC 编码最直接的方法是采用基于高斯消去的编码算法，但是这种算法并不能保证编码复杂度是线性的，而且进行高斯消去会破坏原来矩阵所具有的稀疏性。2001 年由 Richardson 和 Urbanke[16]提出了一种可以在不破坏校验矩阵稀疏性的基础上，近似于下三角矩阵的编码方式，即 RU 算法。在 RU 编码算法中，为了不对校验矩阵的稀疏性造成破坏，对矩阵的行和列都进行了重新排列，从而得到了一个近似于下三角的矩阵，如图 6-19 所示。

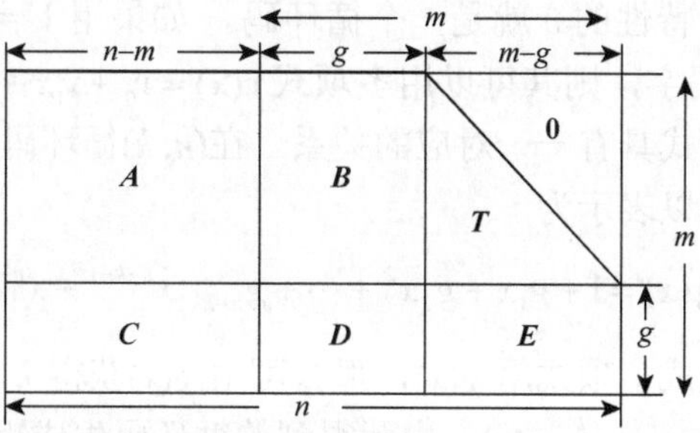

图 6-19　近似下三角结构

由于原校验矩阵 $\boldsymbol{H}$ 就非常稀疏，而且对其行列重新排列只是在矩阵中进行行列交换，所以重新排列后的校验矩阵仍然是稀疏矩阵。如图 6-19 所示重排后的校验矩阵 $\boldsymbol{H}$ 被分为 $\boldsymbol{A}$，$\boldsymbol{B}$，$\boldsymbol{C}$，$\boldsymbol{D}$，$\boldsymbol{E}$，$\boldsymbol{T}$ 六个子矩阵，其中，$\boldsymbol{B}$，$\boldsymbol{D}$，$\boldsymbol{E}$，$\boldsymbol{T}$ 为校验部分。$\boldsymbol{H}$ 可以表示为

$$\boldsymbol{H}=\begin{bmatrix}\boldsymbol{A} & \boldsymbol{B} & \boldsymbol{T}\\ \boldsymbol{C} & \boldsymbol{D} & \boldsymbol{E}\end{bmatrix} \tag{6-64}$$

式中，$\boldsymbol{A}$、$\boldsymbol{B}$、$\boldsymbol{C}$、$\boldsymbol{D}$、$\boldsymbol{E}$、$\boldsymbol{T}$ 分别为$(m-g)\times(n-m)$、$(m-g)\times g$、$g\times(n-m)$、$g\times g$、$g\times(m-g)$、$(m-g)\times(m-g)$维稀疏矩阵。对 $\boldsymbol{H}$ 做线性变换，左乘一个矩阵，可以得到一个能够用来递推校验位的矩阵 $\boldsymbol{H}'$，表示为

$$\begin{aligned}\boldsymbol{H}'&=\begin{bmatrix}\boldsymbol{I} & \boldsymbol{0}\\ -\boldsymbol{E}\boldsymbol{T}^{-1} & \boldsymbol{I}\end{bmatrix}\begin{bmatrix}\boldsymbol{A} & \boldsymbol{B} & \boldsymbol{T}\\ \boldsymbol{C} & \boldsymbol{D} & \boldsymbol{E}\end{bmatrix}\\ &=\begin{bmatrix}\boldsymbol{A} & \boldsymbol{B} & \boldsymbol{T}\\ \boldsymbol{C}-\boldsymbol{E}\boldsymbol{T}^{-1}\boldsymbol{A} & \boldsymbol{D}-\boldsymbol{E}\boldsymbol{T}^{-1}\boldsymbol{B} & \boldsymbol{0}\end{bmatrix}\end{aligned} \tag{6-65}$$

假设码字为 $\boldsymbol{c}=[\boldsymbol{m},\boldsymbol{p}_1,\boldsymbol{p}_2]$，其中，$\boldsymbol{m}=\{c_0,c_1,\cdots,c_{n-m-1}\}$为信息序列，$\boldsymbol{p}_1=\{c_{n-m},c_{n-m+1},\cdots,c_{n-m+g-1}\}$与 $\boldsymbol{p}_2=\{c_{n-m+g},c_{n-m+g+1},\cdots,c_{n-1}\}$组成校验序列，它

们分别含有 g、$m-g$ 个比特位。根据 $\boldsymbol{H}'\boldsymbol{c}=\boldsymbol{0}$ 可以得到如下一组等式:

$$\begin{cases}\boldsymbol{A}\boldsymbol{m}^{\mathrm{T}}+\boldsymbol{B}\boldsymbol{p}_1^{\mathrm{T}}+\boldsymbol{T}\boldsymbol{p}_2^{\mathrm{T}}=\boldsymbol{0}\\(\boldsymbol{C}-\boldsymbol{E}\boldsymbol{T}^{-1}\boldsymbol{A})\boldsymbol{m}^{\mathrm{T}}+(\boldsymbol{D}-\boldsymbol{E}\boldsymbol{T}^{-1}\boldsymbol{B})\boldsymbol{p}_1^{\mathrm{T}}=\boldsymbol{0}\end{cases} \tag{6-66}$$

根据式（6-66）可以得到码字 $\boldsymbol{c}$。因为六个子矩阵都具有稀疏性，所以这种编码方式运算量相对较小。

2. 基于循环码和准循环码的编码算法

一个(n, k)线性分组码 $\boldsymbol{c}$，如果 $\boldsymbol{c}$ 中的每个码字无论左移还是右移都是 $\boldsymbol{c}$ 中的码字，那么具有这一特性的 $\boldsymbol{c}$ 就是一个循环码。如果用 $\boldsymbol{V}=[v_0, v_1, \cdots, v_{n-1}]$表示$(n, k)$循环码的一个码字，则其可以用多项式 $v(x)=v_0+v_1x+\cdots+v_{n-1}x^{n-1}$ 来表示，循环码的码字与多项式具有一一对应的关系。在(n, k)循环码中一个幂次为 $n-k$ 的码字对应的多项式可以表示为

$$g(x)=1+g_1x+g_2x^2+\cdots+g_{n-k-1}x^{n-k-1}+x^{n-k} \tag{6-67}$$

如果循环码的生成多项式用 $g(x)$，那么可由 $g(x)$获得 k 个线性无关的多项式 $g(x)$，$xg(x)$，$x^2g(x)$，$\cdots$，$x^{k-1}g(x)$，由此得到的循环码生成矩阵表示为

$$\boldsymbol{G}=\begin{bmatrix}1 & g_1 & g_2 & \cdots & g_{n-k-1} & 1 & 0 & \cdots & 0 & 0\\0 & 1 & g_1 & \cdots & \cdots & g_{n-k-1} & 1 & \cdots & 0 & 0\\\vdots & \vdots & \vdots & \vdots & \vdots & \vdots & \vdots & \vdots & \vdots & \vdots\\0 & 0 & \cdots & \cdots & 0 & 1 & g_1 & \cdots & g_{n-k-1} & 1\end{bmatrix} \tag{6-68}$$

根据 $\boldsymbol{H}\boldsymbol{G}^{\mathrm{T}}=\boldsymbol{0}$ 可以推导出校验矩阵。在编码时，因为生成矩阵具有循环结构，所以编码可以通过反馈连接的移位寄存器实现。

另外，准循环码可以通过将一个(n, k)线性分组码 $\boldsymbol{c}$ 中的码字循环移位后得到，其生成矩阵 $\boldsymbol{G}$ 表示为

$$\boldsymbol{G}=\begin{bmatrix}\boldsymbol{I}\boldsymbol{P}_0 & \boldsymbol{0}\boldsymbol{P}_1 & \cdots & \boldsymbol{0}\boldsymbol{P}_{t-1}\\\boldsymbol{0}\boldsymbol{P}_{t-1} & \boldsymbol{I}\boldsymbol{P}_0 & \cdots & \boldsymbol{0}\boldsymbol{P}_{t-2}\\\vdots & \vdots & \vdots & \vdots\\\boldsymbol{0}\boldsymbol{P}_1 & \boldsymbol{0}\boldsymbol{P}_2 & \cdots & \boldsymbol{I}\boldsymbol{P}_0\end{bmatrix} \tag{6-69}$$

式中，$\boldsymbol{I}$为 $k_0\times k_0$ 的单位阵；$\boldsymbol{0}$ 为 $k_0\times k_0$ 的零矩阵；$\boldsymbol{P}_i$, $i=0, 1, \cdots, t-2$ 为 $k_0\times(n_0-k_0)$ 矩阵。

每一个码字都由 t 段构成，每段前面的 k_0 位是信息位，后面 n_0-k_0 位是校验位。准循环码的生成矩阵主要由 k_0 行来确定，其编码方式的实现也可以采用循环移位寄存器。

6.6.3　LDPC 码的译码算法

LDPC 码的译码算法优劣对其纠错能力具有决定性作用。基于硬判决的译码算法简单可行，但性能不够好。基于软判决的译码算法译码性能优异，但是实现复杂度较大。为了找到性能良好且易于实现的译码算法，译码研究从优化硬判决译码算法和简化软判决译码算法两方面进行。下面介绍在二进制 LDPC 码的情况下，基于硬判决的译码算法、基于软判决的译码算法[12]。

1. 基于硬判决的译码算法

1）比特翻转算法

比特翻转（bit-flipping，BF）算法是一种硬判决译码算法。其基本思想是先对所有的奇偶校验进行计算，然后针对校验方程中不满足数最大要求的任意一位进行翻转或者对其中不满足数最大的所有位进行取反，即将原来的 0 变为 1 或将原来的 1 变为 0，最后对于得到的新码字，将其奇偶校验进行重新计算，这一过程一直持续到校验方程全部满足。下面对比特翻转算法的译码步骤进行介绍。

（1）计算伴随方程 $\boldsymbol{s}=\boldsymbol{z}\boldsymbol{H}^{\mathrm{T}}$，其中，$\boldsymbol{z}$ 为接收序列 $y=(y_0,y_1,\cdots,y_{N-1})$ 的硬判决序列。若计算得到 $\boldsymbol{s}=0$，则表示译码成功，结束译码迭代过程，否则进行步骤（2）。

（2）根据式 $\boldsymbol{F}=(f_0,f_1,\cdots,f_{N-1})=\boldsymbol{s}\boldsymbol{H}$，找出不能满足校验方程次数最多的 f_0。

（3）对 f_0 对应的比特进行翻转操作，翻转后更新其硬判决值 $\boldsymbol{z}$。

（4）如果译码迭代的次数没有超过预先设定的迭代次数，重新进入步骤（1），否则停止译码，以最后一次结果作为最终译码的结果。

比特翻转算法具有的结构简单，这使得其在硬件实现方面较为容易。但由于其选择错误比特位置的规则比较简单，导致算法在译码性能上表现不佳，并且算法在收敛的速度上也较慢。对于算法收敛的问题，一个有效的方法就是设定一个门限，当 f_1 超过该门限时就对比特进行翻转。这样每次翻转就不局限于一个比特，可以在一定程度上提高译码的效率。

2）加权比特翻转算法

一般情况下，硬判决译码算法在进行译码之前会先进行硬判决操作，这会造成关于该符号的概率信息丢失，因此硬判决译码相对于软判决译码在性能上一般会有 3dB 以上的损失。加权的比特翻转算法（weighted bit-flipping，WBF）在硬判决中加入软信息，以提高硬判决译码算法的性能。这种算法在对需要翻转的比特进行选择时，不仅考虑不满足的方程数这个条件，而且还要对比特对应的可靠性信息进行参考。

加权比特翻转算法的具体过程如下所示。

（1）对所有校验方程的可靠性进行计算

$$|y|_{\min-m} = \min_{n\in N(m)}|y_n|,\ 0\leqslant m\leqslant M-1 \tag{6-70}$$

（2）对校验和进行计算

$$s_m = \sum_{n=0}^{N-1} z_n H_{mn},\ 0\leqslant m\leqslant M-1 \tag{6-71}$$

式中，z_n 为接收序列中 y_n 的硬判决值。

若 $s_m = 0$，则表示已成功译码，停止译码，否则进行步骤（3）继续迭代。

（3）对所有比特的对应翻转函数值进行计算

$$E_{Wn} = \sum_{m\in M_{(n)}} (2s_m - 1)|y|_{\min-m},\ 0\leqslant n\leqslant N-1 \tag{6-72}$$

（4）将最大的 E_{Wn} 所对应的比特值 z_n 进行翻转，更新硬判决序列 $\boldsymbol{z}$。若译码迭代的次数没有超过预先设定的迭代次数，则重新进入步骤（2），否则停止译码，以最后一次结果作为最终译码的结果。

3）修正加权的比特翻转算法

修正加权的比特翻转（modified weighted bit-flipping，MWBF）算法是在加权比特翻转算法的基础上将比特本身的接收可靠度引入校验的。修正加权比特翻转算法的具体过程如下所示。

（1）对所有校验方程的可靠性进行计算

$$|y|_{\min-m} = \min_{n\in N(m)} |y_n|,\ 0\leqslant m\leqslant M-1 \tag{6-73}$$

（2）对校验和进行计算

$$s_m = \sum_{n=0}^{N-1} z_n H_{mn},\ 0\leqslant m\leqslant M-1 \tag{6-74}$$

式中，z_n 为接收序列中 y_n 的硬判决值。

若 $s_m = 0$，则表示已成功译码，停止译码，否则进行步骤（3）继续迭代。

（3）对所有比特的对应翻转函数值进行计算

$$E_{MWn} = \sum_{m\in M(n)} (2s-1)|y|_{\min-m} - \alpha|y|_n,\ 0\leqslant n\leqslant N-1 \tag{6-75}$$

式中，α 为权重因子，并且 $\alpha\geqslant 0$，α 的最佳值取决于码字和 SNR，可以通过仿真得到。

（4）将最大的 E_{Wn} 所对应的比特值 z_n 进行翻转，更新硬判决序列 z。如果译码迭代的次数没有超过预先设定的迭代次数，则重新进入步骤（2），否则停止译码，以最后一次结果作为最终译码的结果。

2. 基于软判决的译码算法

为了便于对软判决算法算法进行描述，先定义一些符号集合。假设校验矩阵为 $\boldsymbol{H}$，则与比特 n 相连的所有校验节点的集合可以用 $M(n)$表示，即 $M(n)=\{m: H_{mn}=1\}$；$M(n)$中不包含校验节点 m 的集合用 $M(n)\backslash m$ 表示；与校验节点 m 相连的比特集合用 $N(m)$表示，即 $N(m)=\{n: H_{mn}=1\}$；$N(m)$中不包含校验节点 n 的集合用 $N(m)\backslash n$ 来表示。

1）置信传播算法

置信传播（belief propagation，BP）算法也称和积算法，是 LDPC 码译码算法中的一种经典译码算法。这种算法的迭代过程主要由变量节点的处理、校验节点的处理构成。算法具体过程如下所示。

（1）初始化：

$$q_{mn}^1=f_n^1=p(x_n=1\mid y_n)=\frac{1}{1+\mathrm{e}^{-2y_n/\sigma^2}} \tag{6-76}$$

$$q_{mn}^0=1-q_{mn}^1 \tag{6-77}$$

式中，f_n^1 为发送信息 x 经过信道后为 1 的先验概率；q_{mn}^1 、q_{mn}^0 为基于接收信号的值并且根据集合 $M(n)\backslash m$ 的信息得出的比特 x_n 分别为 1 或者 0 的概率，表示为变量节点 n 向校验节点 m 发送的消息，且 $q_{mn}^1+q_{mn}^0=1$。

（2）校验节点更新：

$$r_{mn}^0=\frac{1}{2}\left(1+\prod_{n'\in N(m)\backslash n}(1-2q_{mn'}^0)\right) \tag{6-78}$$

$$r_{mn}^1=\frac{1}{2}\left(1-\prod_{n'\in N(m)\backslash n}(1-2q_{mn'}^1)\right) \tag{6-79}$$

式中，r_{mn}^1 、r_{mn}^0 为校验节点 m 对应的校验方程成立的概率，也可以看做校验节点 m 向信息节点 n 发送的信息。

（3）变量节点更新：

$$q_{mn}^0=a_{mn}f_n^0\prod_{m'\in M(n)\backslash m}r_{mn'}^0 \tag{6-80}$$

$$q_{mn}^1=a_{mn}f_n^1\prod_{m'\in M(n)\backslash m}r_{mn'}^1 \tag{6-81}$$

式中，a_{mn} 为归一化因子，使 $q_{mn}^1+q_{mn}^0=1$。

（4）似然后验概率更新：

$$q_n^0=a_nf_n^0\prod_{m\in M(n)}r_{mn}^0 \tag{6-82}$$

$$q_n^1=a_nf_n^1\prod_{m\in M(n)}r_{mn}^1 \tag{6-83}$$

式中，a_n 为归一化因子，使 $q_n^1+q_n^0=1$。

（5）译码判决：

$$\lambda_n = \frac{q_n^0}{q_n^1} \tag{6-84}$$

若 $\lambda_n > 1$，则 $\hat{x}_n = 0$，否则 $\hat{x}_n = 1$。如果 $\boldsymbol{H}\hat{\boldsymbol{x}}_n^{\mathrm{T}} = 0$ 或者迭代次数达到设定的最大值，结束迭代，把 $\hat{x}_n$ 作为译码输出，否则跳到步骤（2），接着进行迭代。其中，$\hat{\boldsymbol{x}}$ 是输入序列 $\boldsymbol{x}$ 估计的集合。

2）对数似然比 BP 算法

BP 算法由于存在大量的乘法运算，会消耗很多的运算时间即硬件资源，实现复杂度高。如果概率消息用对数似然比（log-likelihood ratio，LLR）表示，那么可以得到 LLR-BP 算法，它会把大量的乘法运算变为加法运算，从而减少运算时间，加快译码速度。

对于二元随机变量 x，其似然比用 $L(x_n)$ 表示为

$$\begin{aligned} L(x_n) &= \ln\frac{\Pr(x_n = 0)}{\Pr(x_n = 1)} = \ln\frac{\Pr(x_n = 1 \mid y_n)}{\Pr(x_n = -1 \mid y_n)} \\ &= \ln\left[\frac{1 + \exp\left(\dfrac{2y_n}{\sigma^2}\right)}{1 + \exp\left(\dfrac{-2y_n}{\sigma^2}\right)}\right] = \frac{2y_n}{\sigma^2} \end{aligned} \tag{6-85}$$

在式（6-85）的基础上，LLR-BP 算法具体过程如下所示。

（1）初始化：

$$v_{mn} = v_n^0,\ \ v_n^0 = \ln\frac{f_n^0}{f_n^1} = L(x_n),\ v_{mn} = \ln\frac{q_{mn}^0}{q_{mn}^1} \tag{6-86}$$

式中，v_n^0 为信道初始信息；v_{mn} 为变量节点向校验节点发送的消息。

（2）校验节点更新：

$$\begin{aligned} u_{mn} &= \ln\frac{q_{mn}^0}{q_{mn}^1} = \ln\frac{\left(1 + \prod\limits_{n' \in N(m)\backslash n}(1 - 2q_{mn'}^0)\right)}{\left(1 - \prod\limits_{n' \in N(m)\backslash n}(1 - 2q_{mn'}^1)\right)} \\ &= 2\operatorname{arctanh}\left[\prod_{n' \in N(m)\backslash n} \tanh\frac{v_{mn'}}{2}\right] \end{aligned} \tag{6-87}$$

式中，u_{mn} 为校验节点向变量节点发送的消息。

（3）变量节点更新：

$$v_{mn} = v_n^0 + \sum_{m' \in M(n)\backslash m} u_{mn'} \tag{6-88}$$

式中，v_{mn} 为变量节点向校验节点发送的消息。

（4）似然后验概率更新：

$$v_n = v_n^0 + \sum_{m \in M(n)} u_{mn} \tag{6-89}$$

式中，v_n 为变量节点收到的所有消息。

（5）译码判决：

若 $v_n > 0$，则 $\hat{x}_n = 0$，否则 $\hat{x}_n = 1$。如果 $\boldsymbol{H}\hat{\boldsymbol{x}}_n^{\mathrm{T}} = 0$ 或者迭代次数达到设定的最大值，结束迭代，把 $\hat{x}_n$ 作为译码输出，否则跳到步骤（2），接着进行迭代。其中，$\hat{\boldsymbol{x}}$ 是输入序列 $\boldsymbol{x}$ 估计的集合。

3）最小和译码算法

最小和（minimum-sum，MS）译码算法可以对 LDPC 码进行并行的迭代软译码，其仅仅需要求最小值和进行相加操作，不需要如 BP 算法那样大量的相乘操作，计算也比 LLR-BP 算法简单。算法具体过程如下所示。

（1）初始化：

$$z_{mn} = z_n^0 \tag{6-90}$$

式中，z_n^0 为信道初始消息；z_{mn} 为变量节点向校验节点发送的消息。

（2）校验节点更新：

$$L_{mn} = \prod_{n' \in N(m) \backslash n} \operatorname{sgn}(z_{m'n}) \cdot \min_{n' \in N(m) \backslash n} \left(\left| z_{m'n} \right| \right) \tag{6-91}$$

式中，L_{mn} 为校验节点向变量节点发送的消息，是对 LLR-BP 算法校验节点更新公式（6-82）进行简化得到的。

（3）变量节点更新：

$$z_{mn} = z_n^0 + \sum_{m' \in M(n) \backslash m} L_{m'n} \tag{6-92}$$

（4）似然后验概率更新：

$$z_n = z_n^0 + \sum_{m \in M(n)} L_{mn} \tag{6-93}$$

式中，z_n 为变量节点收到的所有消息。

（5）译码判决：

若 $z_n > 0$，则 $\hat{x}_n = 0$，否则 $\hat{x}_n = 1$。如果 $\boldsymbol{H}\hat{\boldsymbol{x}}_n^{\mathrm{T}} = 0$ 或者迭代次数达到设定的最大值，结束迭代，把 $\hat{x}_n$ 作为译码输出，否则跳到步骤（2），接着进行迭代。其中，$\hat{\boldsymbol{x}}$ 是输入序列 $\boldsymbol{x}$ 估计的集合。

3. 不同译码算法的性能

下面对 LDPC 码在不同译码算法条件下的比特 BER 性能进行仿真[12]。仿真条件为高斯信道、BPSK 调制方式，设所有译码算法的最大迭代次数为 5 次，采用列重为 3，行重为 6，码长为 1020 的准循环 LDPC 码，对基于软判决的 BP 算法、LLR-BP 算法、MS 算法和基于硬判决的 MWBF 算法、WBF 算法、BF 算法的性能做了仿真比较，图 6-20 为不同译码算法下 LDPC 码的 BER 曲线。

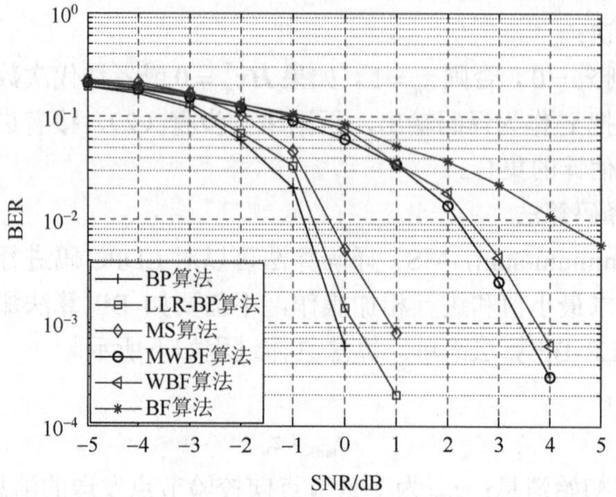

图 6-20　不同译码算法下 LDPC 码的 BER 曲线

从图 6-20 可以看到，基于软判决的译码算法的性能普遍优于基于硬判决的译码算法的性能，并且在基于软判决的译码算法中 BP 算法的性能最好，LLR-BP 算法次之，MS 算法性能稍差，在 BER 为 10^{-3} 条件下，与 BP 算法、LLR-BP 算法相比，MS 算法分别需要增加约 1.2dB 与 0.9dB 的 SNR。但 MS 算法的 BER 性能仍比 MWBF 算法要好，而 MWBF 算法是基于硬判决的算法中 BER 性能最好的。当 BER 为 10^{-3} 时，MS 算法相比 MWRF 算法，可以获得约 2.5dB 的 SNR 增益。

另外，就算法的复杂度而言，基于软判决的译码算法的复杂度大都高于基于硬判决的译码算法，其中 BP 译码算法的实现复杂度最高，其次是 LLR-BP 算法，MS 算法实现复杂度低于 BP 算法、LLR-BP 算法，高于基于硬判决的译码算法。考虑到系统性能与实现复杂度的折中，性能上表现良好且译码复杂度相对不高的 MS 算法是一个不错的选择。

对于 LDPC 码性能构成影响的因素除不同译码算法、LDPC 的不同构造方式外，还包括译码算法的迭代次数、LDPC 的码长。在此给出在高斯信道下，采用 BPSK 调制方式，以 BP 算法作为译码算法，在不同译码迭代次数、LDPC 码长的情况下 LDPC 码的性能仿真结果。在仿真过程中，LDPC 码仍然采用列重为 3，行重为 6。不同译码迭代次数时的 BER 曲线如图 6-21 所示。

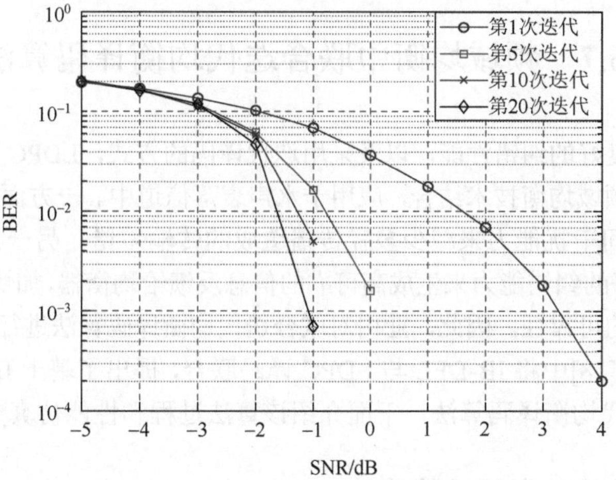

图 6-21　不同译码迭代次数时的 BER 曲线

由图 6-21 可知，随着译码迭代次数的增加，LDPC 的译码性能也不断地提高，但是提高的幅度在减小，在实际工程中随着译码迭代次数增加译码时延是逐渐增大的，为此在实际中要根据具体情况来设置译码迭代次数。

不同 LDPC 码长时的 BER 曲线如图 6-22 所示，随着码长的增加，LDPC 码的 BER 不断下降。但在水声通信中，由于水声信道的时变性，应尽量使用较短的码长，以避免受到信道时变衰落传输特性的影响。

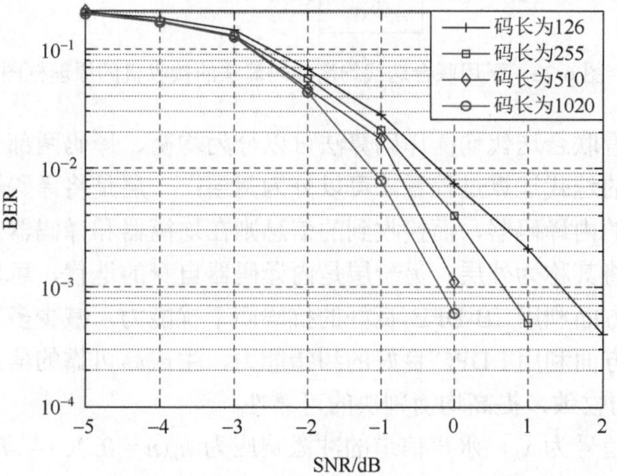

图 6-22　不同 LDPC 码长时的 BER 曲线

6.7 频域均衡中联合迭代均衡译码算法

由于具有良好的纠错性能，以及采用迭代译码的方式，LDPC 码可以和同样采用迭代过程的频域均衡技术结合，应用于水声衰落信道中。一方面，可以利用均衡器良好的抗码间干扰能力来减少多径传播造成的传输差错。另一方面，可以利用 LDPC 码的良好的纠错能力来生成高可靠的信息反馈给均衡器，加快均衡器的收敛，提高均衡判决的可靠性。因此，业内对联合迭代均衡译码算法进行了大量研究。

文献[12]、[18]中将 IB-DFE 与 LDPC 译码联合，提出了基于 IB-DFE 和 LDPC 译码的联合迭代均衡译码算法。下面介绍该算法过程和性能仿真分析。

6.7.1 联合迭代均衡译码算法

采用联合迭代均衡译码算法的接收机的原理框图如图 6-23 所示。

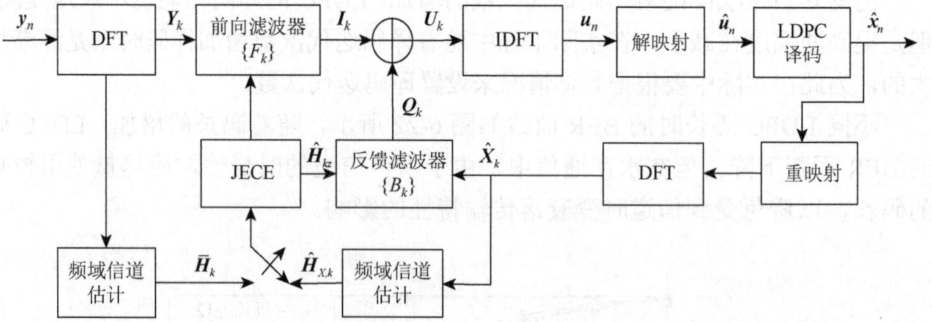

图 6-23 采用联合迭代均衡译码算法的接收机的原理框图

从结构上看联合迭代均衡译码算法可以分为均衡、译码两部分。从联合迭代均衡译码算法的迭代运算过程看，可以分为两层：一层是将译码器看作与均衡器进行串行级联的内译码器，而接收到的信息则在均衡器和译码器之间交换信息进行迭代，可以将其称为外层；另一层是内译码器自身的迭代，可以称为内层。这种双层算法一方面利用 IB-DFE 良好的抗码间干扰能力，减少多径传播造成的传输差错；另一方面利用 LDPC 良好的纠错能力，生成高可靠的信息反馈给均衡器加快 IB-DFE 的收敛，提高均衡判决的可靠性。

假设发射信号为 x_n，水声信道的冲激响应为 $h_n(n = 0, 1, \cdots, P-1)$，水声信道的长度为 L，接收换能器接收到的数据为 y_n，表示为

$$y_n = \sum_{m=0}^{L-1} h_m x_{n-m} + w_n, \quad n = 0,1,2,\cdots,P-1 \tag{6-94}$$

式中，w_n 为方差为 σ_w^2 的加性高斯白噪声。

对 y_n 做 DFT，则在第 k 个频率上接收信号的频域形式为

$$Y_k = H_k X_k + W_k,\ k = 0,1,2,\cdots,P-1 \tag{6-95}$$

然后，由系数为 F_k 的 FFF 进行滤波，其频域输出 I_k 与系数为 B_k 的 FBF 的输出 Q_k 相减，形成频域判决信号 U_k：

$$U_k = I_k - Q_k = F_k Y_k - B_k \hat{X}_k,\ k = 0,1,2,\cdots,P-1 \tag{6-96}$$

式中，$\hat{X}_k$ 为 FDE 前一次均衡输出经 LDPC 译码后进行 DFT 的频域形式。

$\hat{X}_k$ 一方面被作为 FBF 的输入，用来将信号中存在的码间干扰进行抵消；另一方面，$\hat{X}_k$ 又作为新的训练序列，用于面向判决的组合信道估计 $\hat{H}_{X,k}$，依据 IB-DFE 的反馈可靠度对 $\hat{H}_{X,k}$ 和 $\tilde{H}_k$ 进行最优值的选择，形成信道估计 $\hat{H}_{kz}$，用于 IB-DFE 的 FFF 及 FBF 系数的计算。

U_k 经 IDFT、解映射之后，可以得到估值序列 $\hat{x}_n$ 的最大似然比[式（6-97）]。其中，为了减少算法复杂度，LDPC 迭代译码采用最小和算法。

$$L(x_n) = \ln \frac{\Pr\{x_n = 1 | \hat{x}_n\}}{\Pr\{x_n = 0 | \hat{x}_n\}} \tag{6-97}$$

在得到 LLR 后将其送入 LDPC 译码器进行译码操作。假设译码器进行第 i 次迭代时，变量节点接收的信息为 m_{vc}，计算变量节点 v 并发送信息 m_{vc} 到相邻每个校验节点。

$$m_{vc}^{(i)} = v_0 + \sum_{c' \in C(V) \backslash c} m_{c'v}^{(i-1)} \tag{6-98}$$

式中，v_0 为输入比特的 LLR，即 $L(x_n)$；m_{vc} 为校验节点到变量节点的信息。

一旦变量节点信息被更新，计算校验节点 c 并发送消息 m_{vc} 到相邻的每个变量节点。

$$m_{cv} = \prod_{v' \in V(c) \backslash v} \operatorname{sgn}\left(m_{v'c}^{(i)}\right) \cdot \min_{v' \in N(c) \backslash v} \left(\left|m_{v'c}^{(i)}\right|\right) \tag{6-99}$$

这个过程直到译码成功或者达到预先设定最大迭代次数才结束，然后进行硬判决：

$$\hat{x}_n^{(k)} = \begin{cases} 0, & m_v^k \geqslant 0 \\ 1, & m_v^k < 0 \end{cases} \tag{6-100}$$

判决完成后译码输出 $\hat{x}_n^{(k)}$ 。

如果 IB-DFE 迭代次数未达到设定最大值时，译码输出经过重映射及 DFT 后反馈给 IB-DFE 用于接下来的迭代，直到 IB-DFE 所有迭代都完成后，译码器输出最终判决值。

6.7.2　仿真分析

下面对采用联合迭代均衡译码算法的水声通信性能进行仿真分析[12, 18]。为了更好地研究 LDPC 码对系统性能的影响，根据接收端 IB-DFE 与 LDPC 译码的结合方式不同，本节设计两种均衡译码方案：一种是将均衡译码顺序进行，独立迭代，均衡器译码器之间没有关联，称其为简单级联方案；另一种是联合迭代均衡译码方案，即 LDPC 译码后将数据反馈给 IB-DFE，译码器均衡器之间充分交换信息并进行联合迭代均衡译码。

仿真时，采用的水声信道数据利用射线理论计算得到，信道参数为信道水深 200m、发射水深 50m、接收水深 60m、接收端与发射端之间的距离为 20km。

表 6-3 为水声信道的模型参数，表中数据用最先达到接收端的路径参数，对传播时延及衰减系数进行归一化处理。在表 6-3 中，$|h|$、τ 分别表示信道衰减系数及传播时延。由表 6-3 中的参数可知，信道中的最大多径时延为 107.9ms。

表 6-3　水声信道的模型参数

$\|h\|$	τ/ms	$\|h\|$	τ/ms
1	18.6	0.799	91.3
0.725	0	0.402	30
0.807	107.9	0.461	61
0.830	62.9	0.522	51.9

在仿真时，发送信息是二进制随机数据，信道编码采用码长为 894 的准循环 (3, 6)-LDPC 码。由长度为 M_p 的数据序列加上长度为 N_p 的零序列构成总长为 P 的数据分组，调制方式采用 QPSK，训练序列采用 Chu 序列，训练分组的数据格式与数据分组的格式一致，译码算法为最小和（MS）算法，默认设置最大迭代次数为 5 次。仿真时，信号频率设置为 10kHz，采样频率设置为 50kHz。

1. 采用简单级联方案的性能仿真

图 6-24 和图 6-25 是未编码方案与采用简单级联方案的 SC-FDE 系统的性能仿真结果。其中，IB(i)表示均衡器 IB-DFE 的迭代次数，$i = 1, 2, 3$；MS(j)表示 MS 算法中译码器的迭代次数，$j = 5$～20。

从图 6-24 中可以看到，未编码方案与采用简单级联方案的 BER 都会随着 IB-DFE 迭代次数增加而降低，但是简单级联方案由于引入 LDPC 码会给系统带来很高的编码增益。在 BER 为 10^{-3}，IB-DFE 迭代次数都为 1 时，简单级联会比未

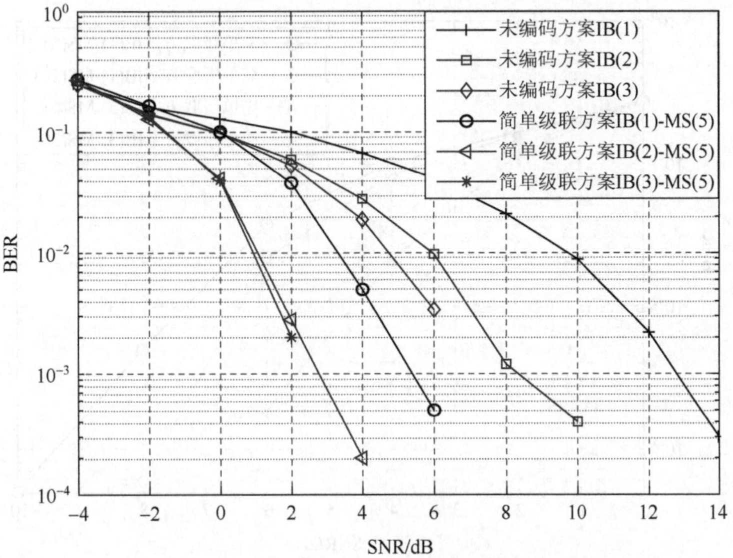

图 6-24　未编码方案与简单级联方案的 BER 曲线

编码方案有约 8dB 的 SNR 增益，当 IB-DFE 迭代次数都为 2 时，简单级联方案会比未编码方案有 5dB 的 SNR 增益，当 IB-DFE 迭代次数都为 3 时，简单级联方案会比未编码方案有约 4dB 的 SNR 增益。这种 SNR 增益随着 IB-DFE 迭代次数的增加而降低的原因是 IB-DFE 的抗码间干扰能力随着迭代次数的增加而增强，从而使得 LDPC 译码器输入端数据中的 BER 降低，进而使得采用 LDPC 编码的 SNR 增益减少。但整个系统仍因采用 LDPC 编码获得了 4dB 以上的 SNR 增益。

在简单级联方案中，除了 IB-DFE 迭代次数会对系统性能造成影响，LDPC 译码器的译码迭代次数也会对系统性能造成影响，如图 6-25 所示。简单级联方案中系统的 BER 性能也会随着译码算法的译码迭代次数增加而提高，当 BER 约为 10^{-3}，IB-DFE 迭代 1 次时，译码算法迭代 20 次比迭代 5 次有约 1.5dB 的 SNR 增益；当 IB-DFE 迭代 3 次时，译码算法迭代 20 次比迭代 5 次有约 0.5dB 的 SNR 增益。

2. 采用联合迭代均衡译码方案的性能仿真

简单级联方案可以获得比未编码方案更高的性能，但是简单级联方案中均衡器与译码器之间分别独立迭代，它们之间的信息不能充分交换。而联合迭代均衡译码方案将 IB-DFE 与 LDPC 译码联合起来，可以将 LDPC 译码器输出数据反馈给 IB-DFE，这样 IB-DFE 性能将会因 LDPC 译码器提供的增益而得到提高，系统性能也因此更加优异。下面将采用相同的仿真参数对采用联合迭代均衡译码方案的性能进行仿真。

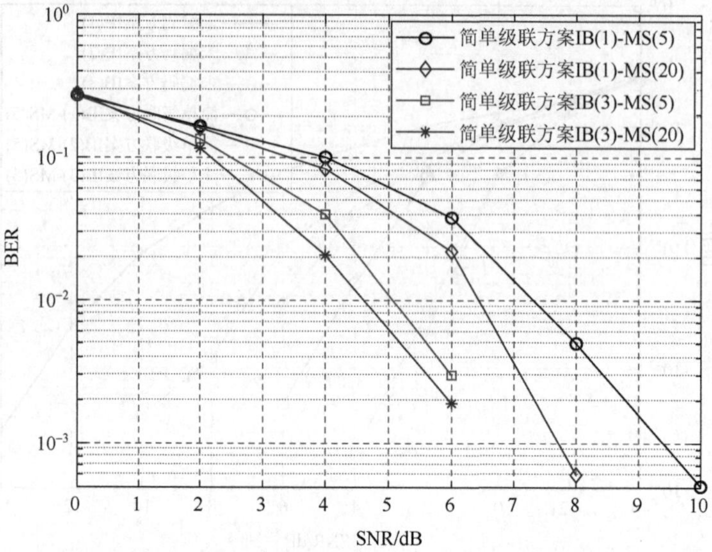

图 6-25　译码迭代次数对简单级联方案 BER 影响曲线

图 6-26 为未编码方案与联合迭代均衡译码方案的 BER 曲线，从图中可以看出到，相比未编码方案，采用联合迭代均衡译码方案获得很高的编码增益。在 BER 为 10^{-3} 情况下，当采用联合迭代均衡译码方案在 IB-DFE 迭代次数为 1 时，会比

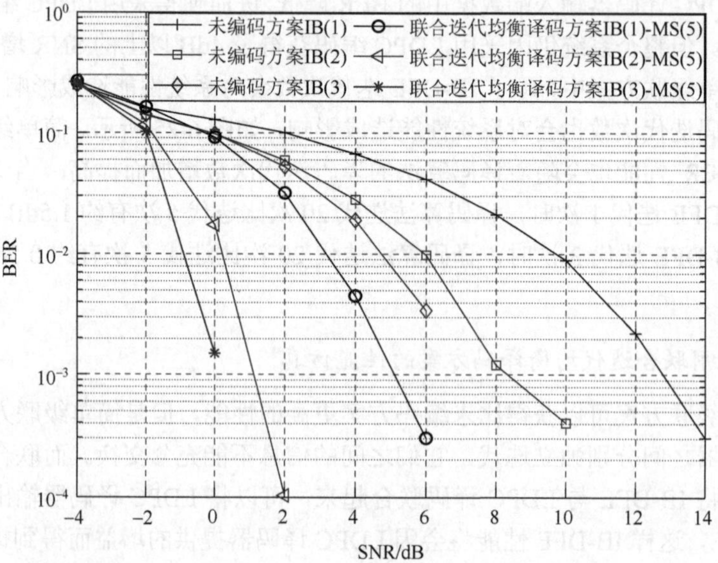

图 6-26　未编码方案与联合迭代均衡译码方案的 BER 曲线

相同情况下的未编码系统有约 8dB 的 SNR 增益，当 IB-DFE 迭代次数为 2 时，会比相同情况下未编码系统有 7dB 的 SNR 增益，当 IB-DFE 迭代次数为 3 时，会比相同情况下未编码系统有约 6dB 的 SNR 增益。

图 6-27 为采用联合迭代均衡译码方案与采用简单级联方案下的 BER 曲线，可以看出，在译码算法迭代次数相同的情况下，采用联合迭代均衡译码方案会比简单级联方案在同样 IB-DFE 迭代次数下获得更高的 SNR 增益。在 BER 为 10^{-3} 的情况下，两种方案的 IB-DFE 迭代次数都为 1 时，联合迭代均衡译码方案比简单级联方案有约 1dB 的 SNR 增益，当 IB-DFE 迭代次数都为 2 时，联合迭代均衡译码方案比简单级联方案有约 2dB 的 SNR 增益，当 IB-DFE 迭代次数都为 3 时，联合迭代均衡译码方案比简单级联方案最少有 2dB 的 SNR 增益。

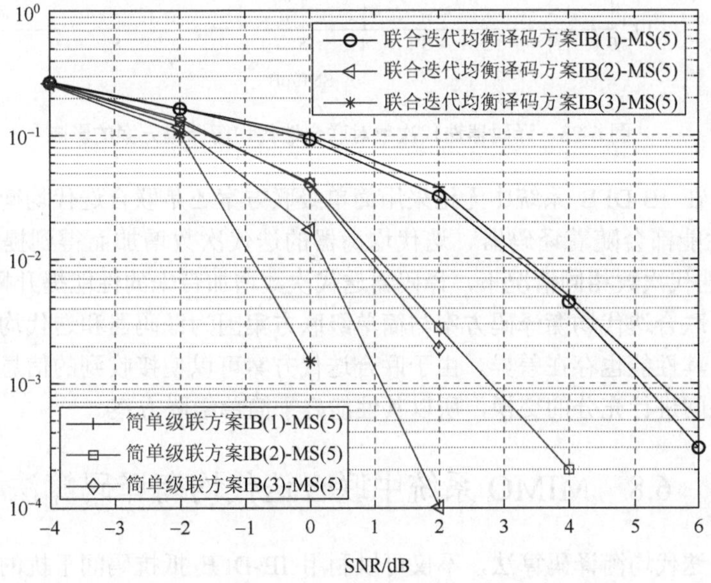

图 6-27　联合迭代均衡译码方案与简单级联方案的 BER 曲线

图 6-28 为译码器迭代次数对联合迭代均衡译码方案的影响，从图中可以得知联合迭代均衡译码方案与简单级联方案一样，在 IB-DFE 迭代次数相同情况下，译码迭代次数增加时，系统的性能也会随之提高，但系统的性能增益随译码算法迭代次数增加的幅度相对于均衡器迭代次数增加要小得多。

从上述仿真结果可以得出以下结论。

（1）将 LDPC 码引入 IB-DFE 系统中会使系统性能获得很大的提高，在所设置的仿真条件下，采用 LDPC 编码会有 4～9dB 的增益。

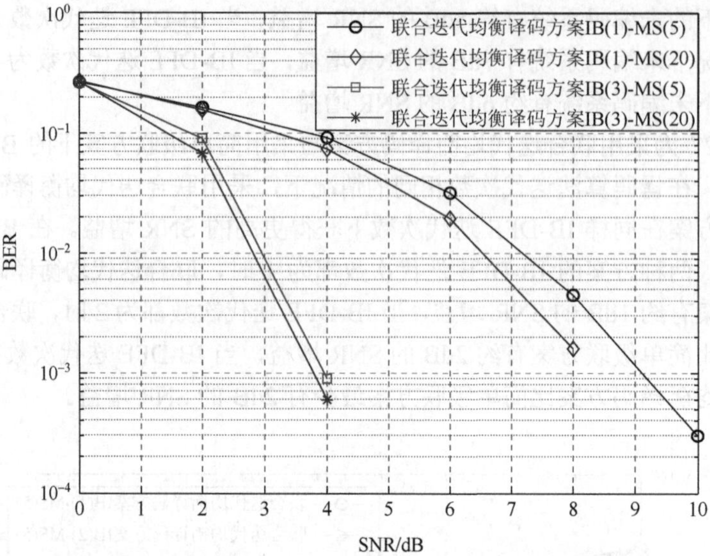

图 6-28 译码器迭代次数对联合迭代均衡译码方案的影响

（2）在 IB-DFE 系统中无论采用简单级联方案还是联合迭代均衡译码方案，系统的性能都会随着译码器、迭代均衡器的迭代次数增加而得到提高。但是在 IB-DFE 迭代次数相同情况下，译码器迭代次数增加带来的性能提升幅度较小。

（3）联合迭代均衡译码方案与简单级联方案因为译码器和迭代均衡器结合方式不同，其性能也存在差异。由于联合迭代方案可以使接收到的信息在均衡器与译码器之间进行充分的交换，所以其性能好于简单级联方案。

6.8 MIMO 系统中联合迭代均衡译码算法

联合迭代均衡译码算法，不仅可以利用 IB-DFE 抵抗码间干扰的能力，还利用了 LDPC 码良好的纠错能力。为了进一步提高 MIMO 系统的性能，将联合迭代均衡译码算法引入 MIMO 系统中，将频域均衡、分层空时判决、LDPC 译码的迭代过程联合起来进行。

第 5 章介绍了基于时延排序的连续干扰抵消（OSIC）算法，这是一种性能和复杂度折中的分层空时信号检测算法。对输入的分层空时信号用 SIC 算法按照每层信号到达的顺序进行检测、判决。假设已检测的信号没有判决误差，将其从接收信号集中减去，同时将信道矩阵中相应的列置零，然后进行下一层信号的检测。重复上述过程，直到所有发射信号都检测完毕。

本节在基于时延排序的 SIC 检测中加入 IB-DFE 和 LDPC 解码，进行联合迭代均衡译码，来改善 MIMO 水声通信的性能[12, 18]。

6.8.1　联合迭代均衡译码算法模型

假设 MIMO 系统采用 M 个换能器进行发射，接收端用 N 个水听器对信号进行接收。在联合迭代均衡译码算法中，首先对 N 个接收信号进行频域均衡，然后采用 OSIC 算法对各层空时信号进行检测和判决，将判决后的信号进行 LDPC 译码，其输出信息反馈到下一次迭代的均衡和 SIC 检测中，在第 l 次迭代，$l=1,2,\cdots,N$。第 j 层信号进行检测时的联合迭代均衡译码算法的原理框图如图 6-29 所示。

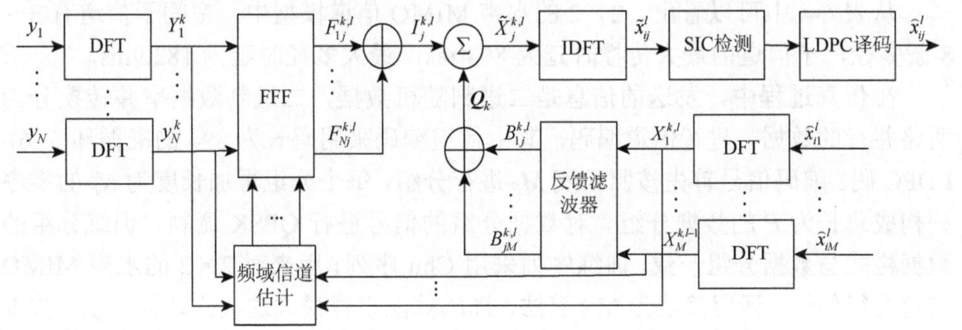

图 6-29　第 j 层信号进行检测时的联合迭代均衡译码算法的原理框图

接收端在检测第 j 层信号时，N 路接收的频域数据输入到 IB-DFE 的 FFF 中，其他各层（$1,2,\cdots,j-1,j,j+1,\cdots,M$）在第 $l-1$ 次迭代后的检测输出再经过 LDPC 译码后，输入到 IB-DFE 的反馈滤波器中，进行频域均衡、基于 SIC 算法的空时信号的检测、LDPC 译码，完成第 j 层信号的迭代检测、判决和译码输出。之后开始对第 $j+1$ 层的信号进行检测，这时反馈滤波器输入余下各层（$1,2,\cdots,j,j+1,j+2,\cdots,M$）最新的迭代译码值。重复上述过程完成干扰抵消。按照上述迭代过程直到 N_t 次迭代结束，译码输出最终的判决值。

6.8.2　联合迭代均衡译码算法性能分析

仿真在两发两收的情况下进行分析，两个发射换能器的水深分别为 50m 和 70m，接收换能器的水深分别为 60m 和 75m，接收端与发射端的距离为 20km，环境水深 200m。2×2 的水声 MIMO 信道的模型参数如表 6-4 所示，其中发射换能器到接收换能器之间四个子信道的传播时延及衰减系数用最先达到的一路信道参数进行归一化处理。表 6-4 中相对衰减系数及相对传播时延分别用$|h|$、τ 来表示，子信道（i,j）表示第 i 个发射换能器与第 j 个接收换能器之间形成的子信道。

表 6-4　2×2 的水声 MIMO 信道的模型参数

	(1, 1)				(2, 1)							
$\|h\|$	1	0.723	0.728		1	0.725	0.807	0.830	0.799	0.402	0.461	0.522
τ/ms	19.9	59.6	0.1		18.6	0	107.9	62.9	91.3	30	61	51.9
	(1, 2)				(2, 2)							
$\|h\|$	0.889	0.868	0.642	0.653	0.778	0.51	0.488	0.281				
τ/ms	89.4	182.9	108	141	145.4	74.3	96.6	68.3				

从表 6-4 中可以看出，2×2 的水声 MIMO 信道模型中，空间子信道有 3～8 条多径，子信道的最大传播时延为 89.4ms，最大多径时延为 182.9ms。

在仿真过程中，发送的信息是二进制随机数据，二进制数据串并转换分为两路并行的数据，进行信道编码，其中信道编码采用码长为 894 的准循环(3, 6)-LDPC 码。编码信号首先按照长度 M_P 进行分组，每个分组再加长度为 N_P 的零序列构成总长为 P 的数据分组。对数据分组的信号进行 QPSK 调制。训练分组的数据格式与数据分组一致，训练序列采用 Chu 序列，用来对 2×2 的水声 MIMO 信道进行估计，译码算法为 MS 算法，译码算法设置最大迭代次数为 5 次。仿真时，假设信号频率、采样频率分别为 10kHz 和 50kHz。

图 6-30、图 6-31 为 MIMO 系统中未编码方案与联合迭代均衡译码方案，以及联合迭代均衡译码方案与简单级联方案的 BER 曲线。由图 6-30 可以看出采用

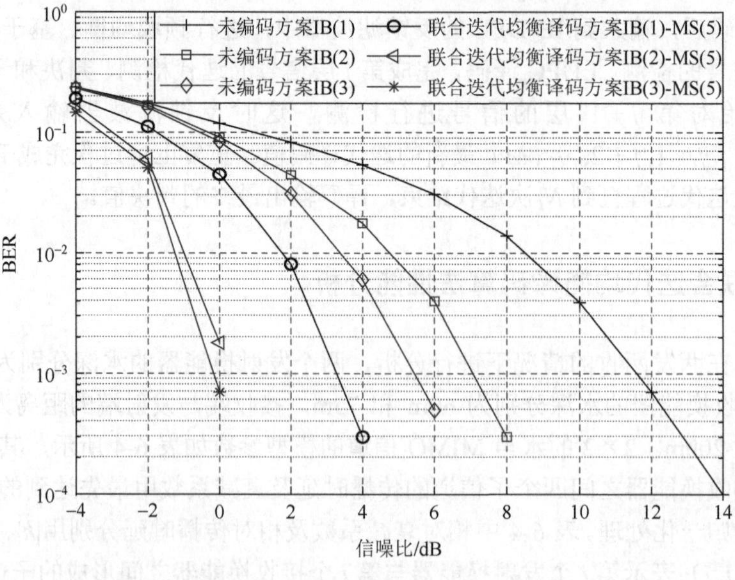

图 6-30　MIMO 系统中未编码方案与联合迭代均衡译码方案的 BER 曲线

联合迭代均衡译码方案比未编码方案在性能上有很大的提升，当 BER 为 10^{-3} 时，联合迭代均衡译码方案与未编码方案的 IB-DFE 迭代次数相同，且迭代次数分别为 1、2、3 时，联合迭代均衡译码方案会比未编码方案有约 10dB、6dB、5dB 的 SNR 增益。

由图 6-31 可以看到 IB-DFE 迭代次数相同且大于 1 时，采用联合迭代均衡译码方案在性能上优于采用简单级联方案且当 BER 同为 10^{-3}，IB-DFE 迭代次数同为 2、3 时，采用联合迭代均衡译码方案比简单级联方案在性能上分别会有 1.5dB、1.8dB 的提高。在迭代 1 次时，由于联合迭代均衡译码方案中译码器未将译码后的信息反馈给 IB-DFE 而是直接将译码信息输出，这时其结构与简单级联相似，两者的 BER 相似，联合迭代均衡译码方案与简单级联相比 SNR 增益并未获得提高。

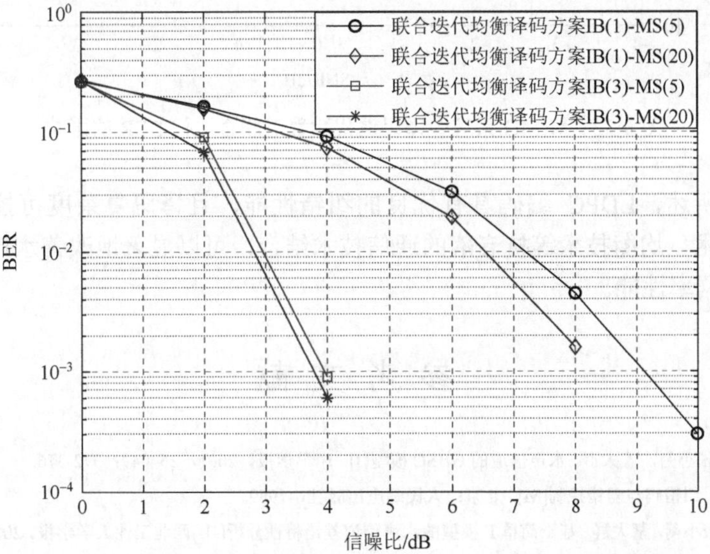

图 6-31　MIMO 系统中联合迭代均衡译码方案与简单级联方案的 BER 曲线

采用联合迭代均衡译码方案，译码器的迭代次数会对系统性能构成影响，如图 6-32 所示，当 IB-DFE 迭代次数相同时，采用联合迭代方案的系统性能会随着译码迭代次数的增加而得到提高。

通过上述仿真可以看到在 MIMO 系统中，引入 LDPC 码可以使系统性能得到较大的提高，而且采用联合迭代均衡译码方案会使 MIMO 系统在性能得到进一步提升。此外，联合迭代均衡译码方案在 MIMO 系统中仿真结果证明了其不仅适用于 SISO 的 SC-FDE 系统中，也适用于 MIMO 的情况下。

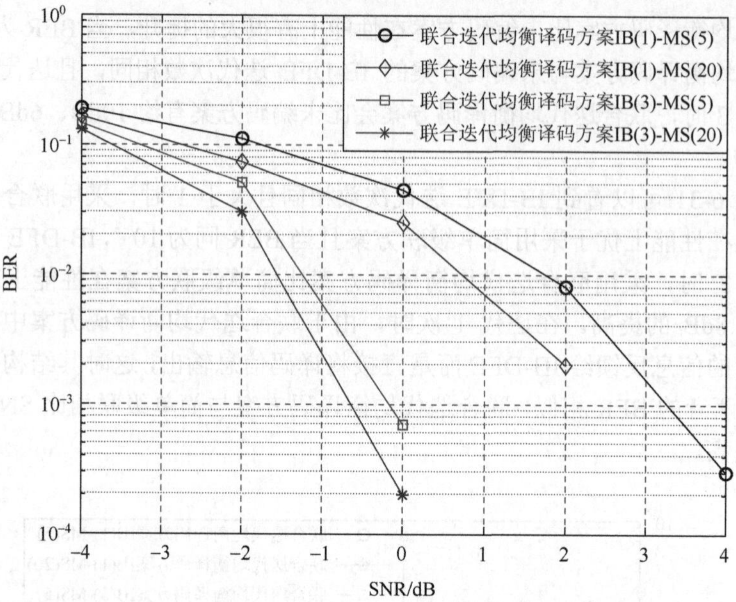

图 6-32　MIMO 系统中译码迭代次数对联合迭代 BER 的影响

综上所述，LDPC 编码具有优良的纠错性能，且译码复杂度可控。将其与 MIMO 技术、均衡技术等抗衰落的通信技术结合，可以显著地改善水声通信的误码率及数据率性能。

参 考 文 献

[1] 张歆，张小蓟，董大群. 水声信道的 GBSC 模型[J]. 声学学报，2001，26（4）：372-376.

[2] 王新梅. 纠错码与差错控制[M]. 北京：人民邮电出版社，1989.

[3] 张歆，张小蓟，董大群. 基于简单 F 模型的水声信道差错特性分析[J]. 西北工业大学学报，2000，18（增刊）：33-36.

[4] Zhang X，Zhang X J. Error characterization of underwater acoustic channels based on the simple Fritchman model[C]. 2016 IEEE Conference on Signal Processing，Communications and computing，Hong Kong，2016：1-5.

[5] Proakias J. Coded modulation for digital communication over Rayleigh fading channel[J]. IEEE Journal of Oceanic Engineering：A Journal Devoted to the Application of Electrical and Electronics Engineering to the Oceanic Environment，1991（1）：16.

[6] 王新梅，肖国镇. 纠错码——原理与方法[M]. 西安：西安电子科技大学出版社，1996.

[7] Fritchman B D. A binary channel characterization using partitioned Markov chains[J]. IEEE Transactions on Information Theory，1967，13（2）：221-227.

[8] Swarts F，Ferreira H C. Markov characterization of digital fading mobile VHF channel[J]. IEEE Transactions on

Vehicular Technology，1994，43（4）：977-985.

[9] Tsai S. Markov characterization of HF channel[J]. IEEE Transactions on CT，1969，17（1）：24-32.

[10] 袁东风，曹志刚. 在 VHF 移动信道中不同条件下 BCH 码的纠错性能研究[J]. 电子学报，1998，7：66-73.

[11] 袁东风. 移动数字信道差错控制系统性能估计与计算机模拟[J]. 通信学报，1991，12（1）：43-52.

[12] 赵顺德. 水声通信系统中的 LDPC 编码的研究[D]. 西安：西北工业大学，2016.

[13] MacKay D. Good error correcting codes based on very sparse matrices[J]. IEEE Transactions on Information Theory，1999，45（2）：399-431.

[14] Alon N L M. A linear time erasure-resilient code with nearly optimal recovery[J]. IEEE Transactions on Information Theory，1996，42（11）：1732-1736.

[15] Tanner R M. A recursive approach to low complexity codes[J]. IEEE Transactions on Information Theory，1981，27（5）：533-547.

[16] Richardson T，Urbanke R. Efficient coding of low-density parity-check codes[J]. IEEE Transactions on Information Theory，2001，47（2）：638-656.

[17] 袁东风，张海刚. LDPC 码理论与应用[M]. 北京：人民邮电出版社，2008.

[18] Zhao S D，Zhang X，Zhang X J. Iterative frequency domain equalization combined with LDPC-decoding for single-carrier underwater acoustic communications[C]. OCEANS 2016 MTS/IEEE Monterey，Monterey，2016：1-4.

[19] Padala S K，D'Souza J. Performance of spatially coupled LDPC codes over underwater acoustic communication channel[C]. 2020 National Conference on Communications，Kharagpur，2020：1-5.

[20] Huang J，Zhou S L，Willett P. Nonbinary LDPC coding for multicarrier underwater acoustic communication[J]. IEEE Journal on Selected Areas in Communications，2008，26（9）：1684-1696.